高职高专“十四五”规划学前教育专业新标准实践型示范教材

总主编　蔡迎旗

学前儿童心理学

主　编◎李　卉（华中师范大学）
副主编◎张　卓（湖北职业技术学院）
吴鹏宇（三峡旅游职业技术学院）
舒姣云（豫章师范学院）
邓道君（常州幼儿师范高等专科学校）
刘玉平（华中师范大学幼儿园）
参　编◎虞雅婷　陈亚楠　陈丽萍　喻昊雪
刘思懿　许欣慧　李嘉欣　陈明月

华中科技大学出版社
http://press.hust.edu.cn
中国·武汉

内容提要

《学前儿童心理学》主要由绪论，学前儿童的认知发展，学前儿童情绪与情感、人格和社会性的发展，学前儿童的游戏心理与心理健康四个单元组成。全书对学前儿童心理发展的基本理论进行了梳理，系统全面地介绍了学前儿童认知与情感、人格和社会性的发展，并辅以大量的教学与教养情境案例，真正帮助读者做到理论应用与教养实践相结合。同时，融入学前儿童游戏心理与心理健康作为创新性章节，对教育教学工作者观察分析儿童心理并展开教育指导具有重要价值。全书统筹"课、岗、证、赛"的思路，提供了实践训练与理论试题，数字资源丰富，以供阅读者线上线下同步学习。本书适合从事心理学与早期教育研究的工作者与高校教师教学使用，也可供学前教育机构与幼儿家长阅读与教养使用。

图书在版编目(CIP)数据

学前儿童心理学/李卉主编. —武汉：华中科技大学出版社，2023.8

ISBN 978-7-5680-9472-6

Ⅰ. ①学… Ⅱ. ①李… Ⅲ. ①学前儿童-儿童心理学 Ⅳ. ①B844.12

中国国家版本馆 CIP 数据核字(2023)第 165411 号

学前儿童心理学 李 卉 主编

Xueqian Ertong Xinlixue

丛书策划：周晓方 周清涛

策划编辑：李承诚 袁文娣

责任编辑：唐梦琦

封面设计：廖亚萍

责任校对：张汇娟

责任监印：周治超

出版发行：华中科技大学出版社(中国·武汉) 电话：(027)81321913

武汉市东湖新技术开发区华工科技园 邮编：430223

录 排：华中科技大学惠友文印中心

印 刷：武汉科源印刷设计有限公司

开 本：889mm×1194mm 1/16

印 张：20.75

字 数：497 千字

版 次：2023 年 8 月第 1 版第 1 次印刷

定 价：49.90 元

高职高专“十四五”规划学前教育专业新标准实践型示范教材

总主编

蔡迎旗　华中师范大学早期教育学院院长，教授，博士生导师
教育部高等学校幼儿园教师培养教学指导委员会委员
中国教育学会学前教育分会副会长
学前教育“国培计划”首批专家和学前教育师范类专业认证专家

副总主编

（按照姓氏拼音排序）

邓艳华　衡阳幼儿师范高等专科学校
刘丽伟　华中师范大学
罗春慧　湖北幼儿师范高等专科学校
唐翊宣　广西幼儿师范高等专科学校
王任梅　华中师范大学
王先达　福建幼儿师范高等专科学校
徐丽蓉　江汉艺术职业学院
杨　龙　郑州幼儿师范高等专科学校
杨素苹　武汉城市职业学院
杨冬伟　湖北工程职业学院
叶圣军　福建幼儿师范高等专科学校
尹国强　华中师范大学

编　委

（按照姓氏拼音排序）

陈启新　三峡旅游职业技术学院
董艳娇　安阳师范学院
段　为　湖北艺术职业学院
俸　雨　武汉商贸职业学院
郝一双　湖北商贸学院
焦　静　福建幼儿师范高等专科学校
焦名海　深圳信息职业技术学院
李　卉　华中师范大学
李志英　三峡旅游职业技术学院
廖　凤　湘南幼儿师范高等专科学校
刘翠霞　湖北工程学院
刘凤英　湘南幼儿师范高等专科学校
刘丽伟　华中师范大学
刘　艳　三峡旅游职业技术学院
欧　平　衡阳幼儿师范高等专科学校
苏　洁　湖北幼儿师范高等专科学校
孙丹阳　铜仁幼儿师范高等专科学校
谭学娟　江汉艺术职业学院
田海杰　烟台幼儿师范高等专科学校
王　梨　常州幼儿师范高等专科学校
王任梅　华中师范大学
王　雯　华中师范大学
王先达　福建幼儿师范高等专科学校
王　淼　湖北商贸学院
闫振刚　郑州升达经贸管理学院
杨　洋　三峡旅游职业技术学院
尹国强　华中师范大学
张　娜　华中师范大学
郑艳清　湖北幼儿师范高等专科学校
赵倩倩　湖北三峡职业技术学院

网络增值服务

使用说明

欢迎使用华中科技大学出版社人文社科分社资源网

1 教师使用流程

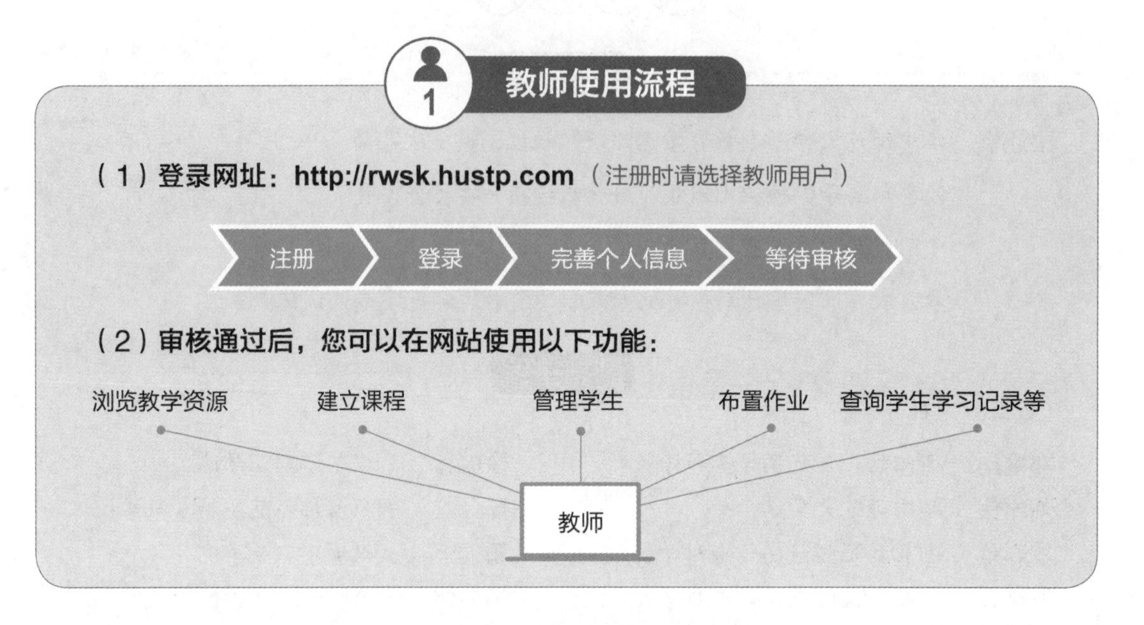

2 学员使用流程

（建议学员在PC端完成注册、登录、完善个人信息的操作）

（1）PC 端学员操作步骤

①登录网址：http://rwsk. hustp. com（注册时请选择普通用户）

②查看课程资源：（如有学习码，请在个人中心－学习码验证中先验证，再进行操作）

（2）手机端扫码操作步骤

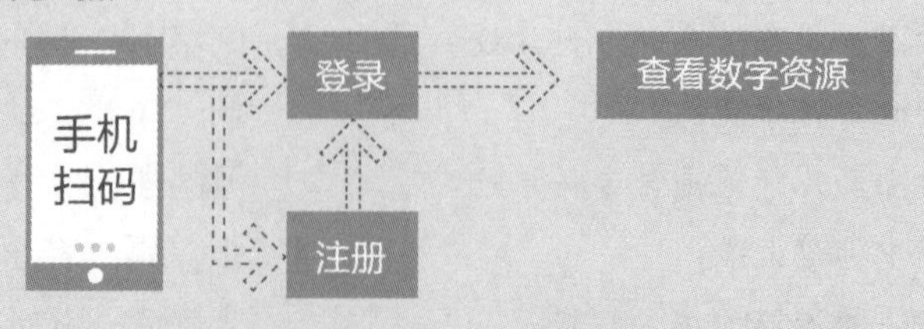

总 序

人生百年，立于幼学。学前教育是我国学校教育制度的奠基、国民教育体系的重要组成部分和重要的社会公益事业，其关系到我国千万儿童的健康快乐成长和家庭的和谐幸福，故我国各级政府高度重视，社会各界高度关注。推动学前教育普及、普惠和高质量发展已成为我国学前教育事业改革与发展的未来路向。

幼儿园教师是决定幼儿园保育与教育质量的关键因素，是我国构建现代化、高质量的学前教育体系的根本保障。当前，我国学前教育事业发展的薄弱环节是幼儿园教师队伍的建设，当务之急是补足配齐幼儿园教师。而高质量的幼教师资来源于高水平的学前教师教育。为顺应我国学前教育事业发展的迫切需求，我国颁布了《教师教育课程标准（试行）》《幼儿园教师专业标准（试行）》《新时代幼儿园教师职业行为十项准则》《学前教育专业师范生教师职业能力标准（试行）》等多部法规，对我国幼儿园教师教育课程、专业素养、职业道德与行为、职业能力与岗位适应等进行规范与引导，以努力提升我国学前教师教育的整体质量与水平。

当前，我国幼儿园教师起点学历已由中专提升为专科层次。在职幼儿园专任教师中专科及以上学历比例超过了90%，其中近八成是专科学历。高职高专在我国幼儿园教师人才培养中具有举足轻重的地位，是我国学前教师教育的主力军。

职业教育是我国国民教育体系和人力资源开发的重要组成部分，是培养多样化人才、传承技术技能、促进就业创业的重要途径。我国各级各类职业教育院校守正创新、锐意改革，大力提升职业教育办学质量和适应性，而职业教育课程与教材是提高职业教育办学质量和适应性的关键所在。华中科技大学出版社计划出版的“高职高专‘十四五’规划学前教育专业新标准实践型示范教材”，正好回应了我国学前教育事业发展之所急和职业教育事业发展之所需。本人受邀作为本套教材的总主编，深感荣幸且责任重大。经过跟出版社深度沟通、市场调研和全国学前专业相关院校教师专家的研讨，本套教材试图实现如下六个方面的创新与突破。

第一，坚持立德树人，创新教材理念。本套教材将以培养高素质专业化幼儿园教师为目标，坚持教材的思想性和先进性，把社会主义核心价值体系有机融入教材，精选对培养优秀幼儿园教师有重要价值的课程内容，将学前教育领域的前沿知识、教育改革和教育研究最新成果充实到教学内容中，加强中华优秀文化的渗透与融入，实现课程思政一体化，立德树人，德技并修。本教材注重引导学习者树立正确的儿童观、教师观、教育观，以及长期从教、终身从教信念，塑造未来教师的人格魅力；加强职业道德教育和职业态度与行为的养成；着力培养学习者的社会责任感、创新精神和实践能力。

第二，分层分类设计，优化教材体系。本套教材从“教育信念与责任、教育知识与能力、教育实践与体验”三个维度，按照国家《教师教育课程标准(试行)》对幼儿园教师教育课程的要求，设计了“人文素养与思政类、保教理论与实践类、教师技能与艺术类”共三个层次47本教材，分别着重培养学习者的人文科学素养与师德理念、幼儿园保育与教育职业能力以及幼儿园教师教育素养与艺术素养；强化教育实践环节，加强职业技能训练内容，编写教育见习、实习和研习手册，提供名师优秀教学案例；坚持育人为本，促使学习者“德、才、能、艺”全面发展，人才培养目标从促进就业、创业转变为促进人的全面发展和专业职业的可持续发展。

第三，“课、岗、证、赛”并重，精选教材内容。本套丛书所有教材的大纲与内容、拓展练习与教学资源库，均依据我国幼儿园教师职前和职后教育、幼儿园教师职业与岗位准则、幼儿园教师资格制度、幼儿园教师职业技能大奖赛等方面的相关法规，实现“课、岗、证、赛”一体化。每本教材坚持职前教育和职后培训贯通设计。在全面夯实学习者专业知识与能力的基础上，注重学习者职业道德与能力的培养和从业态度与行为的养成教育。另外，教材注重课前、课中与课后的整体设计，课前预习相关学习资源，课中精讲关键知识点，课后链接“课、岗、证、赛”相关练习，以利于学习者巩固所学内容并学以致用，提升学习者的专业与职业综合素质以及职业与岗位适应能力，实现终身学习和毕生发展。

第四，以生为本引导学习，完善教材体例。本套丛书从“教”与“学”两个角度设置教材体例，使其符合学习者的学习、内化直至实践应用的规律，具有启发引导性，也充分考虑了教材面向的主体——高职高专学生的学习特点，内容编排由浅入深，理论与实践并重，努力做到“教师好教，学生好学”；注重培养学习者对学前教育学科知识的理解和感悟，设计模拟课堂、情境教学、案例分析、技能训练、教学竞赛等多样化的教学方式，增强学习者的学习兴趣，提高学习效率，使其实现学习能力、实践能力和创新能力的三重提升。

第五，数字技术强力支撑，丰富教材形式。本套教材注重将信息技术作为基础条件与支撑，构建丰富多彩、高质量的电子资源库，努力实现课程与教学资源的共建共享；实现“互联网+教育”和教材形态的多样化与电子化，将纸质媒介和电子媒介相结合，创设数字化的教育教学情境。教材中穿插大量数字资源二维码，引导学习者在课前和课后拓展学习海量专业知识，培养学习者的数字化教育能力和数字化学习能力，做新时代高素质的数字化教育者和学习者。针对幼儿园管理与保教的特点，本套丛书尤其注重提升学习者的信息素养和利用信息技术进行保育与教育、安全风险防控和质量管理的能力。

第六，“校、社、产、教”多元合作，确保教材质量。为确保丛书质量，特聘请全国开设学前教育专业的高职高专院校、本科高校推荐遴选教学经验丰富、有影响力的专家和一线骨干教师担任每本教材的主编和副主编，拟定丛书编写体例，给出丛书编写样章，同时参与审定大纲、样章，总体把控书稿的编写进度与品质。参与的作者分别来自高校、行业领域和实践一线，来源广泛而多元，实现“校、社、产、教”不同领域人员的协同创新与深度合作。

当然，以上六个方面只是本人作为总主编对这套丛书的美好期待与设想，这些想法是否真正得以实现和彰显，有赖于所有参编人员和编辑的共同努力，也有待广大读者的审读与评判。在本套丛书编写的过程中，我们参阅、借鉴和引用了国内外大量学术成果和教研教改案例。科研成果为丛书提供了学术滋养，而实践经验与案例展示了当前我国学前教育改革与发展的生动样态，在此一并表示感谢。书中如有疏漏和不妥之处，敬请各位读者批评指正。

最后，我谨代表本套丛书的所有编委和作者，衷心感谢本套丛书的策划者——华中科技大学出版社人文分社社长周晓方，周社长对学前教育充满热情和信心，对丛书的编写、出版和发行倾注了大量心血，还要感谢本套丛书的策划编辑袁文娣和其他各位编辑及相关工作人员。我们基于教材的首次合作渐趋默契和融洽。让我们携手共进，继续为我国学前儿童的福祉和学前教育事业的健康可持续发展奉献智慧与力量！

武汉桂子山·华中师范大学教育学院

2023 年 5 月

preface
前　言

学前儿童心理学是学前教育专业的核心课程，对学前教育工作者了解儿童心理发展特点与规律，展开科学有效的教育教学工作具有重要意义。本教材以《3—6岁儿童学习与发展指南》《幼儿园教育指导纲要》为依托，结合幼儿教师资格证考试要求，深入剖析了学前教育专业学生的培养目标与学习情况，旨在完善学生对学前儿童心理发展的知识体系，强化学生的专业素养，为更好地从事学前教育工作奠定坚实的基础。

本书共四个单元，划为十五个小节。第一个单元为绪论，从学前儿童心理学的概述、学前儿童心理发展的影响因素、学前儿童心理发展的理论流派、学前儿童心理发展的年龄特征和基本趋势四节介绍了学前儿童心理学的基本理论问题；第二个单元为学前儿童的认知发展，从学前儿童注意的发展、学前儿童感知觉的发展、学前儿童记忆的发展、学前儿童想象的发展、学前儿童思维的发展、学前儿童言语的发展六个维度进行了细致深入的分析；第三个单元对学前儿童情绪与情感的发展、学前儿童人格与社会性的发展的规律与培养策略做了详尽的阐述；第四个单元为学前儿童的游戏心理与心理健康，阐明了如何对学前儿童游戏心理进行观察分析与指导，同时归纳了学前儿童心理健康的常见问题，并进行了分析，提出了教育指导建议。

本书在编写的过程中充分考虑到学生自主学习与理实一体化等因素，结合“互联网＋教育”的背景，融入图片、视频、实验等二维码资源，同时辅以“情景案例”“童言童语”等栏目板块，增强了文本的可读性、趣味性，保证了学习内容的实用性与可操作性。“思考与练习”栏目板块聚焦教师资格证考试真题，帮助学生强化知识点的理解与记忆，“实践与实训”栏目板块以幼儿园实践练习为指向，帮助学生实地应用知识，展开实践。

本书在编写过程中，引用了一些专家学者的科研成果，此外，华中师范大学教育学院本科生付思远、陈欣然、郑炜君、张忆柳、陈柯帆、罗紫怡参与了本书的文本校对工作，再次表示由衷的感谢。同时，由于编者知识水平与撰写时间有限，本书难免存在疏漏之处，敬请广大读者批评指正，以便进一步改进与完善。

2023 年 9 月

contents

目 录

第一单元

绪论

第一节　学前儿童心理学的概述

第二节　学前儿童心理发展的影响因素

第三节　学前儿童心理发展的理论流派

第四节　学前儿童心理发展的年龄特征和基本趋势

第一节　学前儿童心理学的概述

◇学习目标

1. 知识目标：了解学前儿童心理学的研究对象、研究内容，举例说明学习学前儿童心理学的意义。

2. 能力目标：掌握学前儿童心理学的研究方法，初步学会运用这些方法进行简单的研究。

3. 情感目标：培养对于学前儿童心理学的兴趣，积极关注学前儿童心理发展的相关现象。

◇情境导入

3 岁的滔滔在幼儿园不爱说话，也从来不和其他小朋友一起玩，即使是在参加有趣的区角游戏活动时，也是一个人沉溺在自己的世界里。主班教师过去和他沟通，他既不说话，眼睛也不看教师。主班教师将他抱在怀里，他显得很紧张，且有明显的抗拒行为。于是主班教师建议滔滔父母去咨询心理专家，经过专家诊断，滔滔患有自闭症。根据心理专家的治疗方案，教师与家长密切配合，滔滔有了明显的好转。

思考：幼儿的行为表现有多种原因，家长、教师等教育工作者应加以重视，并给予及时的干预。为什么要研究学前儿童的种种行为及其行为背后的心理机制？我们可以通过哪些方法探究学前儿童的心理发展？让我们带着种种疑惑和好奇，一起走进学前儿童心理学。

第一课　学前儿童心理学概述

心理学是研究心理现象及其规律的学科，其发展至今已经建立起相对成熟的学科体系，形成了基础心理学和应用心理学两大领域。发展心理学属于基础心理学的重要组成部分，旨在研究人或动物心理演化的过程和发展规律。广义的发展心理学包括动物心理学、民族心理学和个体发展心理学。学前儿童心理学是个体发展心理学的重要分支之一，是研究学前儿童的心理发生发展特点和规律的一门科学，着重研究个体发展的早期阶段。

一　研究对象

个体的一生都在发展，从胚胎到死亡，无论是在生理还是心理上都会发生变化。学前儿童心理学的研究对象是学前儿童。目前，学术界对“学前儿童”这一概念的界定并不完全一致，存在广义和狭义之分：广义的学前儿童指从出生到进入小学之前的儿童，即 0～6 岁的儿童；狭义的学前儿童指进入幼儿园到上小学之前的儿童，即 3～6 岁的儿童（见图 1-1）。一般情况下，没有特殊说明，本教材所指的学前儿童为狭义的学前儿童。

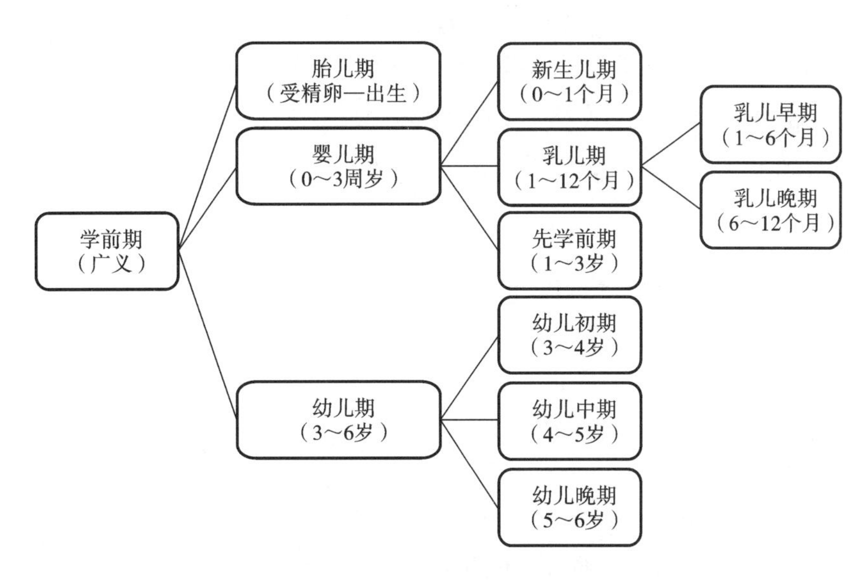

图 1-1　学前儿童年龄阶段的划分

知识链接

心理现象的构成

心理学是一门研究人的心理现象及其发生发展规律的科学。1879年，德国哲学家、生理学家、心理学家冯特（W. Wundt，1832—1920年）在莱比锡大学建立了第一个心理实验室，标志着科学心理学的诞生。心理学通常将心理现象分为个性心理和心理过程。

个性心理包括个性倾向性、个性心理特征和自我意识。

（1）个性倾向性。个性倾向性是指人所具有的意识倾向，决定人对现实的态度，以及对认识活动对象的趋向和选择。它包含动机、需要、兴趣、理想、价值观和世界观等

（2）个性心理特征。个性心理特征是指一个人身上经常地、稳定地表现出来的心理特点，主要包括能力、气质和性格。

（3）自我意识。自我意识反映个体对自己和自己心理的认识评价、体验和调节控制等。它是个性心理的调控机构，体现着一个人的成熟度，决定着人的个性心理的发展水平。

心理过程包括认知过程、情绪过程、意志过程。

（1）认知过程。认知过程是人由表及里、由现象到本质地反映客观事物的特性与联系的过程，包含感觉、知觉、记忆、注意、想象、言语和思维等过程。

（2）情绪过程。情绪过程是指人对客观事物是否满足自身需要而产生的主观体验的心理活动，包括喜、怒、哀、惧等情绪和情感。

（3）意志过程。意志过程是指人在有目的的活动中自觉地调节自身的行为和情感、克服困难的心理过程。

二 研究内容

学前儿童生理机能的不断发展，身高、体重的增长，肌肉骨骼的发育，特别是大脑皮层的结构和机能的不断成熟和完善，都为儿童心理发展提供了物质基础。学前儿童心理发生发展的特点和规律受到学者们的普遍关注和研究。一般而言，学前儿童心理学的研究内容主要包括以下四个方面。

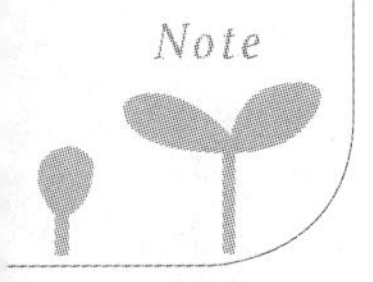

（一）描述学前儿童心理发展的年龄特征

学前儿童的心理发展是连续发展的过程，是不断从量变到质变的过程。在学前儿童心理发展过程中，每个年龄阶段所表现出的一般的、典型的、本质的心理特征被称为学前儿童心理发展的年龄特征。一般而言，学前儿童从受精卵开始直到出生、成熟，会经历胎儿期、婴儿期、幼儿期三个阶段，每个时期都会形成不同于其他时期的质的特征。例如，3 岁前儿童的思维以直观动作思维为主，3～6 岁的学前儿童以具体形象思维为主。

（二）介绍学前儿童心理的发生与形成

学前阶段是人一生中生长发育最旺盛、变化最快、可塑性最强的时期，是人生的早期阶段，各种心理活动均在这一时期开始发生。人类特有的心理活动，譬如人类的知觉、记忆、表象、想象、思维和语言、情感与意志、个性心理特征及社会性心理特征等，均在学前阶段开始形成与发生，并遵循着一定的发展规律。

（三）阐明学前儿童心理发展的特点

1. 发展的连续性和阶段性

发展的连续性是指学前儿童的心理发展是一个连续的过程，前期的心理发展是后期心理发展的前提和基础，后期的心理发展水平有赖于前期的发展状况。例如，直观动作思维是最低水平的思维，学前儿童具体形象思维的形成依赖于直观动作思维的发展，但具体形象思维的发展并不意味着直观动作思维的消失，直观动作思维在思维过程中依然发挥重要的作用。

发展的阶段性是指学前儿童的心理发展过程由一个个具体阶段构成，依次经历胎儿期、婴儿期、幼儿期，每个阶段相互连续、不可跨越，亦不可倒退，并且在不同的发展阶段呈现出不同的特征。例如，直观动作思维是 3 岁前儿童主要的思维方式，具体形象思维是 3～6 岁儿童典型的思维方式。

2. 发展的方向性和顺序性

正常情况下，学前儿童的心理发展具有一定的方向性和顺序性。发展的方向性指个体的心理发展是由简单向复杂、低级向高级，是一个逐步完善的过程。例如，学前儿童注意发展的特点是无意注意占主导，有意注意逐渐发展。发展的顺序性是指学前儿童心理发展的顺序不可逆转。例如，学前儿童先掌握口头言语，再掌握书面言语。

3. 发展的不均衡性

学前儿童心理发展的不均衡性主要表现为两个方面：一方面，同一年龄段的不同心理机能发展速度是不均衡的，例如，学前期儿童感知觉的发展速度较快，但抽象逻辑思维的发展速度较慢，发展水平较低；另一方面，同一心理机能在不同年龄阶段的发展速度是不均衡的。奥地利生态学家劳伦兹关于“印刻现象”的研究证实了同一方面在不同年龄阶段的发展呈现出不同的发展速度，由此提出“关键期”理论。

4. 发展的个体差异性

发展的个体差异性是指不同个体的心理在发展过程中呈现不同的速度、水平、风格等，构成儿童心理发展的差异性。尽管儿童的心理发展基本遵循一定的顺序和方向，但由于遗传、环境等因素的影响，儿童的心理发展具有个体差异性。美国心理学家加德纳的多元智能理论表明，每个儿童的心理发展各有特色，每个儿童都有自身的优势领域。

（四）揭示学前儿童心理发展的影响因素

学前儿童心理的发展表现出差异性，了解学前儿童心理发展的影响因素，有助于教育工作者在实践中引导幼儿更好地发展。影响学前儿童心理发展的因素是多种多样的，主要来自遗传和环境两个方面。与此相关的理论包括遗传决定论、环境决定论和相互作用论。遗传决定论强调遗传对于个体心理发展的决定作用，美国心理学家霍尔提出的“一两的遗传胜过一吨的教育”是该理论的代表观点。环境决定论的创始人是美国心理学家华生，该理论强调环境对个体心理发展的决定作用。相互作用论则认为个体心理的发展是两类因素相互作用的结果。

研究意义

（一）充实儿童心理发展理论体系，促进心理科学的发展

学前儿童心理学作为心理学的分支，自诞生以来，研究者们运用各种研究方法收集学前儿童心理发展的基本事实，归纳和解释了学前儿童心理发展的基本规律，总结形成了各种儿童心理发展的理论。一方面，这些研究成果可以丰富普通心理学的内容，为我们全面、深刻地认识人类的心理提供宝贵的资料，以推进心理科学研究的发展；另一方面，有助于我们理解辩证唯物主义的原理，帮助我们树立科学的世界观。

（二）了解儿童心理发展特点和规律，为开展教育工作提供依据

掌握必要的学前儿童心理发展的知识是做好儿童教育工作的前提。学前儿童心理学揭示了学前儿童心理发展的特点，揭秘了学前儿童心理发展的内在机制和影响因素，为我们学习和掌握学前儿童心理发展的特点和规律提供了便利。通过学习学前儿童心理学，我们可以了解学前儿童心理发展的特点，掌握学前儿童心理发展的规律，为我们以后根据学前儿童心理发展特点进行教育提供了心理学依据。例如，根据学前儿童心理发展的阶段性特点，对不同年龄段儿童的行为问题提供针对性的解决措施，以提升教育效果。

第二课　学前儿童常用的研究方法

“工欲善其事，必先利其器。”借助于科学的研究办法进行学前儿童心理研究，能够有效地揭示学前儿童心理发展的特点和规律，从而为学前儿童教育工作提供有效的指导与帮助。研究学前儿童心理发展的方法主要有观察法、实验法、问卷法、访谈法、测验法、作品分析法等。

一　观察法

观察法是指在自然情景下，有目的、有计划地观察学前儿童的外部行为和变化，详细记录观察结果，并根据观察结果分析学前儿童心理发展特点和规律的一种方法。观察法是研究学前儿童心理发展最基本的研究方法，按照不同的维度可划分为不同的类型（见表 1-1）。

表 1-1　观察法的分类

分类维度	类别名称	具体含义
是否借助仪器	直接观察	研究者不借助任何仪器，仅靠自身感觉器官对观察对象进行观察和记录
	间接观察	借助一定的仪器作为中介对观察对象进行观察和记录
是否直接参与被观察者的活动	参与性观察	研究者直接参与到学前儿童的群体活动中去，与学前儿童亲密接触，对儿童的言行举止进行隐蔽性的观察研究
	非参与性观察	研究者不直接参与学前儿童的活动，以旁观者的身份对学前儿童的言行举止进行观察研究
观察实施的方式	结构式观察	有明确的研究问题、观察对象和范围，有详细的观察计划、步骤和合理的设计，具体包括事件取样法、时间取样法等
	非结构式观察	对观察目标、问题和范围采取弹性态度，没有预定的观察内容与观察步骤，亦无具体记录要求，具体包括日记描述法（儿童传记法）、轶事记录法、实况记录法等

观察法的优势在于获得的资料比较真实可靠。但观察法也有其局限性：①观察法较为耗时、费

Note

力，不适合大规模调查；②观察法多适用于研究外显行为，对于复杂的心理变化难以掌握；③自然条件下的某种心理活动存在多种影响因素，因此难以对观察结果进行精确的分析；④观察者比较被动，且观察的结果容易受到观察者本人的兴趣、知识经验及观察能力等方面的影响。

拓展阅读
扫一扫，了解陈鹤琴与儿童心理学

知识链接

“我的运动”

针对长期以来重智轻体、幼儿体能下降和运动氛围不浓的现象，上海市嘉定新城实验幼儿园基于“让每个生命绽放精彩”的办园理念和“我的课程”的整体设计，重新思考运动的价值，在实践中探索指向每位幼儿发展的“我的运动”，培育乐享运动、体质强、身心健康的民族未来一代（见表1-2）。

表1-2　区域运动观察表

班　级：__________　运动区：__________号区域

观察者：__________　观察日期：__________

幼儿姓名	重点观察：平衡能力			重点观察：运动品质			
	在平衡器械上，能否展示不同的身体姿势	身体平衡被破坏后，能否维持稳定	在平衡器械上，能否展示合作动作	积极参与运动活动，表现出运动兴趣	在自己熟练水平上愿意接受新挑战，失败了继续	运用运动材料，玩出新玩法	能及时躲避且不制造危险，能够自我保护和保护他人
需重点关注幼儿及跟进措施							

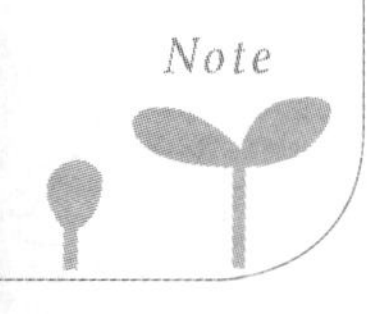

二　实验法

实验法是指研究者根据一定的研究目的，通过操纵和控制儿童的活动条件，对由此引起的心理现象进行观察研究，从而揭示特定条件与心理现象之间关系的方法。实验法是一种较严格、客观的研究方法，在心理学中占有重要的地位。实验法可分为实验室实验法和自然实验法两种。

（一）实验室实验法

实验室实验法是在具有特殊装备的实验室内，利用专门的仪器设备进行心理研究的一种方法。例如为了研究婴儿的深度知觉而设计的“视崖”实验。实验室实验法最大的优点就是能严格控制实验条件，排除无关变量的影响，实验结果相对客观、准确、可靠，便于进行定量分析，从而揭示变量间的因果关系，通常实验室实验都可以反复实施和验证。实验室实验法的缺点是进行实验在场地、仪器等方面的局限性，一般只能进行较小样本的研究。此外，实验环境经过设计，人为性较强，可能会脱离儿童生活实际，儿童在实验环境中的表现和自然环境下的表现可能不同，这使得实验结论存在一定的偏差。

（二）自然实验法

自然实验法又称现场实验法，是指在实际生活情境中（儿童的日常生活、游戏、学习和劳动等），实验者创设或改变某种条件，以引起被试者某些心理活动并对其进行研究的方法。例如著名的儿童心理学实验——“延迟满足”实验。自然实验室的实验优势在于其整体情境相对真实，因此被试者往往可以保持比较自然的状态，从而实验结果也较为真实。自然实验法的不足之处在于其在真实、自然的活动条件下进行实验研究，难免会出现不易控制的因素。

三　问卷法

问卷法指研究者用统一、严格设计的问卷来收集与研究对象有关的心理特征和行为数据资料的一种研究方法。针对学前儿童研究的调查问卷主要有两种形式：一是面向儿童家长的，经由家长填写问卷后，分析研究儿童在某方面心理的表现特点，如围绕“儿童亲社会行为”设计“是否乐意把自己的食物分享给家长或身边的人?”等一系列问题，由家长填写问卷；二是面向儿童的，儿童年龄小，不能读懂和表达文字内容，无法自己填写问卷，一般采用口头提问的方式，如围绕“儿童的独立性”设计“你在家是一个人睡还是和爸爸妈妈一起睡”等一系列问题，由儿童回答，研究者填写。

问卷法能够在较短的时间内收到大量的资料，较为节省人力、时间和经费成本。但由于问卷的问题和回答方式比较固定，因而灵活性不强。此外，问卷法通常只能研究一些比较简单、表面的问题，难以对复杂的问题进行深入的研究。

四 访谈法

访谈法，又称谈话法，是指研究者通过与学前儿童面对面谈话，收集有关他们的心理特征等事实资料的一种研究方法。访谈法在学前儿童心理学的研究中具有特殊的意义和作用，对于年龄较小、缺乏书面语言能力的学前儿童，访谈法具有独特的优越性。

访谈法最大的特点在于整个访谈过程是研究者与学前儿童相互影响、相互作用的过程。此外，访谈法具有特定的研究目的和一整套设计、编制与实施的原则。访谈法在一定程度上能比观察法获得更多更有价值、更深层的有关学前儿童心理活动情况和心理特征方面的信息，同时也比观察法更复杂，更难以掌握。

访谈法的局限性在于访谈结果的准确可靠性受访谈者自身素质的影响较大，同时访谈效果也受到环境、时间和访谈对象特点等方面的影响。相对而言，访谈法较为费时费力，且访谈所得资料不易量化。

五 测验法

测验法是指采用一套标准化题目，按照规定的程序，通过心理测量的手段来收集数据资料，了解儿童心理发展水平的研究方法。心理测验按照测验人数可分为个别测验和团体测验；根据测验的形式可分为文字测验和非文字测验；按照内容可分为智力测验、成就测验、人格测验和心理健康测验等。

心理测验需要注意两个基本的要求，即测验的信度和效度。信度指测验的可信程度，具体是指测验结果的一致性、稳定性。比如幼儿多次接受某智力测验后，得到相同或大致相同的成绩，则说明该智力测验的信度较高。效度指一个测验是否能够准确测出所需测量的事物的程度。比如高校为招收体育特长生，在招生时常常进行体育专业测试。如果得高分的学生入学后，在体育专业上保持了良好的成绩，而得分相对较低的学生取得的成绩则稍微逊色一些，即可说明高校使用的测验具有良好的效度。

测验法能够在较短时间内粗略了解学前儿童的发展状况，比较简便。但测验所得到的往往只是被试者完成任务的结果，无法反映其思考的过程或方式。此外，测验的题目难以具有普适性，且只进行了量的分析，缺乏质的研究。因此，测验法所得到的结果往往只作参考，需要与其他方法配合使用。

六　作品分析法

作品分析法又称活动产品分析法，是指对研究对象的作品（作业、日记、自传、书信、绘画、手工作品等）进行研究，从而分析和了解研究对象的心理发展特点的方法。学前儿童的口头言语和书面言语能力有限，不能完全准确地表达自己的所思所想，因此作品分析法较为适合学前儿童的心理研究。

绘画、手工制作等作品展示着儿童眼中的世界，能够诠释他们内心的世界（见图 1-2、图 1-3、图 1-4）。教育工作者及家长可以通过儿童作品了解他们的想象力、观察力、思维、情绪情感等心理特点。幼儿在创作活动过程中，往往会使用语言和表情去弥补作品所不能表达的思想，因此，脱离幼儿的创作活动过程去分析作品，研究结果可能不准确，因此作品分析法可与观察法、访谈法相结合使用，帮助研究者更为全面地了解儿童。但是，同一作品由不同的人分析，分析结果可能相差较大。

图 1-2　5 岁的王启云创作的《仙人掌》

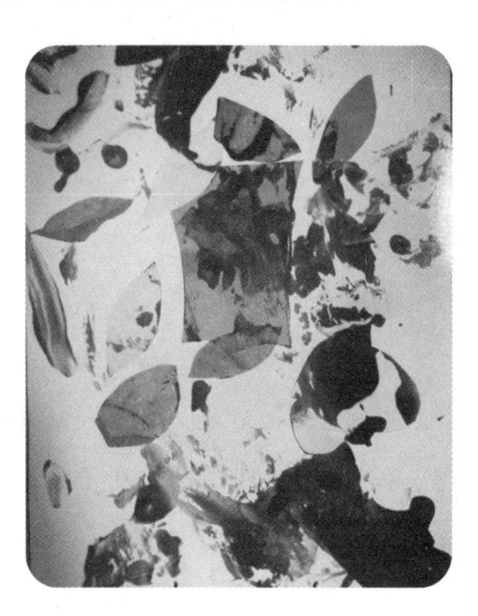

图 1-3　3 岁幼儿涂鸦

图 1-4　5 岁幼儿创作的《彩虹雨》

第二节　学前儿童心理发展的影响因素

◇**学习目标**

1. 知识目标：理解学前儿童心理发展影响因素的具体内容。

2. 能力目标：能够对相关案例进行分析，掌握主客观因素在学前儿童心理发展中的作用。

3. 情感目标：通过学习认识学前儿童心理发展影响因素的复杂性，树立科学的儿童发展观。

◇**情境导入**

新学期开始，张老师发现幼儿阳阳大多时候是一个人活动，于是经常邀请阳阳参加其他幼儿的游戏。可是一旦没有张老师的邀请和帮助，阳阳就会站在一旁静静地看着其他人游戏，或者坐在凳子上看着窗外。张老师后来了解到，阳阳的父母在他1岁时就离异，他和妈妈一起长大。只有在妈妈身边时，阳阳才会表现得稍微活泼点。

思考：生活在不同的家庭环境中，学前儿童的心理发展表现出明显的差异。学前儿童的心理发展受制于不同因素的影响，具体都有哪些影响因素？每种影响因素都发挥着怎样的作用？本章将探索影响学前儿童心理发展的影响因素。

第一课　影响学前儿童心理发展的客观因素

客观因素指在学前儿童心理发展过程中不可或缺的外在条件。心理是人脑的机能，但人脑不会自发地产生心理现象。反射作为大脑最基本的活动方式，只有当客观现实作用于人脑时，人的心理

才能产生。心理是人脑对客观现实能动的反映，人们赖以生存的客观世界是儿童心理反映的客观现实。因此儿童学前的心理发展离不开两方面的客观因素：生物因素和环境因素。

一　生物因素

生物因素主要包括遗传和生理成熟，二者为学前儿童的心理发展提供了物质前提和发展的可能性。

（一）遗传

遗传是一种生物现象。人类通过遗传将祖先的某些生物特性传给后代，完成种族的延续。遗传因素在个体身上体现为遗传素质。遗传素质是指有机体通过遗传获得的生理构造、血型、形态和神经系统等解剖生理特征。大脑、神经系统的结构和机能对学前儿童心理的发展影响重大，环境和教育对儿童心理的作用离不开遗传的先决条件。遗传对儿童心理发展的制约作用主要表现在以下两个方面。

1. 遗传为学前儿童心理发展提供物质前提

人类在进化的过程中，大脑和神经系统等机能系统得到高度发展。正常发育的大脑和神经系统是儿童心理发展的基础。在通常情况下，基因所携带的遗传物质信息是稳定的，但在一定因素的作用下，基因结构可能发生改变，导致基因的变异。在妊娠时期吸毒的女性会使腹中胎儿受到毒品的直接侵害，对胎儿脑组织造成损伤，从而阻碍了婴儿的后天发育。研究早已表明，因为遗传缺陷造成大脑发育不全的儿童，其智力障碍往往难以克服。此外，聪明的黑猩猩即使经过人类最好的训练和精心照顾，其智力发展的水平也难以达到人类的发展水平；先天失明的儿童即使通过后天严格的训练，也难以熟练地掌握绘画的基本技能。由此可见，遗传为学前儿童心理发展提供了必不可少的物质前提。

2. 遗传为学前儿童心理发展的个别差异奠定基础

个体之间的遗传素质存在差异，遗传素质的个别差异也为儿童今后的能力、个性的差异奠定最初的基础。一般而言，遗传素质的差异影响儿童的最优发展方向，特殊能力的发展受遗传的影响更为显著。譬如，莫扎特、贝多芬等一些杰出的音乐家，之所以能够取得如此辉煌的成就，虽然有后天教育与环境的作用，但主要取决于先天的遗传素质。此外，儿童气质类型也是由遗传素质所决定的。胆汁质儿童易发展形成活泼外向的性格，而抑郁质的儿童易发展形成安静内向的性格。

（二）生理成熟

生理成熟是指身体生长发育的程度或水平，也称生理发展。个体自胚胎开始，身体各部分、各

器官的结构和机能均在不断地生长和发展，需要经过数十年的时间，才能达到结构上的完善和机能上的成熟。

1. 生理成熟是学前儿童心理发展的基础

俗话说："三翻六坐八爬叉，十个月后喊大大。"只有当个体某方面的生理结构和机能达到一定的成熟水平时，外界适时地给予适当的刺激，才会使相应的心理活动有效地产生或发展。反之，如果生理结构尚未成熟，那么即使给予某种有效刺激，也难以取得预期的结果。美国心理学家格塞尔通过"双生子爬梯实验"证实了后天的学习和训练依赖于机体的生理成熟水平，所以不可揠苗助长。遗传物质正常的儿童并非出生后就能立即说话，原因在于发音器官和大脑的语言活动区域还没有发展成熟，物质准备不充分。直到1岁左右，发音的生理机制发展相对成熟时，儿童才开始学会说话。由此可见，大脑和神经系统的发育为高级心理机能的发生与发展提供了生理前提。

双生子爬梯实验

1929年，格塞尔及其同事汤普生做过一个关于生理成熟的实验，即"双生子爬梯实验"。该实验的研究对象是两个发展水平相当的同卵双生子A和B，实验的目的是证实生理成熟对儿童爬梯能力的决定性影响。

格赛尔在双生子出生后第48周（48周的婴幼儿刚学会站立不久，走路摇摇晃晃、不稳定）对双生子A进行爬梯训练，持续训练6周，而对双生子B则不给予任何干预措施。在双生子B出生第53周时（53周的婴幼儿腿部肌肉更有力量，走路姿势基本稳定）才开始对双生子B进行集中爬梯训练。实验结果发现，经过为期2周的爬梯训练，双生子B就达到了双生子A的熟练水平。该研究进一步发现，在第55周时，双生子A和双生子B的爬梯能力没有显著差别。

2. 心理发展的顺序受制于生理成熟的顺序

生理成熟的发展遵循一定的规律，具体表现为发展的顺序性和发展的速度。生理成熟的顺序性为学前儿童能力发展的顺序性提供了基本前提。儿童体内各大系统的成熟遵循一定的顺序：神经系统成熟最早，骨骼肌肉系统次之，最后是生殖系统。儿童心理活动的产生与发展是在生理成熟的基础上实现的。譬如，学前期出现的注意力集中时间相对较短的情况与个体神经系统的成熟程度有关。此外，学前儿童的生理成熟并不是匀速前进的，从个体的生长发育速度规律看，出生后头几年即婴幼儿期生长发育速度很快，接下来相对缓慢，直到青春期会再次出现生长发育的高峰期。在此基础上，儿童的心理发展在出生后头几年和青春期也会出现显著变化。

二　环境因素

遗传和生理成熟为学前儿童的心理发展提供了物质前提和最初的可能性，但可能性要转变为现实，还需要后天环境因素的支持。环境因素指学前儿童周围的客观世界，包括自然环境和社会环境。自然环境提供儿童身心发展所需要的物质条件，譬如空气、阳光、水等。社会环境主要是指儿童的社会生活条件，包括社会生产力发展水平、社会制度、儿童所处的社会经济地位等。教育是社会环境的组成部分，也是社会环境中对学前儿童心理发展最重要的部分。

（一）环境使遗传所提供的心理发展的可能性变为现实

心理是人脑对客观现实的反映，客观现实是心理的源泉。客观现实包括自然环境和社会环境，没有社会环境就不会有学前儿童心理健康的发展。直立行走和说话是人类的基本特征，遗传为儿童提供了直立行走和说话的可能性，但离开了人类的社会环境，这种可能性也不会成为现实。印度"狼孩"的事迹证实了社会环境对学前儿童心理发展的重要影响。儿童如果脱离人类的社会环境，即使遗传为其心理发展提供了最初的可能性，但这种可能性也可能不会变为现实。

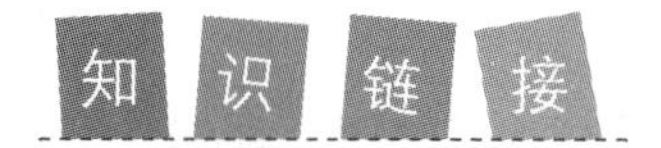

印度狼孩

1920年9月19日，美国的传教士辛格在印度加尔各答西南山林里探险，在一处狼洞里发现了两个人类女孩，他将二人带到孤儿院，分别取名为阿玛拉（约8岁）与卡玛拉（约2岁）。她们具备人类的遗传素质，但是她们的言语、动作姿势、情绪反应等方面都和狼如出一辙，因此也被称为"狼孩"。根据回忆，卡玛拉与阿玛拉不会人类语言，白天睡觉，夜间行动，喜欢在夜阑人静后像狼一般嚎叫；也不会和人一样走路，而是用四肢行走。卡玛拉不久后死于肾炎，姐姐阿玛拉活到1929年（17岁）才去世。阿玛拉经过训练后，能够直立行走，学会了40多个词语，但始终没有学会正常地说话，智力也只相当于三四岁幼儿的水平。

（二）环境影响遗传素质的变化和生理成熟的进程

个体受环境的影响始于胎儿期，胎内环境影响胎儿的生长发育。许多研究已经证明，孕妇营养

不足或者在孕期抽烟、喝酒等都会影响胎儿脑细胞数目正常发展，从而导致智力的发展迟滞，还会增加新生儿患先天性心脏缺陷的风险。[①] 生理成熟按照遗传的程序进行，受遗传影响较大，同时也会受到环境的影响。生理机能一切正常的新生儿，在营养充足的情况下，身体的各种机能则会迅速发展。反之，则会影响身体的正常发育。儿童的生活环境不仅影响其体态的生长发育，而且对大脑的生理发展也有重大影响。例如，早产儿由于出生时间提前，较早接触胎外丰富多变的环境，其大脑皮层的活动也发展较早。遗传素质和生理成熟是儿童心理发展的自然物质前提，环境可以使这些前提条件发生变化，从而影响儿童心理的发展。

（三）环境制约学前儿童心理发展的水平和方向

学前儿童所处的生态环境不仅影响其机体的生长发育状况，而且对大脑和神经系统的生理发展也有重大影响。研究发现，严重的空气污染会影响儿童认知能力的发展。国外研究团队发现，来自严重污染地区的儿童在智力测验中表现出不同程度的落后，低污染地区的儿童智力测验的结果明显高于高污染地区。[②] 该研究团队通过1年的追踪研究还发现，严重污染地区的儿童在语言发展方面也落后于低污染地区的儿童。[③] 由此可见，自然生态环境影响着学前儿童心理发展的水平。

人类心理发展的水平和方向一方面受制于自然环境的影响，另一方面还受到社会环境的制约，具体可以体现为家庭环境、学校环境和大众传媒等方面。

一方面，生活在不同家庭环境的儿童的认知水平、品德表现和社会性发展体现出明显的方向和水平差异。家庭的物质生活条件、亲子互动方式和家长的抚养行为等，均会影响到学前儿童心理发展的方向。粗暴养育是一种不良的父母养育方式，具体表现包括身体攻击（如吼叫、推搡、扇巴掌）、言语攻击（如敌意言语）、心理攻击（如忽视、威胁、否定其心理需要）等。我国已有研究表明，父母的粗暴养育会给儿童带来紧张性、持续性的环境压力，从而导致儿童较高的网络游戏成瘾倾向。[④] 此外，父母的消极养育行为，如惩罚、拒绝、控制和过度保护等，易形成消极、冲突的亲子关系，会让儿童表现出更多的破坏性行为。[⑤]

另一方面，幼儿园的环境与教育对学前儿童的心理发展产生重要影响，尤其是在儿童之间、教育者与儿童之间建立安全、尊重和互惠的关系深刻地影响着幼儿的心理发展。2011年，澳大利亚政

---

① 迪克·斯瓦伯．我即我脑——大脑决定我是谁［M］．王奕瑶，陈琰璟，包爱民，译．海口：海南出版社，2020：30-33.

② Lilian C G，Randall E，Antonieta M T，et al. Exposure to Severe Urban Air Pollution Influences Cognitive outcomes，Brain Volume and Systemic Inflammation in Clinically Healthy Children［J］. Brain and Cognition，2011，77（3）：345-355.

③ Lilian C G，Antonieta M T，Esperanza O，et al. Air pollution，Cognitive Deficits and Brain Abnormalities：A Pilot Study with Children and Dogs［J］. Brain and Cognition，2008，68（2）：117-127.

④ 于浚泉，魏淑华，董及美，等．粗暴养育与青少年网络游戏成瘾的关系：基本心理需要满足和越轨同伴交往的链式中介作用［J］．中国健康心理学杂志，2023（7）：1-10.

⑤ 梁宗保，吴安莲，张光珍．父母消极养育方式与学前儿童社会适应问题的关系：亲子冲突的中介作用［J］．学前教育研究，2022（3）：43-52.

府发布《我们的时光，我们的乐园——澳大利亚学龄保育框架》，其中明确指出："相互支持的关系在学龄前儿童保育环境中非常重要。在儿童之间建立相互支持的关系，有利于让每个孩子体会到归属感、自尊与自信，促进儿童的兴趣和能力的发展。"[①]

人类社会已经进入信息化社会，手机、电脑、电视、广播、书刊等大众传媒从不同的侧面潜移默化地影响着学前儿童心理的发展。我国有学者研究发现，由于电子数字化媒介的发展，幼儿的思维能力发展和语言发育进度普遍明显加快。[②] 大众传媒提供的各种信息，一定程度上能够提高学前儿童心理发展的水平，但也不可避免地制约着学前儿童心理发展的水平与方向。

第二课　影响学前儿童心理发展的主观因素

影响学前儿童心理发展的生物因素和环境因素，都属于外部的客观因素。学前儿童的心理发展还受到主观因素的影响，具体包括儿童的自我实践活动和儿童心理的内部矛盾。

儿童心理是在活动中产生、发展并表现出来的。学前儿童心理的发展离不开活动，活动是儿童心理发展的必要条件。学前儿童的实践活动具体包括操作活动、游戏活动、学习活动、劳动活动、模仿活动和交往活动等。其中，游戏活动是学前儿童的主要活动形式。只有在各种活动中，学前儿童才可能发挥自身的主观能动性，并通过自身的实践活动积极地、主动地、有选择地接受客观环境所施加的影响。譬如，在角色扮演游戏中，学前儿童可以充分发挥自己的主观能动性，在游戏活动中表现自己的心理特征，且促进心理的进一步发展。

儿童心理的内部矛盾是推动儿童心理发展的根本原因，即儿童所产生的新需要和儿童已有的发展水平之间的矛盾。譬如，3 岁的幼儿在人际交往过程中，自身口头言语的发展水平若不能很好地帮助他表达自己的想法，就会推动他进一步掌握更多的日常词汇和句子，以满足自己对人际交往的需求。在社会和教育的影响下，儿童产生的新需要和已有的心理发展水平不断处于矛盾统一的状态，推动着儿童心理不断向前发展，成为学前儿童心理发展的不竭动力。

总而言之，在学前儿童心理发展的过程中，主客观因素并不是孤立地发挥作用，它们之间相互联系、相互制约，共同影响着儿童心理的发展。

① Australian Government. Department of Education and Training. My Time，Our Place-framework for School Age Care in Australia [R]. Canberra：The Council of Australian Governments，2019：8-29.

② 张丁丁. 早熟与快熟：儿童语言发展的新趋向——0—2 岁婴幼儿语言生长日记的个案分析 [J]. 教育学术月刊，2016 (3)：91-97.

第三节　学前儿童心理发展的理论流派

◇学习目标

1. 知识目标：了解学前儿童心理发展理论流派的代表人物和主要观点。

2. 能力目标：能够辩证评价各理论流派的基本观点，且能够灵活运用各理论流派的观点解释儿童早期的各种行为，并以此指导自身的教育实践，在实践中反思自身。

3. 情感目标：通过本章内容的学习，提高学生的专业兴趣，树立专业思想。

◇情境导入

图图是一个攻击性很强的幼儿。一天放学后，小朋友们陆续离开了幼儿园，活动室里只有五六个孩子坐在一起玩雪花片。图图刚用雪花片制作了一把“宝剑”，妈妈就来接他了。可他正在兴头上，说什么也不肯走。妈妈拗不过他，在一旁生气地等着。图图拿着他的“宝剑”对着幼儿冬冬说：“我是奥特曼，打死你这个怪兽。”说完便用他的“宝剑”刺向冬冬的胸口，一不小心“宝剑”散了，于是图图便用手当宝剑，在冬冬身上拍打起来，冬冬大哭。图图妈妈看见冬冬哭后，朝着图图的屁股打了几下，气愤地说：“你再打打看!”图图也大哭起来。妈妈生气地拉起他的手，一边朝活动室门口走去，一边说：“看我回家怎么治你。”

思考：学前儿童的攻击性行为比较常见。图图的上述攻击性行为是怎么产生的，是他对动画片里奥特曼攻击怪兽的行为进行观察后模仿的吗？他的攻击性行为是否在模仿妈妈打他的行为？还是因为他不想回家，想留下来玩而妈妈不同意，所以他把对妈妈的怨气发泄在了其他小朋友身上？又或是什么其他的原因？怎样依据儿童心理发展的理论来解释这种现象并帮助儿童克服攻击性行为呢？其实，人的心理和行为极其复杂，对儿童的心理和行为有多种理论可以解释。在心理学发展的历史上，很多心理学流派都对儿童的心理发展进行过解释和预测。让我们带着疑惑一起走进本节内容的学习。

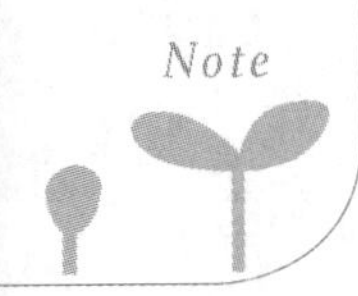

第一课　成熟势力说

成熟势力说的代表人物是美国心理学家格塞尔（A. L. Gesell，1880—1961 年）。作为一位儿科医生，他曾经对儿童的神经运动发展做过长期的研究，“双生子爬梯实验”是格塞尔最为著名的实验。

格塞尔根据自己长期的临床试验和大量的研究提出：个体发展是一个顺序模式的过程，成熟和学习影响儿童的发展，但儿童学习能力及心理发展的水平取决于自身生理及功能的成熟程度。只有当生理结构与行为相适应的时候，学习才会发生；在生理结构得以发展之前，特殊的训练及学习收效甚微。

此外，格塞尔还认为儿童的成长有一定的内在生物进度表。1941 年，他制定出婴儿的行为发育诊断量表。他认为，个体出生后的第 4 周、第 16 周、第 28 周、第 40 周、第 52 周、第 18 个月、第 24 个月是个体成熟的关键期。这些关键期内出现的新行为反映出儿童在生长发育上已抵达的阶段和成熟程度。格塞尔把这些时期出现的新行为作为测查项目和诊断标准，为智力落后儿童的早期诊断提供了可靠的依据，在临床实践中被广泛运用。

第二课　行为主义学派的心理发展观

行为主义是现代西方心理学的一个重要流派，被称为西方心理学的“第一势力”，1913 年由美国著名心理学家华生创立。行为主义将行为界定为心理学的研究对象，将意识逐出心理学的研究范围，强调现实和客观研究，否认内省是心理学的研究方法之一。作为心理学的一个理论体系，行为主义学派经由发展，分为传统行为主义、新行为主义两大派别，其代表人物分别为华生、斯金纳和班杜拉。行为主义学说强调学前儿童的行为是由环境中的刺激引起的，学习的决定因素是外部刺激。

一　华生的心理发展观

华生即约翰·华生（John Broadus Watson，1878—1958 年），出生于美国南卡罗来纳州格林维尔，是美国心理学家、行为主义的创始人（见图 1-5）。1913 年，华生发表了《行为主义者所看到的心理学》一文，系统地阐明了行为主义的理论体系，宣告了行为主义心理学的诞生。

图 1-5　约翰·华生

（一）环境决定论

华生认为心理的本质是行为。行为是指有机体用来适应环境的反应系统，是刺激（S）和反应（R）的联结。华生受生理学家巴甫洛夫（Иван Петрович Павлов）的动物学习研究的影响，认为一切行为都是刺激-反应的学习过程，即 S-R。

华生曾明确地指出："在心理学中不再需要本能的概念了。"他否认了行为的遗传作用。首先，刺激来自客观环境而不是遗传，因此行为不可能由遗传决定。由于行为是可以被预测和控制的，所以成人可以改变儿童的生活环境和教育方式，通过控制刺激与反应的联结，来塑造儿童的行为习惯，从而影响儿童的心理发展。其次，华生虽然承认个体生理结构的差异来自先天遗传，但是生理构造的功能发挥到何种程度完全取决于环境。即遗传只能决定人的身体结构，而不能决定人的行为。最后，华生的心理学以研究控制行为为目的，而遗传是不能控制的，遗传的作用越小，控制行为的可能性就越大。

（二）夸大环境和教育在儿童心理发展中的作用

华生从刺激-反应的公式出发，夸大环境的作用，认为环境是儿童行为塑造和发展过程中影响最大的因素。儿童的行为是在环境刺激中学习而得，环境决定着儿童的行为。由此，华生十分重视教育学习的作用，认为学习的基础是条件反射，无论多么复杂的行为，都可以通过条件反射而建立。学习的决定条件是外部刺激，而外部刺激又是可以控制的，因此，不管多么复杂的行为，都可以通过控制外部刺激而形成。

华生从控制行为的目的出发，提出了他闻名于世的一个论断："给我一打健全的婴儿，以及我可用以培养他们的特殊环境，我就可以保证随机选出其中任何一个，不论他的才能、倾向、本领和他父母的职业如何，而可以把他训练成我所选定的任何类型的特殊人物：医生、律师、艺术家、大商人，甚至于乞丐、小偷！不过，请注意，当我从事这一实验时，我要亲自决定这些孩子的培养方法和环境。"该观点是教育万能论的典型代表。

拓展阅读

扫一扫，了解华生的经典实验——通过条件反射习得恐惧[①]

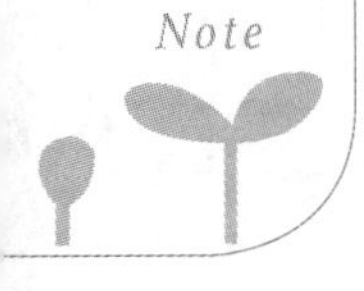

① ［加］居伊·勒弗朗索瓦. 孩子们——儿童心理发展［M］. 王全志，孟祥芝，等译. 北京：北京大学出版社，2004：59.

二　斯金纳的心理发展观

伯尔赫斯·弗雷德里克·斯金纳（F. B. Skinner，1904—1990年）出生于美国宾夕法尼亚州，是新行为主义心理学的代表人物之一，也是操作条件作用学习理论的创始人和行为矫正术的开创者（见图1-6）。斯金纳继承了华生行为主义理论的基本信条，认同我们每个人的行为模式与环境密切相关，但他更加强调操作性条件反射在学前儿童心理发展中的作用。

（一）操作性条件反射

斯金纳为研究操作性条件反射理论，设计和发明了一种学习装置——斯金纳箱（见图1-7），对小白鼠的操作性行为进行了一系列的研究。其中一个经典的研究是：斯金纳把一只小白鼠放在斯金纳箱中，小白鼠在箱内可以自由活动，一开始可能表现出乱窜、乱跑等行为。有次小白鼠偶然碰到实验者有意设置的杠杆，见有食物落下，从而强化了小白鼠按压杠杆的行为。经过多次尝试和强化（食物的出现），小白鼠建立了按压杠杆与食物掉落之间的联结，形成了操作性条件反射。而其他行为如乱窜、乱跑等行为则因没有食物的出现而消退。根据实验结果，斯金纳认为，操作性条件反射的建立依赖于两个因素：操作和强化。在斯金纳看来，重要的不是反应之前的刺激物，而是反应之后的强化物。

图1-6　伯尔赫斯·弗雷德里克·斯金纳

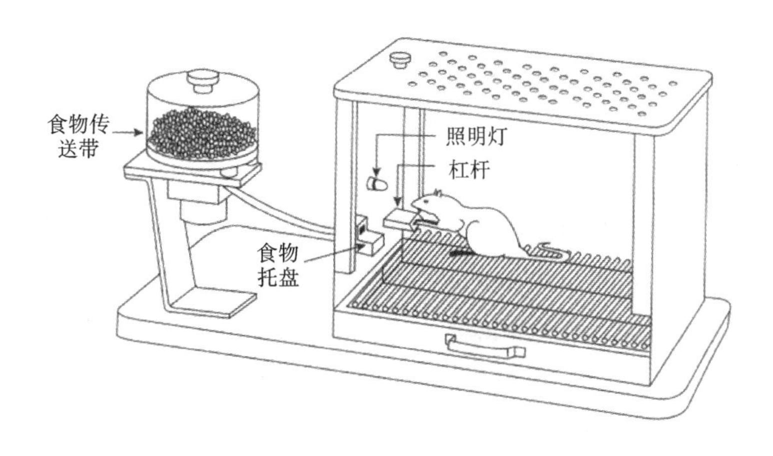

图1-7　斯金纳箱

斯金纳将有机体的行为分为两类：应答性行为和操作性行为。应答性行为是指由特定的、可观察的刺激所引起的行为。比如，膝跳反射这样的无条件反射行为、巴甫洛夫实验中的狗在听见铃声后分泌唾液的条件反射行为。操作性行为是指在一定情境中自然产生并由于结果的强化而固定下来的行为，如斯金纳箱中小白鼠按压杠杆的行为。应答性行为由已知特定的刺激引发，较为被动，并不会对环境产生影响。比如在巴甫洛夫的研究中，狗听到铃声后分泌唾液的反应并不会对铃声或紧随其后的强化物（食物）产生任何影响。操作性行为是个体自发出现的行为，是有机体对环境的主动适应，会作用于环境并改变环境。斯金纳认为大多数人和动物的行为都是操作性行为。以婴儿的学习为例，婴儿最初都会表现出一些自发的、随机的行为，其中只有一些行为能够得到父母等照料者的强化（比如奖励食物、拥抱或者玩具）。随着婴儿的成长，那些得到照料者强化的行为将会保留下来，而那些没有得到照料者强化的行为将会消失。

（二）操作学习理论

斯金纳认为，强化是塑造行为的基础。教育者可以通过有效的强化塑造儿童形成教育者所期望的行为。如果儿童出现某一行为，成人不予理睬，没有给予及时强化，它就会逐渐消退。斯金纳将强化分为正强化与负强化。正强化是指在行为发生之后，通过呈现行为者想要的、愉快的刺激以增加行为发生的频率。比如，幼儿图图帮助妈妈打扫卫生，妈妈奖励他喜欢的巧克力。负强化是指在行为发生之后，通过撤销行为者厌恶的、不愉快的刺激以增加行为发生的频率。比如，幼儿图图主动收拾自己的玩具，妈妈允许他晚餐后可以不用刷碗。凡能增强某行为发生频率的刺激或事件都可以称为强化物。在选择强化物时，可以遵循普雷马克原理（又称为祖母法则），即用高频活动作为低频活动的有效强化物。比如，3 岁的图图非常喜欢气球，当他好好吃饭后，父母奖励他玩气球，从而养成良好的就餐行为。

此外，教育者也可以通过惩罚来塑造儿童的行为，惩罚可以降低行为发生的频率。斯金纳将惩罚分为正惩罚与负惩罚。正惩罚是指在行为发生之后，通过呈现行为者厌恶的刺激来降低行为发生的概率。比如，幼儿图图不喜欢吃西蓝花，当他欺负其他小朋友时，爸爸就惩罚他吃西蓝花。负惩罚是指在行为发生之后，通过撤销行为者的愉快刺激来降低行为发生的概率。比如，幼儿图图很喜欢去公园，当他不好好吃饭时，妈妈就不会带他去公园。

动物实验表明，惩罚对于消除行为来说并不一定十分有效，厌恶刺激停止作用后，原先建立的反应仍会逐渐恢复。因此，斯金纳认为，惩罚并不能使行为发生永久性的改变，它只能暂时抑制行为，却不能根除行为。所以，惩罚的运用必须慎重，惩罚不良行为应该与强化良好行为结合起来，才能取得预期的效果。

Note

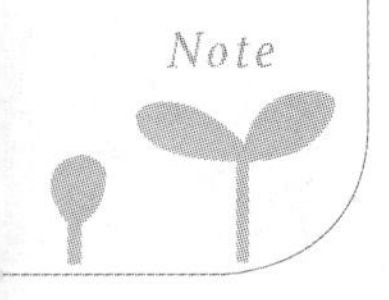

三　班杜拉的心理发展观

阿尔伯特·班杜拉（Albert Bandura，1925—2021 年）出生于加拿大阿尔伯塔省蒙代尔镇，是美国当代著名心理学家、社会学习理论的创始人。班杜拉受到认知主义的影响，逐步从传统的行为主义研究中走出来，在对传统行为主义的继承与批判的基础上提出了社会学习理论。由于强调认知因素在学习中的作用，所以该理论又被称为社会认知理论。

（一）观察学习

社会学习理论将学习划分为参与性学习和替代性学习。参与性学习又称直接经验的学习，是指通过直接经验而获得行为反应模式的学习。替代性学习又称间接性学习，是指通过观察他人的行为及行为结果所获得的行为反应模式的学习，即观察学习。班杜拉重视对观察学习过程的分析，认为观察学习由注意过程、保持过程、动作再现过程、动机过程构成。

班杜拉的观察学习实验①

班杜拉与合作者于 1961 年进行了攻击性行为学习的经典实验。在这项实验中，他们将 72 名（男女各半）3～5 岁的儿童被试者分为 3 组。首先让儿童观看成人示范的影片，影片中成人都对充气娃娃进行拳打脚踢等，行为具有很高的攻击性，但影片的结局有三个版本。每组儿童只看其中一个版本。第一组儿童看到影片中成人因为自身攻击性行为得到奖励；第二组儿童看到影片中成人因为自身攻击性行为而得到惩罚；第三组儿童是控制组，影片中的成人既没有奖励也没有惩罚。影片结束后，实验者把儿童带到一间与影片中环境布置类似的实验室，实验室内也放有影片中的充气娃娃。结果表明：那些看到成人的攻击性行为受到奖励的儿童，比控制组儿童对充气娃娃表现出更多的攻击性行为；而那些看到成人的攻击性行为受到惩罚的儿童，比控制组儿童表现出更少的攻击性行为。这说明儿童的社会行为可以通过观察而习得。

① ［美］罗杰·R. 霍克. 改变心理学的 40 项研究［M］. 白学军，等译. 北京：中国人民大学出版社，2015.

拓展阅读
扫一扫，了解观察学习的过程

（二）强化的模式

班杜拉认为行为的强化有三种模式：直接强化、替代强化和自我强化。

直接强化是指观察者因表现出观察行为而受到强化。例如，中班幼儿莉莉在游戏过程中认真遵守游戏规则，教师当众表扬莉莉，并给莉莉 3 朵小红花作为奖励，莉莉非常开心，在今后的游戏中也积极遵守游戏规则。

替代强化是指观察者通过观察他人行为而受到强化，在观察者身上间接引起的强化作用。例如中班幼儿莉莉在游戏过程中遵守游戏规则，教师当众表扬莉莉，并给莉莉 3 朵小红花作为奖励，其他幼儿看到莉莉因为遵守游戏规则受到奖励，因此也开始认真遵守游戏规则。

自我强化是指学习者以自我评价的标准对自己的行为进行强化。对表现出的符合标准或超过标准的行为进行自我奖励，对不符合标准的行为进行自我惩罚。

班杜拉非常强调观察学习和替代强化在获得新行为中的作用。班杜拉认为，学习的实质在于学习者通过观察示范者的行为及其结果而获得某些新的行为反应模式。

（三）三位一体的交互决定论

班杜拉认为社会学习的影响因素包括个体、环境和行为三类因素。这三类因素相互影响，互为因果，因此，这一理论又被称为三元交互作用论（见图 1-8）。

图 1-8　三位一体的交互决定论

1. 个体因素

个体因素指观察者自身的期望、信念、自我效能感、知识等认知因素。班杜拉认为，人们并不是简单地对刺激做出反应，而是对刺激加以解释，刺激是通过人们的预期作用从而导致特定行为的发生。如果人们想有效地活动，就必须事先预测不同事件和行动可能导致的后果，从而相应地调整自己的行为。

2. 环境因素

班杜拉重视环境因素对观察学习的影响，具体包括环境资源、重要他人、行动结果等。比如，周围环境资源丰富更能促进观察者的学习模仿；权威人士或能工巧匠之士更有可能成为被模仿的对象；行为结果的强化对观察学习影响较大，观察者会模仿那些能给他们带来奖赏的行为。

3. 行为因素

如果示范行为本身是有意义的、符合观察者的期望，观察者就会有意识地去模仿；如果示范行为对于观察者来说是适当的、可以模仿的，观察者认为自己有能力去模仿，也会自觉或不自觉地去模仿；如果示范行为呈现的质量较高、效果显著，观察者也会有意识地去模仿。

第三课　精神分析学派的心理发展观

一　弗洛伊德的心理发展观

西格蒙德·弗洛伊德（Sigmund Freud，1856—1939 年）出生在奥地利摩莱维亚的小城弗赖堡，著名的心理学家、精神病医师，既是精神分析学派的创始人，也是心理治疗的开山鼻祖。1900 年，他出版了《梦的解析》一书，构造了精神分析的理论框架，该书被认为是精神分析学的经典著作之一。1908 年，弗洛伊德组织的维也纳精神分析学会标志着精神分析学派的正式成立。

（一）人格结构理论

弗洛伊德认为每个人的人格都包含三个部分：本我、自我与超我（见图 1-9）。

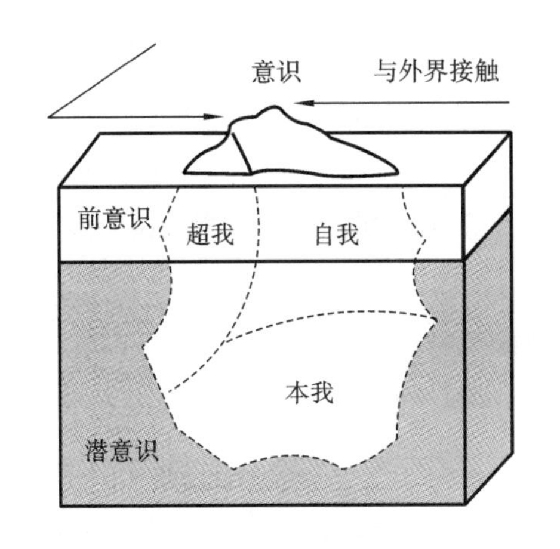

图 1-9　冰山理论

本我代表人类最原始的、先天的本能和欲望，遵循快乐原则，要求本能欲望立刻、无条件地满足和实现。本我属于无意识层面，是人格形成的基础。婴儿集中体现了本我的特点，尤其是新生儿饿了立刻就要吃，困了立刻就要睡，不会考虑母亲生病等现实情况。

自我是从本我中分化出来的一部分。个体在成长过程中会逐渐发现需要必须在现实允许的情况下才能得到满足，慢慢学会向现实妥协，于是从本我中分化出另一种人格成分——自我。自我的活动受现实原则支配，一部分属于意识层面，另一部分属于潜意识层面。

超我是从自我中分化出来，发挥道德、良心的监督作用。它遵循伦理原则，一部分属于意识层面，另一部分属于潜意识层面。超我是个体在成长过程中，通过内化道德规范、社会及文化环境中的价值观念而形成的。

弗洛伊德认为在正常情况下，这三者处于相对平衡的状态中，当这种平衡关系遭到破坏时，人

就会产生精神疾病。

（二）心理发展阶段

弗洛伊德认为性本能冲动是心理发展的基本动力，人格的发展就是心理性欲的发展。弗洛伊德将性本能冲动称为“力比多”，是广泛意义上的“性”，泛指一切身体器官的快感。比如，儿童因为吮吸、排泄产生的快感。随着儿童年龄的增长，“力比多”投向身体的不同部位，口腔、肛门、生殖器相继成为快乐与兴奋的中心。以此为依据，弗洛伊德将儿童的心理发展分为口唇期（0～1 岁）、肛门期（1～3 岁）、性器期（3～6 岁）、潜伏期（6～12 岁）和生殖期（12 岁以后）五个阶段。根据学前儿童的年龄范围，重点介绍前三个阶段。

口唇期（0～1 岁）。新生儿主要通过吮吸、咀嚼和咬东西等获得快感，是性本能得到满足的主要方式。弗洛伊德认为该时期婴儿的口唇需要若是未能得到满足，长大后容易形成依赖、悲观和退缩的性格。

肛门期（1～3 岁）。这一时期，“力比多”投放在肛门区域，肛门成为快感中心，幼儿通过排泄解除压力而产生快感。儿童通过排泄时产生的轻松与快感体验到了操纵与控制的作用。该阶段的儿童要接受如厕训练，学会控制排便过程，使自身符合社会要求。但如果如厕训练过于严格，儿童易形成压抑、吝啬和强迫等性格。

性器期（3～6 岁）。这一时期，“力比多”投放在生殖器上，性器官成为儿童获取快感的中心，幼儿通过抚摸自己的生殖器产生快感。男孩会形成“恋母情结”，即“俄狄浦斯情结”，女孩会形成“恋父情结”，即“爱烈屈拉情结”。如果这两种情结获得正当解决，有利于促进儿童超我的形成与发展，形成与年龄、性别相适应的人格特征。

案例分析

壮壮的妈妈比较苦恼，她决定向壮壮的班主任方老师求助。壮壮已经 4 岁了，但还是特别喜欢黏着她。壮壮妈妈说道：“我能够理解女孩会比较依赖妈妈，但是壮壮是个男孩，也喜欢每天都跟在我的身后。超过半小时找不到妈妈，壮壮就会大喊大叫。吃饭时如果我不陪在旁边他就不吃，有时甚至会要求我喂饭。晚上要和妈妈睡在一起，反而不爱跟爸爸一起玩，甚至只想单独和妈妈待在一块，爸爸不要介入最好。有些亲戚邻居看到壮壮的这些表现，会开玩笑似地取笑壮壮，说他‘羞羞羞，这么大人了还黏着妈妈’。一般孩子听到大人的取笑多少会有些不好意思，可壮壮完全不会，只想能和妈妈在一起就好。我以为壮壮上幼儿园后，这种状况能够缓解一点，可是并没有。方老师，壮壮是有什么问题吗？我该怎么办？”

思考：4 岁的壮壮为何会出现案例中的行为？这些行为正常吗？壮壮的妈妈该如何处理？

二　埃里克森的心理发展观

艾瑞克·埃里克森（Erik Erikson，1902—1994 年），美国心理学家、儿童精神分析医生、新精神分析学派的代表人物（见图 1-10）。埃里克森师承安娜·弗洛伊德，继承和发展了弗洛伊德的精神分析理论。他批判弗洛伊德过于强调“性本能”的观点，认为人格的发展不仅仅受到生理方面因素的影响，强调社会文化对人格发展的作用。埃里克森在 1950 年出版的《儿童与社会》一书中，对此做了详尽、系统的阐述，认为人格受生物、心理和社会三方面因素的影响，并在自我与社会环境的相互作用中形成，强调自我的作用。埃里克森在《儿童与社会》中提出人格发展的八个连续阶段（见表 1-3），每个阶段都有着特定的冲突和发展任务，建立了心理社会发展理论。其中，学前儿童涉及前三个阶段，具体如下。

（一）婴儿期（0～1 岁）：信任感对不信任感

0～1 岁的婴儿面临基本信任对不信任的心理冲突，主要发展任务是满足生理上的需要，发展信任感，克服不信任感，体验着希望的实现。埃里克森把希望定义为：“对自己愿望的可实现性的持久信念，反抗黑暗势力、标志生命诞生的怒吼。”当婴儿的需求得到满足，婴儿则会对周围的人和环境产生信任感。信任在人格中会加强“希望”这一品质，从而增强自我的力量。反之，如果婴儿的需求没有得到满足，就会产生不信任感和不安全感。个体对他人和环境的信任感，是形成健康人格的基础，也是之后各阶段发展的基础。

图 1-10　艾瑞克·埃里克森

（二）先学前期（1～3 岁）：自主感对羞怯感、怀疑感

1～3 岁的儿童面临自主感对羞怯感和怀疑感的心理冲突，主要发展任务是满足探索的需要，获得自主感，克服羞怯感和怀疑感，体验着意志的实现。埃里克森把意志定义为：“不顾不可避免的害羞和怀疑心理而坚定地自由选择或自我抑制的决心。”

随着生理结构和机能的发展，该阶段的儿童学会爬行、走路等，自我意识开始出现。他们表现出较强的自我控制需要，渴望按自己的想法做事，开始形成自主性：一方面在信任感和动作技能初步成熟的基础上产生了自信，认识到自己的想法和意志；另一方面又对照顾者提供的安全环境产生疑虑。如果照顾者能够注意到该阶段儿童的这种倾向，利用儿童对自己的信任给予适度控制，同时又鼓励他们尝试探索环境，儿童的自主性会更容易形成。相反，如果照顾者对该阶段儿童的行为批

评、限制过多，或过分溺爱，凡事包办代替，会使儿童否定自身的能力，产生羞怯感或怀疑感。

（三）学前期或幼儿期（3～6 岁）：主动感对内疚感

3～6 岁的儿童面临主动感对内疚感的心理冲突，主要发展任务仍是满足探索的需要，获得主动感，克服内疚感，体验着目的的实现。埃里克森把目的定义为："一种正视和追求有价值目标的勇气，这种勇气不为幼儿想象的失利、内疚感和惩罚的恐惧所限制。"

该阶段儿童的生理机能更加成熟，言语能力获得显著发展，活动范围进一步扩大，想象力丰富，充满了好奇心，对周围世界的积极探索行为增多。这一时期，成人若是能够耐心解答儿童的各种问题，为儿童提供尝试新事物的机会，丰富儿童的想象力，鼓励他们积极地探索世界，同时帮助儿童做出合乎实际的选择，那么儿童的主动性就会得到进一步发展，认为自己所做的一切是有价值的，从而表现出创造力与进取心。反之，若成人对儿童采取否定与压制的态度，儿童的好奇心以及探索行为遭到阻挠、嘲笑、指责，甚至禁止，那么儿童就会产生内疚感与失败感，自我价值感低，缺乏进取心和开辟新生活的勇气。

知识链接

表 1-3　埃里克森社会发展八阶段

阶　段	年　　龄	发展任务	阶　段	年　　龄	发展任务
婴儿期	0～1 岁	发展信任感， 克服不信任感	青年期	12～18 岁	建立同一性， 防止角色混乱
先学前期	1～3 岁	培养自主感， 克服羞怯感和怀疑感	成年早期	18～30 岁	发展亲密感， 避免孤独感
学前期 或幼儿期	3～6 岁	培养主动感， 克服内疚感	成年中期	30～60 岁	获得繁殖感， 避免停滞感
学龄期	6～12 岁	培养勤奋感， 克服自卑感	成年晚期	60 岁以后	获得完善感， 避免绝望与沮丧

Note

第四课 认知发展学说的心理发展观

认知发展学说的代表人物是皮亚杰。让·皮亚杰（Jean Piaget，1896—1980年）（见图1-11）出生于瑞士纳沙泰尔，儿童心理学家、发生认识论的创始者、日内瓦学派的创始人，是当代发展心理学领域最具影响力的理论家，被誉为心理学史上除了弗洛伊德以外的另一位“巨人”和20世纪最伟大的儿童心理学家。皮亚杰揭示了儿童思维、道德发展的特点和各发展阶段的结构，创建了较完整的理论体系，对当代西方心理学的发展和教育改革产生了重要而深远的影响。

图1-11 让·皮亚杰

一 心理发展机制

皮亚杰认为，心理结构的发展涉及图式、同化、顺应和平衡四个概念。图式，也称认知结构，是认知发展的基本单位，是个体认识世界的思维模式，是人们表征、组织和解释自己的经验和指导自己行为的心理结构。皮亚杰认为儿童最初的图式来源于遗传，表现为一些本能的反射。随着年龄的增长、活动范围的扩大，儿童脑中的图式不断丰富与改变，以帮助他们更好地适应环境。换言之，低级的动作图式通过适应逐步建构出新的图式。同化与顺应是适应的两种形式。同化是指个体将新的事物、事件、经验和信息纳入已有图式的心理过程，因此同化仅仅是量变的过程，已有的图式或认知结构没有发生改变。顺应是指当有机体不能利用原有图式接受和解释新刺激时，修改已有图式或建立新图式并将其纳入新物体、新事件、新经验、新信息中的心理过程。顺应是质变的过程。比如，婴儿用吮吸妈妈乳头的方式吸奶嘴，就是同化；而用勺子喝水、吃米糊就不能用吸的方式，只能改用咀嚼和吞咽的方式，这就是顺应。儿童通过同化和顺应达到机体与环境的平衡，如果失去了平衡，需要改变图式以重建平衡。儿童在平衡与不平衡的交替中不断建构和完善认知结构，实现心理的发展。

二 认知发展阶段

皮亚杰认为，在个体从出生到成熟的发展过程中，认知结构在与环境的相互作用中不断重构，表现出四个不同质的阶段。

（一）感知运动阶段（0～2 岁）

这一阶段的儿童靠身体动作和感官探索了解周围的世界。该阶段的儿童逐渐形成客体永久性。客体永久性是指即使物体不在视线内，儿童认为该物体依然存在。当儿童看不到物体也能在心里形成物体的表征时，客体永久性就形成了，这也标志着感知运动阶段的结束。

（二）前运算阶段（2～7 岁）

前运算阶段的儿童开始用表象和符号解释和描述外部世界。该阶段的儿童思维不守恒，无法认识事物的变化源于本质特征的变化，而非表面特征的变化，且这个阶段的儿童的思维呈现自我中心性、不可逆的特点。皮亚杰通过“三山实验”证实该阶段儿童只能站在自己的角度认识事物，思维具有自我中心性（见图 1-12）。另外，他们还认为万物有灵，具体表现为儿童认为一切物体都是有生命的，比如“太阳公公对我笑”“为什么月亮婆婆总是跟着我”。

图 1-12　三山实验

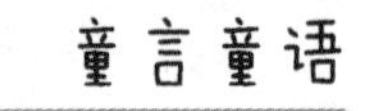

场景一

珊珊：“爸爸，这冒烟的是什么？”

珊珊爸爸："这是烟囱。"

珊珊："噢，知道啦！那爸爸的鼻子为什么不是烟囱？"

场景二

涛涛妈妈："涛涛，你在干吗？"

涛涛："我在给小树理发。"

涛涛妈妈："小树不用理发。"

涛涛："夏天到了，小树头发太长会热的。"

（三）具体运算阶段（7～11 岁）

具体运算阶段的儿童开始根据具体事例或在具体情境中进行初步的逻辑推理。同时，该阶段的儿童习得了守恒性和可逆性的概念，能够将一系列物体排序，并且能按照多个维度来将它们分类。此外，儿童逐渐克服了思维的自我中心性。

童言童语

童童爸爸："童童已经长大了，要学会自己一个人睡。"

童童："那爸爸你为什么还和妈妈一起睡？"

（四）形式运算阶段（11～15 岁）

形式运算阶段的儿童不再局限于有关具体体验的推理，而是以更加抽象、理想化和符合逻辑的方式进行思考。儿童开始不受真实情境的束缚，能将心理运算运用于可能性和假设性情境，既能考虑当前情境，也能考虑过去和将来的情境，并且能够基于单纯的言语或逻辑陈述进行假设-演绎推理及命题间推理。但是，这时只是初步的形式运算思维，未达到成熟的形式运算水平。

皮亚杰认为，这些阶段出现的时间可因个人或社会变化而有所不同，但是基本顺序是固定的，各阶段都具有独特的认知结构，标志着一定阶段的年龄特征。

第五课　社会文化历史理论的心理发展观

维果斯基（Lev Vygotsky，1896—1934年）出生于白俄罗斯奥尔沙，是苏联卓越的心理学家、社会文化历史学派的创始人（见图1-13）。他由于在心理学领域做出的重要贡献而被誉为“心理学中的莫扎特”，他所创立的社会文化历史理论至今仍具有深远影响。

图1-13　维果斯基

心理发展的实质

维果斯基认为，人从出生起就是一个社会实体，是社会历史的产物，个体心理发展受社会文化历史发展以及社会规律制约。他将人类的心理机能区分为两类：低级心理机能和高级心理机能。低级心理机能是自然的发展结果，是种系发展的产物，依赖于生物进化。高级心理机能是在人际交往活动的过程中产生和发展起来的，依赖于社会历史的发展。儿童心理发展的实质是儿童在社会文化（环境和教育）的影响下，低级心理机能逐渐向高级心理机能转化的过程。

教学与发展

维果斯基研究分析了教学与发展之间的关系，主要观点如下。

（一）最近发展区思想

维果斯基将最近发展区定义为“实际的发展水平与潜在的发展水平之间的差距”。实际的发展水平是指儿童独立解决问题的能力，潜在的发展水平是指在成人的指导下或是与能力较强的同伴合作时，儿童能够解决问题的能力。

（二）教学应走在发展的前面

根据最近发展区思想，维果斯基认为，教学要求应该略高于学生的现有水平，又不超过学生的

潜在发展水平，即达到学生的最近发展区的教学才是最好的教学。一方面，教学需要适应儿童的最近发展区；另一方面，教学也需要创造最近发展区，发挥指导作用。

（三）最佳学习期限

维果斯基认为，儿童学习任何一项技能都有一个最佳年龄，如果错过这个最佳年龄将不利于其发展。对儿童的教育教学必须以成熟与发育为前提，但更重要的是教学必须首先建立在正在开始形成的心理机能的基础上，走在心理机能形成的前面。同时，儿童的最近发展区是动态的，是不断发展的，教学要随着儿童年龄和水平的变化寻找最佳学习期限。

拓展阅读

扫一扫，学习布朗芬布伦纳的生态系统理论[①]

① David R. Shaffer，Katherine Kipp. 发展心理学——儿童与青少年［M］. 9版. 邹泓，等译，北京：中国轻工业出版社，2016：536-537.

第四节　学前儿童心理发展的年龄特征和基本趋势

◇**学习目标**

1. 知识目标：理解并掌握学前儿童心理发展的一般特点和发展趋势。

2. 能力目标：能够运用学前儿童心理发展的年龄特征对学前儿童的心理现象进行分析和评价。

3. 情感目标：在了解学前儿童心理发展规律的基础上，树立科学的教育观。

◇**情境导入**

幼儿乐乐来到美工区拿出彩纸，开始对折，这时坐在她旁边的天天看到，便问："你要做什么呀?"乐乐得意地说："我要折一个飞机!"天天起身也去拿彩纸，开始跟着乐乐一起折起来，天天看着乐乐做一步，自己也跟着做一步。折好后，乐乐还在上面画了个爱心，天天也在飞机上画了花，两人在整个过程中都非常认真和享受。

思考：模仿是幼儿典型的学习方式，也是幼儿心理发展过程中典型的年龄特征。随着活动范围的扩大，学前儿童模仿的对象也随即增多，他们会不自觉地模仿成人、同伴的行为。在不同的年龄阶段，学前儿童的心理发展体现怎样的年龄特征？学前儿童的心理发展呈现出怎样的心理发展趋势？让我们一起走进本节课的学习。

第一课　学前儿童心理发展的年龄特征

学前儿童心理发展的年龄特征是指在一定的社会和教育环境下，儿童在每个年龄阶段中形成并表现出来的一般的、典型的、本质的心理特征。

一 婴儿期的年龄特征（0～1岁）

儿童出生后的第1年，称为婴儿期，具体划分为新生儿期（0～1个月）、乳儿早期（1～6个月）、乳儿晚期（6～12个月）三个阶段。婴儿期是儿童心理开始发生和心理活动开始萌芽的阶段，也是儿童心理发展最为迅速和心理特征变化最大的阶段。

（一）新生儿期（0～1个月）

对于新生儿而言，外界的一切都是崭新的、陌生的，我们通常将儿童出生后的第一个月称为新生儿期，处在这一阶段的儿童称为新生儿。

1. 心理发生的基础：无条件反射

刚刚离开母体的新生儿，面对全新的外界环境和刺激，必须逐渐建立起能够独立适应新环境的各种心理机制，以维持生存和发展的需要。新生儿需要付出极大的努力才能适应胎外生活与胎内生活的巨大差异。值得庆幸的是，新生儿并不是人们所认为的那样无能，他们自出生时就已经做了一些准备。新生儿具有一系列与生俱来的无条件反射，这是在种族发展过程中建立并遗传下来的、先天的、本能的反射行为，如吸吮反射、眨眼反射、巴宾斯基反射、抓握反射（见图1-14）等。新生儿借助各种无条件反射维持生存，并为后期各种心理的产生与发展奠定基础。

图1-14 抓握反射

拓展阅读
扫一扫，了解先天的无条件反射

2. 心理发生的标志：条件反射的建立

尽管新生儿已经具备多种无条件反射，但依然不足以适应复杂多变的外界环境。无条件反射的种类有限，也只能对一定的刺激做出固定的反应。此外，随着时间的推移，部分先天的本能反射也会逐渐消失。在无条件反射的基础上，新生儿通过学习训练对更多的外部刺激做出反应，逐渐形成各种条件反射，获得适应新生活需要的新机制。新生儿条件反射的建立，标志着心理活动的发生。

例如，妈妈每次喂奶，都是将婴儿抱在怀里，经过多次强化，被抱起来喂奶的姿势和吮吸奶头的无条件反射相结合，新生儿就形成了对吃奶姿势的条件反射。

3. 感知觉的初步发展

儿童出生后就开始认识世界，最初对世界的认知活动主要来自感觉，突出表现在视觉、听觉的集中上。新生儿具有多方面的原始感觉，如敏感的皮肤觉、较早的嗅味觉、对光的感受性等。研究发现，东西碰到新生儿的嘴唇会引起他们的触觉反应，洗澡时过热或过冷的水会引起他们明显的温觉反应，出生1～3天后的新生儿会对不同的味觉刺激做出不同的反应。

随着年龄的增长，感觉逐渐变得复杂，并且和动作联系起来得到强化和发展。视觉和听觉的集中是注意发生的标志。注意是一种选择性反应，表明儿童不是完全被动地接受外界刺激。例如，新生儿在第2～3周时，听到拖长的声响时，会停止一切活动安静下来，直到声音消失为止。到第4周，成人对新生儿的说笑行为也会引起他们同样的反应。

4. 人际交往的开端

新生期是人际交往的开端。人际交往的需要自个体出生后就有所表现，新生儿主要是通过情绪和表情体现出他们的交往需要。新生儿能够通过嗅觉和听觉辨认自己的母亲，后期逐渐建立起依恋关系。此外，新生儿在吃奶时，眼睛会不时地看着妈妈；当新生儿身体感到舒适时，会对看着自己的人做出愉快的情绪反应；当身体困倦、饥饿或不舒适时，新生儿也会对看着自己的人发出不愉快的情绪反应。

（二）乳儿早期（1～6个月）

婴儿出生30天后即满月，此后婴儿的心理发展较快，可谓“一天一个样”。

1. 视觉和听觉迅速发展

6个月以前的婴儿，主要通过视觉和听觉认识客观世界。1个月后的婴儿视觉快速发展，比新生儿期灵敏得多。婴儿能用眼睛盯着进入眼帘的东西，尤其是吃饱之后，他们喜欢盯着妈妈看，喜欢看自己的手，抬头用眼睛跟踪物体移动，喜欢看着别人笑。婴儿第3个月时，头能更灵活地随着视线转动，主动寻找视听目标。婴儿第4个月时学会翻身，俯卧时可两手支撑起上半身，也可由成人扶着髂部而坐。与此同时，婴儿的视力进一步发育，这时婴儿可以看到4～7米远的东西。第5个月时，婴儿能够注视着喊自己名字的人，能够趴着环顾四周，喜欢对着镜中人笑，喜欢看电视，会用目光追随掉落的玩具。

1个月后的婴儿也会对声音产生积极的反应。实验表明，1～2个月的婴儿喜欢听母亲的心跳声；2～3个月的婴儿对声音的反应更为积极，能够转身或转头寻找声源的方向；4个月后的婴儿听力进一步发展，能够集中精力听音乐，对悦耳动听的声音表现出愉快的反应，对噪声表示不满，且能够区分爸爸妈妈的声音。

2. 手眼协调动作开始发生

手眼协调动作指眼睛的视线和手的动作能够配合，手的运动和眼球的运动协调一致，即手能够抓住看到的东西。婴儿手眼协调动作发生在第 4～5 个月，大致经历了四个阶段：无意抚摸阶段、无意抓握阶段、手眼不协调阶段、手眼协调阶段。手眼协调的发展，进一步促进了儿童心理的发展，儿童在触摸、抓握、摆弄物体的过程中加深了对客观世界的认识，丰富了个体的心理活动。

3. 主动招人

乳儿早期的孩子，往往主动发起和别人的交往。哭是婴儿最初社会性交往需要的体现。当婴儿哭时，将他抱起来，或者摇摇小床，对他说说话，他就不哭了，这是因为婴儿社会性交往的需要得以满足。从第 3 个月开始，婴儿学会用笑来吸引人，喜欢别人和他玩游戏，最初的亲子游戏可以满足婴儿的社会性交往需要，例如，妈妈与婴儿的“捂脸躲猫猫”等游戏。

4. 开始认生

婴儿第 5～6 个月开始认生，表现为能够区分亲人与陌生人，开始拒绝陌生人的拥抱。认生是儿童认知发展过程中的重要变化，体现了儿童感知辨别能力和记忆能力的发展。与此同时，儿童情绪和人际关系也发生了重大变化，对熟悉程度不同的人会有不同的态度，见到陌生人会哭。

（三）乳儿晚期（6～12 个月）

6～12 个月这一时期，婴儿动作发展较之前 6 个月更加灵活多样，开始脱离成人的怀抱，活动范围不断扩大。

1. 身体动作迅速发展

6～12 个月的婴儿身体活动范围相比以前有所扩大，双手可模仿多种动作，身体动作迅速发展，逐渐学会坐、爬、站、走等动作。大动作的发展使得婴儿能够主动接触外界事物，活动范围逐渐扩大，从而促进了婴儿的认知、情绪和人际交往的发展。

2. 手的动作开始形成

五指分工动作和手眼协调动作同时发展。所谓的五指分工是指大拇指和其他四指的动作逐渐分开，活动时采取对立方向，而不是五指一把抓。第 6 个月以后，婴儿手的动作发展还表现为：双手配合（开始用两只手配合拿物体，还能够将一只手的东西放到另一只手里）、摆弄物体（喜欢把东西摆来摆去或者敲打物体）、重复连续动作（拿着物体做着重复的动作，比如扔掉捡起来，再扔掉，再捡起来，不断重复）。

3. 言语开始萌芽

6～7 个月的婴儿能够发出声音以引起成人的注意。这时婴儿发出的音节已较清楚，能够发出重复连续的音节，例如 ba-ba-ba、ma-ma-ma、da-da-da 等。7 个月的婴儿学会用不同的声音招呼别人，如用“唉唉”“唔唔”等叠声词。10 个月左右，他们能听懂成人讲的一些简单句子，做出成人所期待的反应，例如：成人说“欢迎欢迎”，他们会伸出手和成人握手；成人说“抱一抱”，他们会张开手臂。12 个月左右的婴儿听到“妈妈”一词，知道寻找自己的妈妈，开始掌握具有信号作用的语词。

4. 依恋关系日益发展

依恋是婴儿情感发展的重要表现。这一时期的婴儿会对亲近的人产生依恋，对妈妈的依恋更为明显，具体表现为婴儿会经常注视妈妈、喜欢和妈妈在一起、和妈妈在一起会很愉悦而离开妈妈则会哭闹。8～9 个月的婴儿开始产生认生现象，明显地表现出分离焦虑，即亲人离去后长时间哭闹，情绪不安。父母及亲近的人能否给孩子足够的爱抚，对婴儿心理发展有着直接的影响。

二 先学前期的年龄特征（1～3 岁）

先学前期，也称幼儿早期，该时期是真正形成人类心理特点的时期，表现为幼儿在这个时期学会走路，开始说话，出现思维，有了最初的独立性，这些都是人类特有的心理活动。心理学认为1～3岁是幼儿心理发展的一个重要转折期，人的各种心理活动在这个时期才逐渐发展齐全。高级心理活动的发生与发展，例如，语言、表象、想象和思维这些人类所特有的活动大约在儿童 2 岁时形成。

（一）动作的发展

这一时期的动作发展主要表现为以下三个方面。

（1）学会直立行走。满周岁后，幼儿开始迈步，但还走不稳。2 岁左右，幼儿开始能够自如地独立行走。

（2）使用工具。1.5 岁左右，幼儿已能根据物体的特性来加以使用，这是把物体当作工具使用的开端。

（3）出现最初的有目的的活动。如基本生活活动、模仿性游戏等。

（二）言语的形成

随着社会交往的增多，幼儿逐渐以言语作为主要的交际工具。1 岁以前婴儿言语的发展处于准备阶段，1～1.5 岁的幼儿逐渐理解成人的简单语言，并做出应答反应。例如，他们可以按照成人的语言要求，指出眼睛、鼻子等部位。1.5 岁以后，幼儿的词汇数量迅速增加，能用两三个词组成的不完整句表达自己的想法。3 岁的幼儿已经能够运用一些合乎日常语法的简单句子，有了初步运用语言表达自己思想的能力。言语的形成和发展促进了儿童心理活动有意性和概括性的发展。

（三）表象、想象、思维的萌芽

研究表明，1 岁以前的婴儿并没有形成客体永久性概念，大脑中并没有建立起关于事物的表象。1～1.5 岁的幼儿已经在大脑中逐步建立起常见事物的表象。比如，当他人提到妈妈时他们会想起妈

妈。这表明，幼儿记忆水平的提高，可以回忆过去感知到的事物。表象的产生为幼儿想象的发展奠定了基础。2岁左右的幼儿开始产生想象，例如将凳子当马儿骑，将手指当作枪支。与此同时，这时的幼儿对事物具备了初步的概括能力，出现了思维。例如他们能够把性别不同、年龄不同的人加以分类，主动叫“爷爷”“奶奶”“哥哥”“姐姐”等。但此时的思维常需要借助于动作来进行，具有直观行动性。

（四）独立性的发展

大约在1岁之后，幼儿有了自我意识的萌芽，出现最初的独立性。幼儿在成人的指导下逐渐学会使用人称代词“我”，将“我”与其他人区别开来。独立性的发展使得这一阶段的幼儿不再像以前那样“听话”，出现第一个“反抗期”。独立性的出现不仅是自我意识萌芽的表现，也是人生头2～3年心理发展成就的集中体现。

三 幼儿期的年龄特征（3～6岁）

幼儿期又称学前期，这一时期的儿童开始进入幼儿园，心理活动逐渐具有一定的系统性，是个性形成的最初阶段。

（一）幼儿初期（3～4岁）

3～4岁的幼儿离开家庭进入幼儿园，活动范围扩大，生活环境发生显著变化。幼儿初期的幼儿独立性增强、活动能力提高，其认知能力、生活能力、人际交往能力都迅速发展，能够开始最初的生活自理。

1. 认识依靠行动

3岁以前的幼儿不能在动作之外思考，3～4岁的幼儿的认知活动仍是具体的，依靠动作和行动进行，先做再想或者边做边想，不会计划自己的行动，更不能预见自己行动的结果。例如，幼儿初期的幼儿在捏橡皮泥之前往往不清楚自己想要捏什么，当看到自己捏了一个圆饼后，才会说自己捏的是月饼。又如，小班幼儿在观看图片中的小动物时总是用手指点着看。

2. 情绪作用大

3～4岁幼儿行动常常受情绪支配，情绪不稳定，易受到环境影响。他们常常为微不足道的小事大哭，甚至全身抖动，很容易激动；不高兴的时候什么也听不进去。小班幼儿看见别的孩子哭了，自己也会莫名其妙地跟着哭起来，教师若是放他喜欢的动画片，马上又会破涕为笑。

3. 爱模仿

幼儿在3岁以前就具备了模仿能力，但模仿对象主要是照料者，模仿水平低。3～4岁的幼儿随

着动作和认知能力的提高，模仿的对象数量也在增加。模仿是3～4岁幼儿的主要学习方式，他们会不自觉地模仿父母、教师、同伴的言行举止、表情动作等，学习社会经验，形成各种习惯。

（二）幼儿中期（4～5岁）

4～5岁幼儿的心理发展速度比3～4岁幼儿快，心理发展出现明显的质变，认知活动的概括性和行为的有意性开始发展，具体表现如下。

1. 更加活泼好动

由于身体的发育，4～5岁的幼儿都是好动的，会经常变换姿势和动作，让他们安静下来比较困难。他们大脑皮质的兴奋过程和抑制过程发展不平衡，兴奋过程占优势，整个抑制机能的发展相对较慢。加之这一时期的幼儿骨骼肌肉系统比较柔软，肌肉收缩力差，长时间保持一种姿势会使有关肌肉群负荷过重。活动交替进行，可使骨骼肌肉各部位有张有弛，轮流休息。而且这一阶段的幼儿的认知活动依靠动作和行动，表现出来的就是不停地动来动去。

2. 具体形象思维为主

具体形象性是学前儿童思维的主要特点，在幼儿中期表现最为突出。幼儿思维对动作的依赖性降低，主要发展为依据表象，但此时还不具备抽象概括的能力，需要依靠自己的生活经验理解成人的语言。例如，中班幼儿可以计算出“2个苹果＋4个苹果＝6个苹果”，但不能理解并准确计算“2＋4＝6”。又如，中班幼儿需要借助大脑中“床、桌子、椅子”等具体实物理解“家具”的概念。

3. 开始接受任务

随着认知能力的发展，中班幼儿理解任务的能力不断增强，能够较好地执行指令，具备了理解要求和接受任务的能力。4岁以后幼儿之所以能够接受任务，和他们的思维概括性和心理活动有意性的发展密切相关。思维概括性的发展，使得他们的理解力增强，能够清楚任务的要求。心理活动有意性的发展，使得幼儿行为的目的性、方向性和控制性都有所提高，这些都是儿童能够顺利完成任务的重要条件。

4. 初步具有规则意识

4～5岁幼儿心理控制能力增强，对自己的行为有了一定的约束，能初步遵守日常生活中的一些基本规则，比如，教室里不乱喊乱叫、吃饭前要洗手、发言要举手等。规则意识的建立，有助于培养儿童的合作意识，促进幼儿的社会性发展，特别对提高幼儿的游戏水平有着重要影响。

5. 开始自己组织游戏

游戏是最适合幼儿心理特点的活动。小班幼儿的集体游戏或者规则游戏更多的是在成人的组织下进行。4岁左右是幼儿游戏蓬勃发展的时期，中班幼儿不但爱玩，而且会玩，他们能够自己组织游戏，自己规定主题，自己分工，安排角色。中班幼儿的游戏情节比较丰富，内容多样化，在游戏中不但会反映日常生活，而且会反映电视电影里的故事情节。

从4～5岁开始，幼儿的人际关系发生了重大变化，同伴关系开始打破亲子关系和师生关系的

优势地位，幼儿的人际关系逐渐向同伴关系过渡。中班幼儿在游戏中逐渐结成同龄人的伙伴关系，但结伴对象很不稳定。中班幼儿不再总是围着成人转，而是尽可能多地和小伙伴相处，一同游戏，只有在遇到困难的时候或者需要成人肯定鼓励时才向成人求助。

（三）幼儿晚期（5～6 岁）

5～6 岁是幼儿新的心理特点继续巩固和发展的时期，思维概括性和心理活动有意性的发展在这个年龄阶段尤为突出。

1. 好学、好问

5～6 岁的幼儿不再满足于通过直接感知和具体操作去了解事物的外部特征与表面联系，他们开始探索事物的内部联系，并表现在智力活动的积极性上。幼儿在这一时期有着强烈的求知欲和学习兴趣，好奇心很强。他们经常向成人提问题，问题的范围很广，且他们的问题不再停留于“是什么”的认知层面，而是更加深入，还要追究至“为什么”的原因层面。5～6 岁的幼儿已经可以从事时间稍长的智力活动，喜欢动脑筋，对于学习新知识有一种满足感。

2. 抽象思维开始萌芽

5～6 岁幼儿的思维仍然是具体形象的，但已有了抽象概括性的萌芽。具体表现为：幼儿能对熟悉的物体加以简单分类；能初步掌握“坚强”“善良”等一些抽象词汇；初步理解数的概念，知道具体数字在实际生活中的意义；了解一些简单的因果关系；能根据图片的内容进行简单的逻辑推理等。

3. 开始掌握认知方法

5～6 岁的幼儿初步具备有意调控自己心理活动的能力，在注意、记忆、想象、思维等认知活动中有了一定的方法。例如：在观察图片时，能遵循一定的方向和顺序，从上到下、从左到右，有规律地看；能按照要求对比两幅图片，找出对应的部分。这一阶段的幼儿亦会采取一定的方法来更好地集中注意力，如：自觉地将眼睛盯在注意对象上，会用双手捂住耳朵防止杂音干扰；在读书时会自己找安静的地方；在跟读数字时，会采取边听边默念或进行联想等方法帮助记忆。在解决问题时，幼儿会事先想好怎样做，再按照想法去行动，开始具有计划性。这些认知规律与方法的掌握将为他们进入小学接受系统化学习奠定基础。

4. 个性初具雏形

5～6 岁的幼儿对事物有了较稳定的态度，对人表现出稳定的行为方式，初步形成了比较稳定的心理特征。例如，有的幼儿热情大方，有的寡言少语，有的活泼好动，有的文静踏实。该年龄段幼儿的活动表现出一定的兴趣倾向，如自由活动时，有的喜欢待在“娃娃家”，有的喜欢待在阅读区，有的喜欢待在绘画区。此外，这一时期的幼儿在一定程度上能够克制自己，情绪的冲动性、易变性和外显性逐渐减弱，稳定性与内隐性逐渐增强。

5～6 岁的幼儿个性开始形成，但仍处于初步形成时期，具有相当大的可塑性。幼儿园教师在面

向全体幼儿进行教育的同时，应该因材施教，针对个人的特点，长善救失，使幼儿全面健康地发展。

第二课　学前儿童心理发展的基本趋势

一　从简单到复杂

眨眼反射、抓握反射等一些最简单的、基本的反射活动是刚出生的个体最初的心理活动，随着年龄的增长，心理活动的反应方式逐渐复杂化。这种发展趋势主要表现为以下两个方面。

（一）从不完备向完备发展

个体的各种心理现象并非在出生后就完全具备，而是在后期的发展过程中逐渐形成并完善。譬如，1 岁前的婴儿还不具备想象活动，2 岁左右的儿童自我意识开始萌芽，6 岁左右的儿童个性才开始初具雏形等。这都表明儿童的各种心理过程和个性心理特征的出现与发展都按照一定的顺序，遵循由易到难、由简单到复杂的规律。感知觉是最基础的心理过程，在感知觉的基础上逐渐形成注意、记忆、想象和思维等复杂的心理过程。

（二）从笼统向分化发展

儿童最初的心理活动体现出笼统、不分化的特点。随着儿童与环境的相互作用，心理活动逐渐复杂和多样化。例如，新生儿不仅对碰到他嘴唇的东西做出吸吮反应，且对一切碰到他嘴附近或脸颊的东西均做出吸吮反应，随着年龄的增长，婴儿的吮吸反应逐渐分化，只有东西碰到嘴唇时才会做出吮吸的动作。又如，最初儿童的情绪情感只有愉快和不愉快之分，后来逐渐分化为喜、怒、哀、惧等复杂多样的情绪情感。

二　从具体向抽象

儿童最初的心理活动较为具体，后逐渐抽象化。个体首先形成直观动作思维，其次是具体形象思维，最后是抽象逻辑思维。儿童的思维认知是从反映事物外部特征逐渐向反映事物内部本质属性发展的过程。儿童最初对事物的认知和判断是根据事物外部的、偶然的、非本质的特征和联系，既形象又具体。随着经验的累积，儿童逐渐能够根据事物内部的本质属性或事物之间的本质联系认知和判断事物，抽象概括化趋势愈加明显。

三 从被动到主动

刚出生的新生儿的心理活动是被动的，随着自我意识的产生，心理活动的主动性逐渐发展起来。这种趋势具体表现为以下两个方面。

（一）从无意向有意发展

无意的或称不随意的心理活动，是指直接受外来影响所支配的心理活动。有意的或称随意的心理活动，是指由自己的意识控制的心理活动。个体最初没有意志活动，逐渐形成意志过程后，心理活动的自觉性、目的性也随即提高。幼儿早期无意的心理活动占主导，逐渐发展为以有意的心理活动为主。例如，幼儿早期的认知过程多以无意注意、无意记忆、无意想象为主。随着年龄的增长和经验的不断丰富，有意注意、有意记忆、有意想象逐渐占据主导地位。

（二）从主要受生理制约向自己主动调节发展

儿童的心理活动在很大程度上受生理的制约。儿童年龄越小，生理方面对儿童心理发展的制约越显著。例如：刚出生几个月的婴儿，他们的快乐或不安主要取决于生理上的需要是否得到满足；又如小班幼儿注意力维持的时间相对较短，主要是因为他们的生理发育还没有成熟。随着儿童生理发育的成熟，对心理活动的制约和局限作用逐渐减少，心理活动的主动性逐渐增加。比如 4～5 岁的儿童学习时注意力常常不集中，但又能长时间地专注于感兴趣的游戏。生理发育成熟后，儿童心理发展的方向和速度主要和儿童自身的主动性有密切关系。

四 从零乱到系统

儿童最初的心理活动之间缺乏有机联系，是零散杂乱的，且容易因外在情境的变化而变化。例如，2 岁左右的儿童因为手中的糖果被抢走而哇哇大哭，但当妈妈拿出他最喜欢的玩具时，他又很快破涕为笑。又比如，在与小班幼儿交谈时，会发现他们一会儿说东、一会儿说西。这都表明儿童的心理活动没有形成体系，不稳定。随着年龄的增长，儿童心理活动逐渐地朝着系统化、整体化的方向发展，表现出稳定性的倾向。心理活动的稳定性逐步发展成为个体特有的个性。比如，个体早期对新鲜事物都充满了好奇，还没有形成稳定的兴趣。随着年龄的增长，个体逐渐表现出对某一事

物较为稳定的兴趣。

上述心理发展趋势贯穿于儿童各年龄阶段，相互影响，密切联系。幼儿期是儿童心理发展的早期阶段，心理的发展呈现出从简单到复杂、从具体到抽象、从被动到主动、从零乱到系统的趋势。

◇ 单元小结

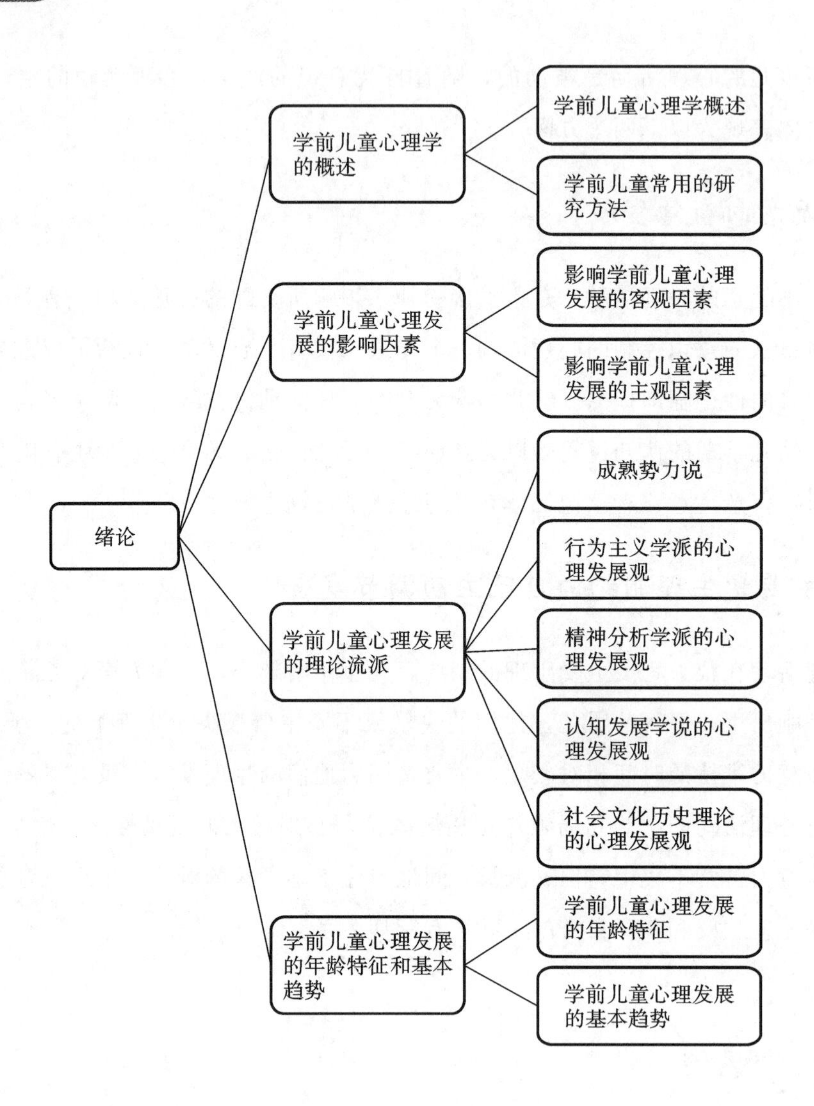

思考与练习

一、单项选择题

1. （2017 年上半年）生活在不同环境中的同卵双胞胎的智商测试分数很接近，这说明(　　)。

A. 遗传和后天环境对儿童的影响是平行的

B. 后天环境对智商的影响较大

C. 遗传对智商的影响较大

D. 遗传和后天环境对智商的影响相对

2. (2015 年上半年) **在儿童的日常生活、游戏等活动中，创设或改变某种条件，以引起儿童心理的变化，这种研究方法是(　　)。**

A. 观察法　　B. 自然实验法　　C. 测验法　　D. 实验室实验法

3. (2014 年上半年) **照料者对婴儿的需求应给予及时回应是因为：根据埃里克森的观点，在生命中第一年的婴儿面临的基本冲突是(　　)。**

A. 主动感对内疚感　　B. 信任感对不信任感

C. 自我统一性对角色混乱　　D. 自主感对害羞感

4. (2018 年上半年) **皮亚杰的“三山实验”考察的是(　　)。**

A. 儿童的深度知觉　　B. 儿童的守恒能力

C. 儿童的计数能力　　D. 儿童的自我中心性

5. (2016 年下半年) **婴幼儿的“认生”现象通常出现在(　　)。**

A. 1～2 岁　　B. 2～3 岁　　C. 6～12 个月　　D. 3～6 个月

6. (2017 年上半年) **午餐时餐盘不小心掉到地上，看到这一幕的亮亮对老师说：“盘子受伤了，它难过得哭了。”这说明亮亮的思维特点是(　　)。**

A. 自我中心　　B. 泛灵论　　C. 不可逆　　D. 不守恒

7. (2022 年上半年) **导致“狼孩”心理发展滞后的主要因素是(　　)。**

A. 遗传有缺陷　　B. 生理成熟迟滞　　C. 自然环境恶劣　　D. 社会环境缺乏

8. (2018 年上半年) **根据埃里克森的心理社会发展理论，1～3 岁儿童形成的人格品质是(　　)。**

A. 信任感　　B. 主动性　　C. 自主性　　D. 自我同一性

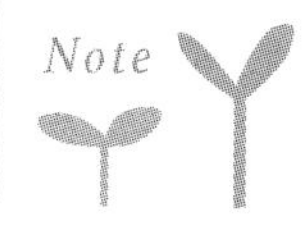

9.（2020 年下半年）萌萌怕猫，当她看到青青和小猫一起玩得很开心时，她对小猫的恐惧也降低了。从社会学习理论的视角看，这主要是哪种形式的学习？（　　）

A. 替代强化　　B. 自我强化　　C. 操作性条件反射　　D. 经典条件反射

10.（2021 年下半年）毛毛第一次看到骆驼时惊呼道："快看，大马背上长东西了。"按皮亚杰的理论，毛毛的反应可以用下列哪个概念解释？（　　）

A. 平衡　　B. 同化　　C. 顺应　　D. 守恒

二、简单题

1.（2015 年上半年）简述班杜拉社会学习理论的主要观点。

2.（2018 年下半年）请依据皮亚杰的理论，简述 2～4 岁儿童思维的主要特点。

实践与实训

实训一：参观一所幼儿园，或者选择身边的幼儿，运用观察法并结合学前儿童心理发展的相关理论，分析研究幼儿的行为。

目的： 能够运用观察法进行简单的调查研究，并学会自制简易的观察记录表。

要求： 每个人根据提示，设计观察记录表，观察并记录 1 名儿童的行为。

形式： 实地观察与分析。

表 1　观察记录表提示

观察日期	年　月　日	观察者	
观察对象	了解对象的基本信息（姓名、性别、年龄）		
观察时间	了解儿童行为的时间长度		
观察项目	即观察的名称，如 1 名 3 岁儿童的言语行为		
观察目标	即观察的具体内容，如儿童在游戏活动中的言语行为		
环境描述	即观察对象所处的环境		
观察实录	这是观察记录的主体部分，要详实、客观、全面地记录儿童的行为表现		
观察结果	概括叙述观察到的行为表现，并分析与观察目标之间的联系，得出结论		
分析评价	根据观察，分析儿童行为表现的成因		
教育建议或对策	针对儿童发展状况提出教育建议，可以是针对儿童自身的，也可以是针对家长或教师的		

Note

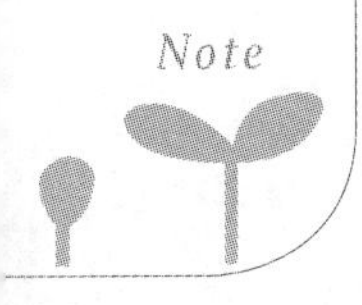

实训二：记录幼儿园教师的教学活动，尝试用维果斯基的最近发展区理论对该教师的教学活动进行评价，并提出改进意见。

目的：掌握最近发展区理论，并能在教育实践中运用该理论。

要求：每个人录制一段完整的关于“教师对儿童游戏或生活活动指导”的视频。

形式：实地观察与分析。

第二单元

学前儿童的认知发展

第一节　学前儿童注意的发展

◇学习目标

1. 知识目标：理解注意的概念、分类和作用。

2. 能力目标：掌握学前儿童注意发展的规律和特点，以及其在学前教育中的应用，初步具备培养学前儿童注意品质的能力。

3. 情感目标：培养对学前儿童注意发展的学习兴趣，形成运用学前儿童注意发展的规律和特点开展学前教育工作的理念。

◇情境导入

在一次活动中，吴老师正在给孩子们讲故事，媛媛不是把头扭向门口不停地张望，就是玩自己的小手指，并不认真听吴老师讲故事，吴老师引导她几次都不见效果。于是吴老师把媛媛叫到自己的身边，让她安静地听故事。媛媛刚开始还是很认真地在听老师讲故事，可是没过一会儿，媛媛又开始走神了，明明这是孩子们最爱的听故事环节，为什么会出现这样的情况呢？

思考：案例中媛媛没有注意听故事，老师在讲故事时没有真正把握孩子不听讲的原因，这都涉及一种心理现象——注意。本章将要探讨的就是关于学前儿童的注意及其品质培养方面的问题。

第一课　注意的概述

注意是什么？注意有哪些分类？注意对我们来说有什么作用？我们将在本课中一起进行探究。

注意的概念

（一）注意的含义

注意是人的心理活动对一定对象的指向和集中，是伴随心理过程而存在的，是保证心理过程顺利进行的必要条件。

（二）注意的特征

注意的特征包括指向性和集中性。注意的指向性是指人在清醒的每一个瞬间，心理活动会有选择性地反映某些对象和范围，而避开干扰对象或抑制对其余对象的注意。例如，幼儿在听教师讲故事时，会选择性地注意教师的动作、表情、语言等，而忽略周围小朋友在干什么。[①]

注意的集中性是指心理活动在特定的对象上保持稳定和深入的程度。当人处于注意状态时，神经系统会增强对某些刺激的兴奋性，抑制其他无关刺激，从而清晰、鲜明地反映心理活动的对象。比如，当幼儿专心听故事、看动画片时，有人叫他的名字，他都听不到。

注意是一种十分重要的心理活动，它的基本功能就是对信息进行选择，所以人们要正常地生活与工作，就必须选择重要的信息而排除无关信息的干扰。但注意本身不是一种独立的心理过程，它伴随着各种心理过程而展开，并且只有通过各种认知、情感、意志等心理活动过程才得以表现。例如，我们日常说的“注意交通信号灯”中的“注意”，还与含有“看”的心理活动同时进行。同时，没有注意的参与，人的各种认知、情感、意志等心理活动，也因为不能集中注意而难以展开。

总之，注意不是独立的心理过程。任何一种心理过程，自始至终都离不开注意。

（三）注意的对象

根据注意的对象存在于外部世界还是个体内部，可以把注意分为外部注意和内部注意。外部注意的注意对象是主体意识以外的事物，有了外部注意，人们才能认识世界、改造世界。内部注意的注意对象是主体本身的思想、情感、思维等，有了内部注意，人们才能进行自我观察、自我分析、自我评价等。

外部注意和内部注意是相互制约的。个人很难同时注意外部世界又注意自己的内部世界，比如，人要进行思考的时候，就想要在一个安静的环境里，闭上眼睛排除干扰，从而使外部世界变得比较模糊。

① 张丹枫. 学前儿童发展心理学［M］. 北京：高等教育出版社，2019：22.

二 注意的分类

根据注意时是否有目的或是否需要意志努力，可把注意分为无意注意、有意注意和有意后注意三种。

（一）无意注意

无意注意，也称不随意注意，指事先没有预定目的、也不需要做出意志努力的注意类型。无意注意是自然而然发生的，不受人的意识控制。例如，爸爸妈妈带小朋友去动物园，小朋友就会不由自主地去看各种稀奇古怪的动物。幼儿对注意的事物没有准备，也不需要靠意志努力维持注意，这就是被动的无意注意。在这种注意活动中，人的积极性很低。

无意注意是注意的初级阶段，一般认为引起无意注意的原因有两个方面。

1. 客观因素

客观因素是指注意对象即刺激物本身的特点。引起人注意的刺激物表现有以下几个特点。

（1）刺激物的强度。

一个刺激物，若要引起人的注意，就必须有一定的强度，环境中出现的强烈刺激容易引起无意注意，如刺眼的光线、巨大的声响等。

（2）刺激物的新异性。

出乎人们意料或以前没有遇到过的新奇刺激，比较容易引起人们的无意注意。例如，小朋友第一次去动物园见到熊猫，一下子就会被深深地吸引。但是，当新异的事物长期存在或者重复出现时，就会失去吸引注意的作用。

（3）刺激物之间的对比关系。

刺激物之间的对比关系是指某一种刺激物在不同物理特性下与周围其他事物具有显著差异，形成鲜明的对比。前面提到了刺激物的强度，其实引起无意注意并起到根本作用的往往不是刺激的绝对强度，而是刺激物之间的对比关系，又叫相对强度。比如在夜深人静时，时钟的滴答声、邻居的脚步声都可能引起我们的注意，但在白天时，这些微弱声音就容易被四周的环境所掩盖，不被人察觉。

试一试：下面图片中的小圆圈，你一眼就能看见哪个（见图 2-1）?

（4）刺激物的运动变化。

人们经常会对处于活动和变化状态的刺激物产生注意。空中的飞鸟、街上明暗变化的霓虹灯，以及路上突然静止的车辆都容易引起人们的无意注意。

2. 主观因素

无意注意的发生除了与刺激物的特点有关，也与个体的主观状态有关。个体的情绪、精神状

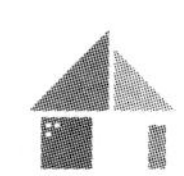

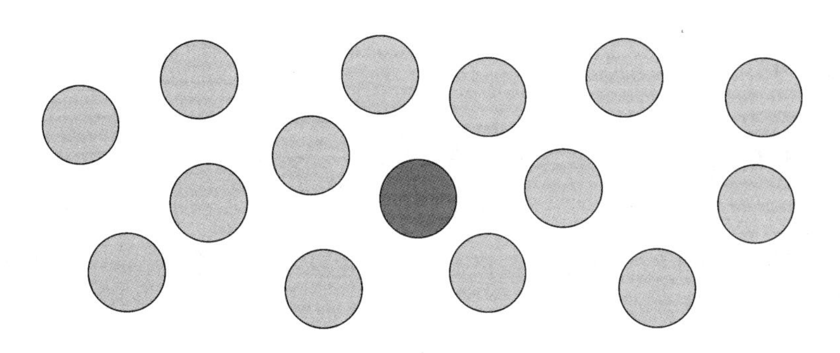

图 2-1　刺激物之间的对比关系

态、需要、兴趣，以及知识经验等，都影响着人们的无意注意。

（1）个体的情绪和精神状态。

良好的情绪状态和精神状态可以促使人们对更多的事物产生无意注意。一个人如果处于疲劳状态，周围的事物就不容易引起其注意。例如，当人生病时，再有意思的事情也无法使其提起兴趣。

（2）个体的需要和兴趣。

需要和兴趣既是人们完成主动探索的内部原因，也是引起无意注意的重要条件。符合人的需要和兴趣的事物都特别容易引起人的无意注意。例如：肚子饿了的人，食物的香味会引起他的无意注意；建筑师外出旅游的时候，就会对各式各样的建筑物特别关注。需要和兴趣让人对某些事物处于期待状态，这种期待让人的无意注意的范围扩大。例如，教师在上课的时候，班上有的学生在下面讲话，教师就会突然停顿一下，让大家产生期待，以便吸引大家的注意。

（3）个体的知识经验。

个体的生活经历和学习生活会让每个人的知识经验不同，与人的知识经验有关联的事物更容易进入人们的注意范围。同样看一部电影，小说家会注意其中的情节构架，音乐家会注意其中的配乐，美术工作者会注意其中的颜色搭配、构图等。

案例分析

吃完午餐后，小朋友们坐到教室后门的大树下进行餐后阅读，他们三三两两地聚在一块读绘本。但老师发现牛牛和嘟嘟把书放在板凳上，两个人溜到树下的花坛边聚精会神地盯着树干，嘴巴里不停地讨论着什么。其他小朋友都被他们讨论的声音吸引，放下书走过去，围成一个圈，教师走过去也没引起他们的注意。原来，他们是被一群黑黑的小蚂蚁所吸引，小蚂蚁们正在树干和花坛上排着整齐的队伍忙忙碌碌地向上爬。

思考：小蚂蚁为什么会吸引小朋友们的注意？这属于什么注意？

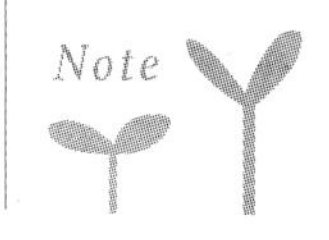

（二）有意注意

有意注意也称随意注意，指有预定目的、需要付出一定意志努力的注意。相较于无意注意，有意注意则表现出受主观意识的控制。无论刺激物是否有吸引力，个体是否有兴趣，都必须要专注于该事物，努力使注意力集中和保持在这个事物上。现实生活中，大多数心理活动都需要有意注意。

案例分析

妈妈对孩子说："宝宝，看！灯灯！"一边说一边用手指向灯。孩子随之开始抬头看向妈妈所指的方向。

思考：孩子的注意是有意注意还是无意注意？

有意注意会消耗个体的精力。例如，学生为使自己学习成绩优秀，就要克服困难，排除干扰，认真听讲，在课堂上把注意力集中在学习活动上，就是有意注意。

保持有意注意主要有四个方面的条件。

1. 明确的活动任务或目的

有意注意是一种有预定目的的注意，因此活动任务越明确，目的越清晰，有意注意保持的时间也就越长。例如，老师在教小朋友正确的洗手方法的时候，把洗手的步骤分解为 7 步，并配合有趣的儿歌，那么小朋友们在学习时就会更集中注意，认真学习，更快地掌握洗手方法。

案例分析

"当你垒宝塔的时候，下面要选最大的积木。对！就是那个最大的，还有没有了？再找找看！"于是幼儿就会找最大的积木去搭他的宝塔了。

思考：教师的这段话有助于幼儿产生什么注意？这是什么因素对幼儿产生的影响？

2. 已有的知识经验

注意的内容和个体已有知识经验的关系也会影响有意注意。注意的内容和个体已有知识经验的差异很小，个体无须花费精力去加工就能掌握，因此不需要特别注意。但是当注意的内容和个体已有知识经验差异很大时，即使积极开动脑筋也无法理解注意的内容时，注意将很难维持下去。例如，幼儿没有学习过相关知识，但却给他们讲小学的数学问题，他们就会很难理解并很难维持有意注意。

3. 间接的兴趣

兴趣可以帮助引起注意，兴趣分为直接兴趣和间接兴趣。直接兴趣是指对活动过程本身有兴趣，一般引起的是无意注意；间接兴趣是对活动的目的和结果感兴趣，一般引起的是有意注意。例如，一个动画片情节很精彩，就可以吸引小朋友看下去，这就是直接兴趣所引起的无意注意；学习弹钢琴这个活动本身很辛苦、很枯燥，但当学习者认识到自己学习的专业需要掌握这个技能时，他就会坚持练习，这就是因为对活动目的和结果感兴趣，从而有了间接兴趣，进而引起了有意注意。

4. 良好的意志品质

一个人具有认真负责、吃苦耐劳、坚毅、顽强等良好的意志品质时，容易克服不良刺激的干扰，抵御各种诱惑，长时间保持有意注意。例如，如果一个孩子有坚持的品质，在完成某项学习任务的时候，即使遇到一些其他的诱惑，也能够不轻易放弃，即比不会坚持的小朋友能更长时间地维持有意注意。

但长时间的有意注意容易产生疲劳，所以培养个体对活动的兴趣，合理安排活动，使无意注意和有意注意交替进行，往往可以取得理想的活动效果。

童言童语

爸爸给女儿讲自己小时候经常挨饿的事，听完后，女儿两眼含泪，十分同情地问："哦，爸爸，你是因为没饭吃才来我们家的吗？"

（三）有意后注意

有意后注意也称随意后注意，是一种特殊形式的注意，它是指有预定目的、但不需要意志努力而产生的注意。有意后注意是有意注意转化而来的无意注意，它兼有无意注意和有意注意的特征。例如，幼儿在教师的要求下看一段视频，视频内容很精彩，吸引了幼儿，让他们不由自主地继续看下去，这就是有意后注意。

有意后注意是一种高级类型的注意，既能着眼于当前活动的目的和任务，又能节省注意的努力，因而有利于活动长期、持续地开展，是人类从事创造性活动的必要条件。

注意不是独立的心理过程，但任何一种心理过程都离不开注意。注意总是在感觉、知觉、记忆、想象、思维、情感、意志等心理过程中表现出来，它不能离开一定的心理过程独立存在。注意对人们获取知识、掌握技能、思考问题等各种智力活动和实际操作活动有着非常重要的作用。

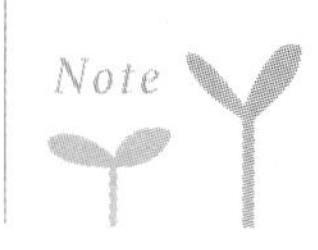

案例分析

小米对骑单车很感兴趣，每次在街上看到都会忍不住多望几眼。后来，他终于有机会学习了。刚开始学习时，他会全神贯注，甚至到了全身紧张的地步。当他学会后，他可以边骑车边和其他伙伴们聊天了。

思考：请分析以上案例，体现了哪些注意类型？

三 注意的作用

注意对人来说有着重要的意义。注意对心理活动起着积极的维持、组织作用，使人能够及时集中自己的心理活动，清晰地反映客观事物，更好地适应环境、改造客观世界。主要来说，注意有以下三种作用。

（一）选择作用

选择作用是注意最基本的作用和功能。注意的选择作用是指在选择信息时，能使心理活动有选择性地指向那些有意义的、符合需要的、与当前活动任务有关的刺激，同时避开或者抑制与当前活动无关的那些刺激和影响，即不符合当前活动的事物或活动。例如，在教学活动中，幼儿把教师的教学内容作为注意的对象，排除其他无关刺激的干扰。

（二）保持作用

注意选择了对象后，还要使注意对象的内容保持在意识之中，直到活动任务完成为止。如果不加注意，注意的信息就会因为无法保存而很快消失。这一功能使注意对象的印象或内容维持在意识中，一直保持清晰、准确的反应，直至完成任务。例如，有的幼儿在看动画片的过程中，会非常认真和专注，直到看完为止，而有的幼儿看一会儿就会东张西望，这两者的差别就是注意保持的差别。

注意的保持是有差别的。如搭积木的过程中，有的幼儿会将注意力集中在搭积木上，显得非常认真和专注，直到搭出满意的作品为止；而有的幼儿则会东望望、西看看，到游戏时间结束时，还没有开始搭建积木。这两者的差别就体现了注意保持功能的区别和重要性。

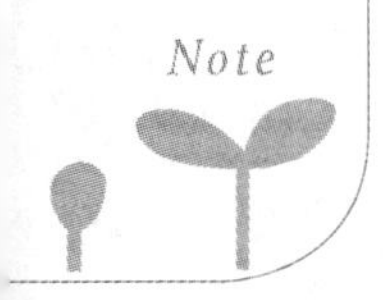

（三）调节和监督作用

注意的调节和监督作用是指注意能够控制心理活动准确地朝注意所指向的方向或目标进行，并

对错误的活动及时调节和矫正，一旦活动偏离了预定的方向或目标，就可立即发现并予以调整，以保证活动的顺利完成。这是注意最重要的作用。例如，幼儿在玩“跳房子”游戏时，需要特别集中注意力。当其他幼儿在旁边大喊大叫地影响他，使他分心、发生动摇的时候，注意此时就会产生调节和监督的作用，让幼儿调节心理状态从而集中注意力，克服困难，把游戏环节做完。有的幼儿不能顺利完成游戏，往往就是由于他们注意的调节和监督机制没有发展完善或没有很好地发挥作用。

正是由于注意具有上述作用，才保证了人们的活动能够顺利开展、有效结束。

第二课　学前儿童注意的发展与特点

案例导入

晓晓已经上幼儿园小班了，妈妈给晓晓讲故事，可是晓晓一会抠手指，一会说要玩积木，总是不能专注地听故事。妈妈发现了这个问题，很担心。但晓晓的老师对此一点也不担心，还开导晓晓的妈妈，让她也不要太焦虑。这是为什么呢?

很多家长担心孩子的注意力不能集中，其实是没有必要的。孩子的注意力在不同的年龄阶段有不同的特性，并且他们的注意力会随着年龄的增长而提高。

学前儿童年龄越小，注意力集中的时间越短。发展幼儿的注意力，应以平和的心态，科学地、循序渐进地培养幼儿的注意力，不要过于急躁。

一　学前儿童注意发展的一般特点

（一）学前儿童无意注意的发展

学前儿童最开始发展的就是无意注意，而且在整个学前期（即幼儿期），无意注意的发展都占优势。儿童对外界刺激做出选择性反应标志着无意注意的发生。

学前儿童的无意注意主要有以下特点。

1. 学前儿童的无意注意占优势

在人的整个个体发展过程中，无意注意占优势，优于有意注意的发展。随着各种感官感受能力的发展，学前儿童的无意注意已经发展到了一定的成熟程度，并有一定的稳定性。凡是刺激比较激

烈、新异、变化多动的对象，或者符合幼儿兴趣或需要的对象都容易引起幼儿的无意注意。例如，教师给小班幼儿展示图片，他们会关注到图片中可爱的动物形象，但对周边的环境和边框则不太在意，这是他们注意发展的特点。

2. 引起无意注意的因素多样化

（1）刺激物的物理特性。

强烈的声音、鲜明的颜色、生动的形象、突然出现或变化的刺激物，都容易引起学前儿童的无意注意。刺激物的物理特性是引起无意注意的主要因素，例如，外面突然燃放鞭炮的声音，天空中绽放的烟花，动画片里可爱的卡通形象，老师上课时门外突然出现的敲门声，都会引起儿童的无意注意。

（2）学前儿童的兴趣和需要。

符合学前儿童兴趣和需要的事物，很容易引起他们的无意注意。与学前儿童的兴趣和需要有密切关系的刺激物逐渐成为引起他们无意注意的原因。例如，不同的儿童喜欢不同类型的玩具，有的儿童喜欢玩洋娃娃，有的儿童喜欢玩飞机模型，当他们看到不同的玩具时，会首先关注他们喜欢的玩具。走在街上的时候，当儿童肚子饿了，他们就会特别关注街边飘来香气的食物。

3. 不同年龄学前儿童的无意注意表现出不同的特点

小班幼儿无意注意占明显的优势，他们在进入幼儿园一段时间之后，就能聚精会神地参与自己喜爱和感兴趣的活动，也可以集中几分钟时间听教师讲一个故事，但他们的注意很容易被其他新异刺激所吸引，从而转移到新的活动中去。例如，儿童正在自己玩娃娃，准备给娃娃喂水喝，转身看到其他儿童正在逗一条小狗，他可能马上会被小狗吸引，和其他儿童一起去逗小狗了。小班幼儿注意的稳定性还不够，很容易被转移。这个特点也可以运用到教学活动中去，例如，一个儿童和其他儿童发生了争吵哭闹，教师这时候可以给他一个新的玩具，或者带他到花园里逛一圈，以此转移他的注意力。

中班幼儿经过了1年的幼儿园教育，无意注意得到进一步发展并且比较稳定，例如，他们玩自己喜欢的捉迷藏游戏，可以较长时间地玩下去，并且集中程度也较高。

大班幼儿的无意注意已经高度发展，并且相当稳定，尤其是在他们感兴趣的活动中，他们可以更长时间地保持注意，如果突然中止他们的活动，会引起他们的反感。大班幼儿不仅能排除干扰，更能将注意开始指向事物的内在联系和因果关系。注意的这种变化与主体认识的深化程度有关。

（二）学前儿童有意注意的水平较低

学前儿童的有意注意逐渐形成和发展起来，但有意注意的水平较低。此时有意注意处于发展的初级阶段，稳定性差，而且依赖成人的组织和引导。学前儿童的有意注意主要表现为以下特点。

1. 学前儿童的有意注意需要成人的引导

先学前期儿童随着言语的发展，逐渐学会调节自己的言语活动，主动地集中指向于应该注意的

事物，开始出现了有意注意的萌芽，此时的有意注意主要是由成人提出的要求引起的。学前儿童有意注意的发展需要成人的引导。

成人的作用在于两个方面：一是帮助学前儿童明确注意的目的和任务，产生有意注意的动机，例如，给幼儿一幅图画，提出问题“数一数图中有几只兔子”；二是用语言引导、组织学前儿童的有意注意，例如，通过提问“我们看图的左边，有一个什么动物呢”，又如提问“图中的两只兔子有哪些不一样的地方”，这些提问都能够对学前儿童的有意注意产生引导作用。

2. 学前儿童注意的品质发展水平总体不高

（1）学前儿童注意的广度较窄。学前儿童在 1/10 秒的时间内一般能够注意到 2～3 个互相无关联的对象。

（2）学前儿童注意的稳定性较差。一般 2 岁的学前儿童，注意力集中的平均时间长度大约为 7 分钟，3 岁为 9 分钟，4 岁为 12 分钟，5 岁为 14 分钟，6 岁甚至能够达到 20 分钟。[①]

（3）学前儿童注意分配能力是比较弱的。他们做事情的时候常常会顾此失彼，注意力很难在多项任务之间灵活转换。

（4）学前儿童注意转移能力弱。学前儿童不善于随着活动任务的变化而灵活转移自己的注意。

3. 学前儿童的有意注意是在活动中完成的

学前儿童的有意注意需要依靠活动和操作来维持，在活动中的有意注意容易处于积极的状态，否则学前儿童的注意就容易分散。所以，要多为学前儿童创设活动的机会，以利于学前儿童有意注意的形成和发展。

在幼儿期，无意注意和有意注意都在发展，但仍以无意注意为主。儿童对于感兴趣的事物常能稳定持久地集中注意。注意的品质如稳定性、注意范围等也在幼儿期逐渐发展。随着儿童的年龄增长，无意注意将不能完全满足儿童的学习需要，应逐步训练他们把注意力集中到所要求的内容和活动上，促进有意注意的发展。

二　学前儿童注意的发展

（一）0～3 岁婴幼儿注意的发展

1. 初生到 3 个月婴儿的注意

个体在胎儿期就开始对声音有了定向反射，能够体验到多种强度大的声音刺激，比如母亲的呼吸、心跳等。研究表明，5 个月左右的胎儿听力已经逐步形成，能够听到母亲亲切的问候，感受到

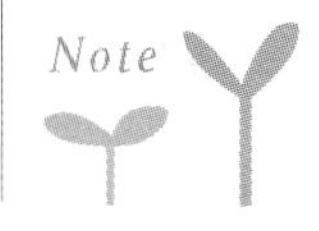

① 姚梅林，郭芳芳. 幼儿教育心理学［M］. 北京：高等教育出版社，2021：56.

不同分贝声音的刺激，从而逐渐产生有选择性的注意。

这一阶段婴儿大部分时间处于睡眠状态，而注意只能发生在觉醒状态下。新生儿已经具有了对外部世界进行扫视的能力，比如，面对无形状的物象时，新生儿会进行广泛扫视，似乎在搜索物象的边缘。除此之外，新生儿还表现出对分贝高的声音的定向反应。比如在吃奶时，如果有分贝高的声音，他们会停止吸吮。从严格意义上来讲，上述这些活动难以算真正的注意，但却是注意发生的基础。我们通常称之为无条件定向反射，即定向性注意。

继婴儿最初的定向性注意之后，出现的便是选择性注意。所谓选择性注意是指婴儿偏向于对某一类刺激物注意得多，而在同样情况下对另一类刺激物注意得少的现象。

知识链接

罗伯特·范兹（Robert Fan）对新生儿视觉注意的选择性做了一系列的研究，发现新生儿对成形的图案比不成形的、凌乱的东西的注视时间要长。范兹等人还发现新生儿相对于较大的婴儿，较多偏好简单的、包含成分相对少些的图案，以及线条较粗的图案，原因在于受新生儿感知觉发展的局限，感知觉发展的低水平限制了其注意较复杂的图案。此外，研究还发现，新生儿对人脸的注意多于对其他物体的注意，原因在于人脸有更多吸引和保持新生儿注意的特点，包括脸的轮廓、脸的多成分与多活动等。如图 2-2、图 2-3 所示，婴幼儿注意左边图形的范围比右边图形的更大。

图 2-2　视觉注意的选择性

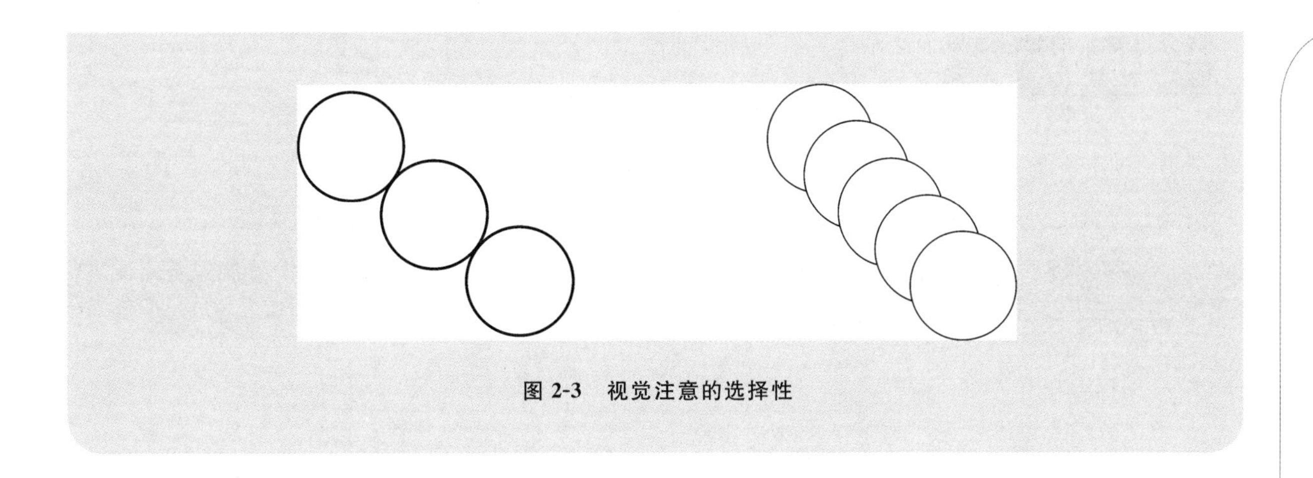

图 2-3　视觉注意的选择性

2．3～6 个月婴儿的注意

（1）格林贝格通过实验得出结论，3 个月的婴儿的认知发展是可以训练的。也就是说，经验在注意的倾向中已经产生了作用。

（2）随着年龄的增长，经验对注意活动的影响越来越显著。在婴儿注意的持续时间方面，刺激物和经验差距越大或越复杂，大脑对它进行编码和学习所需的时间越长，注意持续的时间也就越长。

（3）3～6 个月的婴儿会对环境中人的活动产生更多的注意，母亲的存在和活动最吸引他们。

知识链接
3～6 个月的婴儿注意发展特点

3．6～12 个月婴儿的注意

（1）在这个阶段，经验对注意的作用进一步凸显，对熟悉的事物更加注意。客体永久性概念的获得，对婴儿的注意产生了显著影响。皮亚杰认为至少要到 9 个月时，婴儿才能够在头脑中形成并保存知觉到的物体的较为完整的形象。这一时期的婴儿会开始对母亲格外注意、对陌生面孔产生焦虑，这是一种选择性的反应；并且，这一时期的婴儿会给其父母或养护人以更主动的注意，因为他已经知道这些人能满足他的需求。

（2）这个阶段的婴儿身体运动技能逐渐发育，能选择性地抓取、吸吮、倾听、操作和运动，能够更加广泛地选择注意对象。

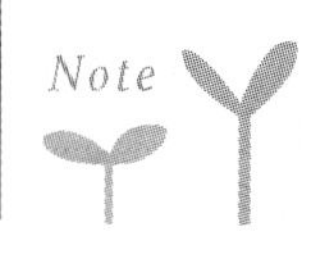

知识链接

客体永久性是指婴幼儿理解了物体是作为独立实体而存在的，即使个体不能知觉到物体的存在，它们仍然是存在的。皮亚杰认为，4～9个月的婴儿对外部世界抱有兴趣，这使得他们逐步获得一种对外界事物永久性的较完整的观念。如果客体在他们眼前落下，他们会到客体落下的地方寻找，也能寻找到部分被隐藏的物体。同样，如果他们暂时把一个客体放在一边（例如放在背后），过一会儿他们仍能找到这个客体，当然只有客体与他们的动作有关时才能这样做。不过，这一阶段的婴儿不能找到其他完全隐蔽的客体，例如，正在玩的物体被完全移到背后时，婴儿只是缩回伸出的手，从他的反应看，好像客体已经消失。

9～12个月时，婴儿对客体永久性的观念才真正地开始。这时，婴儿能找到完全隐藏的客体，例如，将玩具用毯子完全盖着，婴儿会揭开毯子找到它。表明这时的婴儿已经知道：即使物体看不到，它们依然是存在的。

4．1～3岁幼儿的注意

（1）以无意注意为主，有意注意逐渐形成。

在整个幼儿期，无意注意始终占主导地位。有意注意在幼儿1岁左右慢慢形成，但是持续的时间不长并且极不稳定，尚处于萌芽阶段。3岁前的幼儿注意时间是非常短暂的，随着幼儿活动范围的扩大，接触事物的增加，幼儿在活动中注意的时间也会有所延长，能够集中注意20分钟左右。

（2）注意的发展开始受言语的支配。

1岁以后，幼儿言语开始发展，幼儿的注意活动进入了更高的层次——第二信号系统，此时言语活动不仅能够引起幼儿的注意，而且还能支配幼儿注意的选择。当幼儿听到成人说出某个物体的名称时，就会相应地注意那个物体，并对图书、图片、儿歌、故事、电影、电视等产生浓厚的兴趣。

案例分析

掌握言语之后，幼儿常常一边做事，一边自言自语："我得先找一块三角形积木当屋顶""可别忘了画小猫的胡子"……这些情况下，幼儿的注意处于什么样的阶段？

拓展阅读

扫一扫，了解第二信号系统

（3）客体永久性概念开始形成。

客体永久性是指幼儿脱离了对物体的感知而仍然相信该物体持续存在的意识。幼儿内在的认知过程对注意发挥调节作用，注意活动不再以物体是否出现为影响因素，使注意活动更具有探索性和积极主动性。

（4）注意受表象的直接影响。

表象是指物体不在眼前时，其特征在人头脑中的反映。当表象和事物间出现较大差异时，幼儿就会产生注意。例如，教师平时都是穿白色的裙子，可是今天穿了一身黑色的制服，这就会引起幼儿的注意。

（二）3～6岁幼儿注意的发展

1．无意注意仍占优势

（1）注意仍然受刺激物的物理特性支配。强烈的声音、鲜明的色彩、生动的形象、突然出现的刺激物或者事物发生了显著的变化，这些都是刺激物的物理特性，容易引起幼儿的无意注意。例如：如果大部分幼儿不注意听老师讲话，而是相互交谈或玩耍，造成室内一片喧哗，这个时候教师提高声音反而不能引起幼儿的注意，反倒是突然放低声或者停止说话，能引起他们的注意；在幼儿进行阅读活动的时候，活动室内部环境的布置过于花哨，会让幼儿的注意力从教师身上分散到无关的装饰上面；教师的声音过于平淡没有起伏，也容易使幼儿感到疲惫，从而分散注意力。

（2）兴趣和需要逐渐成为引起无意注意的原因。此时幼儿的生活经验比以前更丰富了，对于符合他们兴趣和需要的事物，容易引起幼儿的无意注意。幼儿期出现了渴望参加成人的各种社会实践活动的新需要，成人的许多活动如成人开汽车、解放军练兵、民警维持交通秩序、医生看病、护士打针、售货员售货等，都能成为幼儿无意注意的对象。符合幼儿经验水平的教学内容，以游戏形式出现的教学方式，也容易引起幼儿的无意注意。

2．有意注意进一步发展

（1）有意注意受大脑发育水平的限制，处于初级阶段。有意注意是由脑的高级部位控制的，大脑皮质的额叶部分是控制中枢所在。额叶的成熟，使幼儿能够把注意指向必要的刺激物和有关动作，主动寻找需要的信息，同时抑制不必要的反应。在儿童大约7岁时，额叶才能成熟。相关心理研究证明：3岁小班幼儿有意注意可以维持3～5分钟，4岁中班幼儿的有意注意可以维持10分钟，

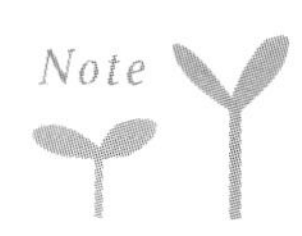

5～6 岁大班幼儿的有意注意可以维持 15 分钟左右。因此，幼儿期有意注意处于发展的初级阶段，当幼儿注意不集中或者注意力容易分散时，教师应该给予幼儿更多的耐心，而不是指责。

（2）有意注意是在外界环境、特别是成人的要求下发展起来的。3～6 岁幼儿的有意注意需要成人的指引，成人的指引能够帮助幼儿明确注意的目的和任务，产生有意注意的动机，即自觉地、有目的地控制自己的注意并且用意志努力保持注意。如果老师在组织活动的时候只是一味地让幼儿认真听，却没有说清楚要求幼儿听什么，没有教会幼儿怎么去听，怎样让幼儿学会保持注意，这样十分不利于幼儿注意的稳定性。

（3）幼儿的有意注意是在一定的活动中实现的。幼儿的有意注意发展水平不足，因此需要把智力活动与实际操作相结合，让注意对象直接成为幼儿行动的对象，使他们处于积极的活动状态，这样有利于幼儿有意注意的形成与发展。例如，在阅读活动当中，除了让幼儿注意听老师和其他幼儿的讲述，还可以让幼儿进行适当的角色扮演，让幼儿在游戏的氛围中亲身体验，从而更好地保持有意注意。

第三课　学前儿童注意的品质及培养

案例导入

元旦要到了，胡老师为小朋友们编排了一个舞蹈节目，但是在教小朋友学习的过程中却非常不顺利。有的动作已经教了很多次了，可是小朋友在跳舞时，还是常常做对了手的动作，就忘了脚的动作，做对了手和脚的动作，就忘了变化队形。

思考：因为幼儿注意分配水平低，胡老师不应教小朋友做一些不合适其年龄段的活动和游戏。否则，小朋友会因注意发展的限制，无法很好地完成活动。

一　注意的品质

衡量一个人注意力的好坏，常常从注意的广度（范围）、注意的稳定性（持久性）、注意的分配、注意的转移四个方面来判断。它们又称为注意的品质。

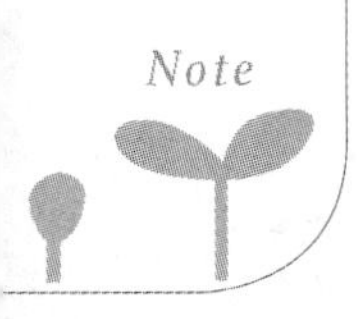

（一）注意的广度

注意的广度也叫注意的范围。注意的广度是指在同一时间内一个人能够清楚地觉察或认识客体

的数量。我们所说的一目十行，指的就是注意的广度。注意的广度也表明知觉的范围，它反映的是注意品质的空间特征。

拓展阅读
扫一扫，了解注意的广度

影响注意的广度的主要因素有以下几点。

1. 注意对象的特点

注意的对象越集中，排列得越有规律，越能成为互相联系的整体，注意的广度就越大。

2. 活动的任务和个人的知识经验及心理状态

活动的任务越多，注意的广度就越小；活动的任务越少，注意的广度就越大。个人的知识经验越丰富，注意的广度就越大；个人的知识经验越贫乏，注意的广度就越小。个人在紧张状态下，注意的广度小；个人在松弛状态下，注意的广度就大。

学前儿童注意的广度较小，在同一时间能清楚把握注意对象的数量较少，这主要是受到年龄的影响。

（二）注意的稳定性

注意的稳定性也称注意的持久性，是指注意保持在某件事物或某种活动上时间的长短。时间越长，注意越稳定。注意对象的特征，包括强度和持续时间、时间和空间上的不确定性、变化单调还是丰富都会影响注意的稳定性。同时，个体的自身状态、对活动的了解程度也影响着注意的稳定性。

学前儿童注意的稳定性较差，特别容易分散，但在良好的教育条件下，学前儿童注意的稳定性随年龄的增长而提高。

学前儿童注意的稳定性比较差，主要特征之一就是多动，注意力不集中。多动与多动症是不同的概念。好动是学前儿童的天性，与学前儿童的好奇和自制力差等有关。儿童多动症又称轻微脑功能失调（MBD）或注意缺陷与多动障碍（ADHD），是一种常见的儿童行为异常问题。

拓展阅读
扫一扫，了解注意缺陷与多动障碍

（三）注意的分配

注意的分配是指在同一时间内把注意指向两个或两个以上的对象。人们很难一次同时完成两件要求高度集中注意的事情，但在其中一件事已经达到熟练的情况下，就可以实现注意的分配。例如，我们常说的“一心二用”，学生在课堂上边听边做笔记，以及驾驶员用眼睛注意路标和行人，同时手扶方向盘、脚踩油门……这些都是利用了注意的分配。学前儿童注意分配的能力很差，且年龄越小越突出，5～6 岁的学前儿童已经基本可以实现注意的分配。

（四）注意的转移

注意的转移是指人能够根据新的任务，主动地、有目的地把注意从一个对象转移到另一个对象上去。注意的转移不同于注意的分散。注意的转移是积极主动地、有目的地、有意识地变换，使活动合理地被替换，是注意的良好品质的表现。注意的分散则是消极被动的，因为无意中受无关刺激的干扰，从而使注意离开需要注意的对象，是注意的消极品质的表现。学前儿童注意转移的速度较慢，不够灵活，转移能力比较差，同时他们的注意容易被分散。

案例分析

孩子们刚从户外活动回来，小脸红扑扑的，他们叽叽喳喳地说着刚才户外活动的趣事，一边洗手还一边兴奋地打闹，教室里一片沸腾。马上要吃午饭了，必须让孩子们从兴奋的状态中逐渐平静下来，教师坐到钢琴边轻轻地弹起歌曲《小篱笆》的伴奏，优美的音乐声响起，先洗完手回到座位上的孩子慢慢安静下来，跟着音乐摇动起身体，并轻轻地唱起来：“微风吹过小篱笆，把春天送到我的家……”。洗手池边的小朋友也陆续走回座位，教室里回荡着孩子们舒缓童稚的歌声。

思考：以上案例反应了儿童的注意发生了什么变化？教师是如何做的？

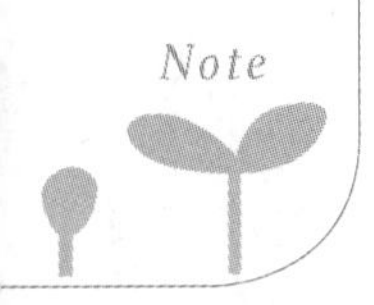

二　学前儿童注意分散的原因

（一）疲劳、饮食不当等身体原因

学前儿童神经系统的机能还未充分发展，长时间处于紧张状态或从事单调活动，便会产生疲劳，出现“保护性抑制”，起初表现为无精打采，随之注意力开始涣散。生活不规律也会引起疲劳。

学前儿童的饮食不当同样会引起注意的分散。如果摄取的糖分、咖啡因、人工色素、添加剂、防腐剂等含量过多，都会影响学前儿童注意力的集中。一些微量元素的失衡也会导致学前儿童的注意力不能集中或不能长时间集中，出现注意力方面的障碍。

（二）环境

环境中新颖、多变或强烈的刺激物会吸引幼儿的注意，导致他们注意的分散。例如，教室的布置过于花哨、复杂，装饰物更换的次数过于频繁，教师的教具做得过于有趣，甚至教师穿着过于新潮、新奇、艳丽，这些过多的无关刺激都可能会分散学前儿童的注意。

案例分析

班里今天来了个小客人，爱养鸟的妞妞爷爷带来了一只会说话的小鹦鹉。他给孩子们介绍鹦鹉的生活习性，并且把小鹦鹉放在教室里和孩子们待一天。聪明的小鹦鹉会和孩子们打招呼：“你好！你好！”这一整天里，孩子们不管是做什么活动都有点心不在焉，总忍不住跑过去逗弄一下小鹦鹉。就连在他们最喜欢的凤凤老师讲故事的时间里，孩子们的小眼睛也在不停地往小鹦鹉那里张望，每当小鹦鹉发出声音时，孩子们就忍不住扭头去看。一整天，孩子们的注意力都被小鹦鹉给吸引了。

思考：儿童的注意被什么吸引了？案例中儿童注意分散的主要原因是什么？

（三）缺乏兴趣

兴趣是最好的老师。如果有兴趣，学前儿童会主动参加活动；如果没有兴趣，即便参加了，也很难维持注意。

（四）目的要求不明确或活动组织不合理

成人对学前儿童提出的目的要求不明确，不能被他们理解，就会导致儿童不知道该做什么、该怎么做，就会引起儿童注意的分散。在活动过程中，教师组织得不合理，缺少变化和新颖性，内容过难或过易，都会导致学前儿童注意的分散。

（五）注意的转移品质还没有得到充分发展

学前儿童不善于依照要求主动地调节自己的注意，注意不善于转移。例如，儿童听完一个有趣的故事后，可能会长久地受某些生动情节的影响，注意难以转移到新的活动上去，在从事新的活动时，思绪还停留在原先的活动上，出现注意分散的现象。

防止学前儿童注意分散较有效的对策有：第一，排除无关刺激的干扰，教室周围的环境尽量保持安静，教室布置整洁优美，教具应该密切配合教学内容，不必过于新奇；第二，根据儿童的兴趣和需要组织教育活动，活动的内容应贴近儿童的生活，应是他们关注和感兴趣的事物；第三，注意教学方法，控制教学时间，教师在教学中要采用多样化的教学方法，还要控制好活动的时间，活动时间不宜过长；第四，妥善地安排活动环节，维护好活动的纪律，既要维护好正常的活动秩序，还要妥善处理一些分散儿童注意的偶发事件。另外，教师教态亲切自然、语言抑扬顿挫，所用的教具色彩鲜明，所用的挂图、图片中心突出，所用的词语形象生动，可以更好地吸引儿童的注意。

三 学前儿童注意力的培养

（一）以兴趣为媒介，以游戏为形式，培养学前儿童的注意力

兴趣是最好的老师，不管是谁在做自己感兴趣的事情时，总会很投入、很专心，学前儿童也是如此。在生活中常常会看到一些儿童按家长的要求做某些事情的时候，总是心不在焉，而做他自己感兴趣的事情时，却能全神贯注、专心致志。对学前儿童来说，他的注意力在一定程度上直接受其兴趣和情绪的控制，因此，我们应该注意把培养儿童广泛的兴趣与培养注意力结合起来。充分利用儿童的好奇心，用会唱歌的生日蛋糕、会跳的小青蛙等新奇的玩具调动他们的好奇心，从而集中注意力去观察、摆弄。家长可以给儿童买一些类似的玩具，用来训练儿童集中注意力。此外，对年幼的儿童不要出示过多的教具，过多的教具反而容易导致儿童注意的分散。虽然教具可以帮助儿童更好地参与活动，帮助教师实现教学目标，但过多的教具则容易让儿童将注意集中在教具的娱乐性和趣味性上，从而忽视了它们本身的教育功能。

Note

游戏是学前儿童最喜欢的活动，要以游戏的形式有意识地组织儿童开展一些有趣的活动，让每一位儿童融入游戏，在游戏中体验到快乐，这样才能培养儿童的有意注意。例如，玩“丢手绢”的游戏时，儿童就要以高度集中的注意力去观察拿着手绢的小朋友，在他经过自己身后时，要转过身去看他是否把手绢丢在了自己身后。

案例分析

教师组织小班幼儿开展的“七彩的梦”诗歌活动，既没有用直观的教具，又没有提供让幼儿动手操作的机会，总是一遍又一遍地带领幼儿朗诵诗歌。许多幼儿很快就坐不住了，有的在与身边的幼儿打闹，有的表现出反感的情绪。

思考：为何会出现这种情况？具有什么特点的事物或活动有利于幼儿保持注意的稳定性？

（二）以活动任务为驱动，发展学前儿童的有意注意

在活动开始之前可以先调动学前儿童已有的经验，教师应该明确地提出此次活动的目的及活动的方式，激发儿童完成任务的积极性，从而提高儿童的自我控制力。同时，用生动、形象、富有感染力的语言，和儿童交流，善于发问，善于引导。例如，阅读活动开始之前，教师可以先说明此次活动过程当中的一些安排，如“听一听”“说一说”“玩一玩”，并且提出接下来希望儿童能够仔细听的内容，比如“仔细听一听故事里面有谁”“等会告诉老师他都经历了什么”。在活动过程当中，教师也需要注意时刻保持与儿童的互动，提醒儿童看教师，注意教师的动作。可以采用一些小口诀，例如“小脚并并拢，小手放腿上，小嘴巴不说话，小眼睛看老师”。通过布置任务、暗示、提问、转移注意力等方法稳定儿童的注意力。

（三）注重注意品质的培养

1. 注意广度的培养

第一，在组织活动时，向儿童提出明确的单项任务；第二，考虑到注意对象的特点；第三，为儿童提供活动一定要是在其知识经验范围之内的。例如，向儿童出示一幅图画，根据任务有顺序地提出问题，可以问“图上都有谁”，当儿童完成这一任务之后，再提出“他们都在干什么”等问题。问题既明确，又有前后的关联性，儿童理解起来也比较容易。

2. 注意稳定性的培养

第一，提供新颖生动的注意对象；第二，开展娱乐化、操作化的活动；第三，让儿童保持最佳身心状态。注意稳定性对儿童学习有着重要作用，而儿童的注意稳定性存在个别差异、年龄差异和

性别差异。测量和提高儿童注意稳定性的方法有很多，如弹簧法、悬念法、图文并茂法、榜样激励法、暗示法等。注意稳定性的培养要从小开始，年龄越小效果越明显。

3. 注意分配的培养

分配好注意力，不仅可以让儿童更好地集中精力去做事，而且能够提高儿童的反应速度、身体的协调性和记忆力，还可以让儿童更富有创造性。成人可以将对儿童注意分配的训练融入日常生活中去，在儿童的活动中加强动作或活动的联系，提高熟练度，同时突出进行的活动之间应有的联系，比如让儿童学会边唱边跳。日常生活中，可以陪着儿童边散步边背唐诗，或者引导儿童边听英文边做家务，诸如此类的活动都可以在潜移默化中帮助到儿童，在日复一日的训练中，儿童就会逐渐适应一脑多用。

4. 注意转移的训练

注意一经转移，原来注意的对象便移到注意中心以外，而另外的新对象进入注意中心，整个注意范围的图景便发生变化。因此，每当注意中心的对象转换了以后，必然呈现出新的注意分配的情况，训练注意转移的同时，也要训练注意迅速分配的能力。例如：开始新活动之前，可以让儿童短暂地休息，这样更容易完成注意的转移活动；开展新活动时，要利用生动活泼的方法，吸引儿童的注意力；在安排活动顺序时，尽量将儿童感兴趣的、强度较大的活动，如户外体育活动等安排在后面。

还可以采用“注意转移三步法”帮助儿童提高注意转移品质。

第一步提前告诉儿童，还有多长时间就要去做什么事了，比如还有 10 分钟，我们就要去做什么事了，家长也可以适当地延长时间。第二步在最后 3 分钟的时候，再次提醒儿童，还有 3 分钟。同时询问儿童在最后 3 分钟应该做些什么，做好结束的准备。第三步提醒儿童把未完成的东西收好，进行简单的“告别仪式”，比如在游乐场中，可以说“我现在要回家了，下次再来玩”的告别句。

童言童语

凯娃很喜欢看新娘子，因为穿婚纱的新娘子会给他糖吃。一日，凯娃在父母房里看到了婚纱照，“妈妈，那个新娘子是你吗？”“是呀，好看吗？”“好看！”“妈妈！”凯娃忽然想起什么，一脸严肃地问：“你当新娘子的时候给我糖吃了没？”

知识链接

学前儿童注意品质的标准如表 2-1 所示。

表 2-1 学前儿童注意品质的标准

项目	优	中	差
注意的广度	在单位时间内（1/10秒）能注意到三个或三个以上毫无联系的对象	在单位时间内（1/10秒）能注意到两个毫无联系的对象	在单位时间内（1/10秒）能注意到一两个毫无联系的对象
注意的稳定性	根据任务，对注意对象持续注意 15 分钟以上	根据任务，对注意对象持续注意 10～15 分钟	根据任务，对注意对象持续注意 5～10 分钟
注意的分配	在成人的要求下熟练地、迅速地同时进行两种或两种以上不同性质的活动	在成人的要求下熟练地、迅速地同时进行两种相同性质的活动	在成人的要求下基本上能同时进行两种简单的学习、游戏和生活活动
注意的转移	根据要求迅速地、连续地从一个活动转移到另外的活动中来	根据要求连续地在不同类型的活动中互相转移	能在成人的要求和督促下从一个活动转移到另一个活动中来

（四）创设良好的环境，防止学前儿童分散注意

学前儿童注意力不稳定，容易被新奇、强烈多变的刺激物吸引，因此，在组织活动时，要适当避免无关刺激的干扰。例如，在班级环境的创设中不要过多选用无关的、花哨的内容作为教室的背景，尽可能做到温馨、简洁。引起儿童无关注意力的内容减少了，儿童的注意力就更容易集中在教师的教学活动中。在教师授课的过程中，呈现需要观看内容的方式也应该讲究一定的顺序性，可以按照从上到下或者是从左到右的方式，切记不可以凌乱，让儿童不知从哪里开始看，往哪个方向看。

对于教师来讲，上课前应先把无关的玩具等收起放好，教具的选择和使用要密切配合教学活动。教师应该保持自身装束整洁大方，不能因为教师的外形、动作而引发儿童的无意注意。教学过程中，教师应当避免当众批评个别注意力不集中的儿童，以免干扰全班儿童的注意力。

（五）灵活运用无意注意和有意注意，注意个别差异

有意注意需要一定的意志努力，容易引起疲劳。学前儿童的生理发育还没有成熟，所以很难保持长时间的有意注意。无意注意虽然容易引发，但不能持久，只靠无意注意无法完成任何有目的的活动。所以教师组织教育活动时，要灵活地使用两种注意方式。既要充分利用儿童的无意注意，又要培养和激发他们的有意注意。运用新颖多变、强烈的刺激吸引儿童，同时向他们解释清楚进行活动的意义和重要性，提出明确的要求，使他们能主动地集中注意。在活动中，两种注意方式灵活交互使用、不断转换，使儿童的大脑有张有弛，既能完成活动任务，又不至于过于疲劳。

教育对学前儿童的注意发展起着重要的作用，教师应该根据注意发展的特点和规律，进行有计划的教育。由于每个学前儿童的身心发展速度不一，所以在注意的稳定性、分配、广度等特性上会有不同的表现。教师在教学过程当中既要关注所有学前儿童的情绪状态和学习完成情况，也需要对一些有注意力困难的学前儿童进行单独指导。例如，请学前儿童回答一些简单的问题，用眼神示意，或者是组织一些互动的小游戏让所有学前儿童参与其中。

思考与练习

一、单项选择题

1. 当教室中一片喧哗时，教师突然放低声音或停止说话，会引起幼儿的注意，这是（　　）。

A. 刺激物的物理特征引起幼儿的无意注意

B. 与幼儿的需要关系密切的刺激物，引起幼儿的无意注意

C. 在成人的组织和引导下，引起幼儿的有意注意

D. 利用活动引起幼儿的有意注意

2. （2019 年上半年）**幼儿认真完整地听完教师讲的故事，这一现象反映了幼儿注意的什么特征？**（　　）

A. 注意的选择性　　B. 注意的广度　　C. 注意的稳定性　　D. 注意的分配

二、简答题

1. 注意的品质有哪些？

2. 设计一个促进幼儿注意发展的活动方案。

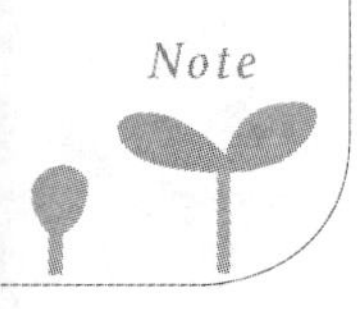

实践与实训

实训：设计一个培养幼儿观察能力的活动，并结合活动方案，从教师语言、教学过程、教学准备来分析哪些运用了无意注意，哪些运用了有意注意。

目的： 掌握幼儿观察能力的发展特点，并能在教育实践中利用其发展特点。

要求： 根据幼儿观察能力的发展特点，小组合作设计活动，并分工完成活动实施、过程观察和活动后分析的任务。

形式： 小组合作。

第二节 学前儿童感知觉的发展

◇学习目标

1. 知识目标：理解感觉、知觉和观察的基本概念，了解学前儿童感知觉的分类、特性和关系。

2. 能力目标：能根据实际情况分析学前儿童感知觉发展的特点，掌握培养学前儿童观察力的方法。

3. 情感目标：对学前儿童观察力的培养感兴趣，具有运用感知觉规律组织学前儿童活动的意识。

◇情境导入

在幼儿园中，教师们常常带着幼儿到植物园、种植地里认识新事物。稚嫩的幼儿对周围的事物感到陌生、新鲜，他们需要去认识事物以适应世界。比如在认识苹果时，幼儿要亲眼看一看苹果的颜色，亲手摸一摸苹果的大小，亲口尝一尝苹果的口感。

“看”“摸”“尝”通常是感觉和知觉的行为方式，幼儿通过感知觉认识事物。那么，什么是感觉和知觉？学前儿童的感知觉发展有什么特点？幼儿的观察力有什么特点？这些将是本章要介绍的内容。

第一课 感知觉的概述

感觉是什么？知觉是什么？两者之间有什么联系和区别？它们又有什么特性？我们将在本节课中一起进行探究。

一　感知觉的概念与分类

（一）感觉和知觉的概念

感觉是人脑对直接作用于感觉器官的客观事物的个别属性的直接反映。[①] 幼儿在成长过程中，总是要接触和学习日常生活里的事物。这些事物有着各种各样的属性，其中每一种属性都可被称为个别属性。例如：当兔子呈现在幼儿的面前，幼儿用眼睛看，能知道它的颜色、形状；用手摸，能知道它的表皮是毛茸茸的、软软的；用鼻子闻，能知道它的气味。兔子这一客观事物的颜色、形状、气味和皮毛的柔软度都是它的个别属性。

有时，我们对客观事物的个别属性的反映并不是感觉。例如，幼儿回忆起闻到过的物体的味道，虽然这反映的是物体的个别属性，但这种心理活动已经不属于感觉而属于记忆。所以要注意的是，感觉反映的是人脑对“当前”直接作用于感官的客观事物的个别属性。[②]

除了反映客观事物的个别属性之外，感觉还反映机体本身的状况。例如，人们能够感觉到头晕、肚子疼、手麻等身体的失衡和内脏的疼痛，这就是感觉对机体本身状况的反映。

知觉是人脑对客观事物的整体属性的直接反映，是在感觉的基础上产生的。[③] 任何事物的个别属性是不可能单独存在的，而是多种属性合起来构成一个整体。例如，当兔子在幼儿面前时，幼儿不会单纯地看到它的颜色、闻到它的气味、摸到它的表皮，而是在反映个别属性的同时，幼儿就知觉了兔子的整体形象。

感觉是最简单的心理活动，是人的认知过程的初级阶段，是人认知客观世界的开始，是其他心理现象形成和发展的基础。知觉是一种基本的心理过程，它比感觉更加复杂，并常常和感觉交织在一起，二者也被称为感知活动。

（二）感觉和知觉的区别与联系

1. 感觉和知觉的区别

（1）感觉反映的是客观事物的个别属性，知觉反映的是客观事物的整体属性。

（2）感觉只需要个别器官的活动，知觉需要多种器官共同协作。

（3）感觉是最简单的心理活动，知觉还包含其他的一些心理成分，如过去的经验等。

---

① 莫秀锋，郭敏．学前儿童发展心理学［M］．南京：东南大学出版社，2016：22.

② 薛俊楠，马璐．学前发展儿童心理学［M］．北京：北京理工大学出版社，2018：15.

③ 莫秀锋，郭敏．学前儿童发展心理学［M］．南京：东南大学出版社，2016：16.

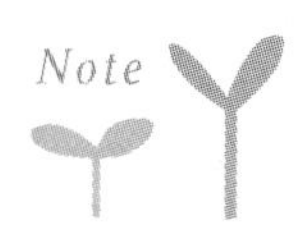

2. 感觉和知觉的联系

(1) 感觉是知觉的基础，是知觉产生的基本条件。没有感觉，也就没有知觉。事物的整体是事物个别属性的有机结合。知觉反映事物的整体，也可以说是感觉的结合，因为感觉反映事物的个别属性，所以要知觉整个物体就必须先感觉到它的各个属性。我们感受到的事物的个别属性越多越丰富，对事物的知觉也越准确越完整。

(2) 感觉是知觉的组成部分，但知觉并非是感觉的简单相加，因为在知觉过程中还有人的经验在起作用。人要借助已有的经验去解释当前事物，从而对当前事物做出识别。例如，幼儿看见木板的大小、形状和颜色，摸到木板表面，在听到成人叫它木板后，才知道这是木板。当幼儿摔打木板时，发现木板不容易被折断，木板的名称和木板不容易被摔断的特性都是关于木板的经验。当幼儿再次知觉木板时，木板的名称和木板的特性也被反映，这就是经验在帮助人们知觉事物。

(3) 知觉是感觉的深入与发展。事物的个别属性总是离不开事物的整体，所以当人们已经感觉到某一个事物的个别属性时就会马上知觉到该事物的整体。例如，在我们的生活中，当人们看到苹果的时候，绝不会仅仅看到苹果的颜色。当人们感受到苹果的颜色或者其他属性时，实际上已经是知觉到该苹果的整体。

在现实生活中，感觉和知觉几乎是同步的、密不可分的。一般情况下，对有一定经验的人来说，纯粹独立的感觉是很少见到的。新生儿有过独立感觉的存在，之后随着婴幼儿经验的增长，单纯的感觉变得越来越罕见。成人的知识经验丰富，通常只有在严格控制的实验室条件下才能诱发独立的感觉。感觉一旦获得客观事物或周边环境的个别属性，知觉就立刻整合所有的个别属性，并获得对这一客观事物或周边环境全貌的认知。这也是为何把感觉和知觉统称为感知觉的原因。

感觉剥夺实验

感觉剥夺实验（sensory deprivation experiment）是指夺去有机体的感觉能力而进行研究的方法。对人来说，感觉剥夺是暂时让受试者的某些（或全部）感觉能力处于无能为力的状态，是把人放在一个没有任何外部刺激的环境中进行研究，从而探索其生理、心理变化的方法。

1954 年，心理学家贝克斯顿（W. H. Bexton）、赫伦（Heron）和斯科特（T. H. Seott）等，在付给学生受试者每天 20 美元的报酬后，让他们在缺乏刺激的环境中逗留。具体地说，是在没有图形视觉（受试者须戴上特制的半透明的塑料眼镜），限制触觉（手和臂上都套有纸板做的手套和袖头）和听觉（实验在一个隔音室里进行，用空气调节器的单调嗡嗡声代替其听觉）的环境中，受试者静静地躺在舒适的帆布床上（见

图 2-4）。起初，实验对象是非常愉快的，许多受试者都大睡特睡，或者考虑其学期论文。然而，两三天后，他们便决意要逃脱这单调乏味的环境。实验的结果显示：感到无聊和焦躁不安是最基础的反应。在实验过后的几天里，受试者注意力涣散，思维受到干扰，不能进行明晰的思考，智力测验的成绩不理想。另外，生理上也发生明显的变化。通过对脑电波的分析，研究者发现受试者的全部活动严重失调，有的受试者甚至出现了幻觉（白日做梦）现象。可见，感觉虽然是一种低级的简单的心理活动，但它对人来说不可缺少。

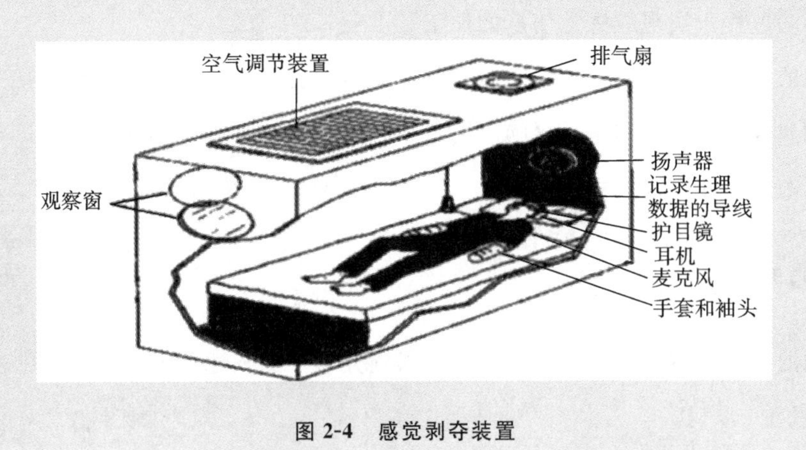

图 2-4　感觉剥夺装置

（三）感知觉的生理机制

1. 感觉的生理机制

感觉的产生是分析器工作的结果，分析器是人感受和分析某种刺激的整个神经系统，它由感受器、传入神经，以及传入神经所到达的大脑皮层的相应区域三个部分组成（见图 2-5）。这三个部分构成了一个整体，在感觉产生的过程中协同活动。

感觉的产生起源于刺激作用。在生理学和心理学中，作用于有机体并引起反应的各种因素都叫作刺激物，刺激物施于有机体的影响叫作刺激，刺激可分为内部刺激和外部刺激。在一般情况下，刺激主要指外部刺激。

感觉是在感受器受到刺激作用时产生的，但并不是任何刺激作用于任何感觉器官都能引起感觉，只有与该感受器相适宜的刺激才能产生清晰的反应。例如，光波对于眼睛、声波对于耳朵等，都是这些感受器受到的适宜刺激，而光波对于耳朵就是不适宜的刺激。

图 2-5 感觉的生理机制

2. 知觉的生理机制

知觉的产生源于感觉过程。当各个感觉过程结合在一起，大脑在分析综合后形成对事物的整体反映。这个过程中，大脑通过分析把关键信息从不关键信息中区分出来，然后加以综合，经过一系列复杂的神经活动过程，实现对感觉信息的加工。

感觉和知觉的产生过程是有区别的。感觉是通过感受器把信息传输到大脑皮层的相应区，从而产生对事物个别属性的反映；知觉是大脑皮层不同区域联合在一起的结果。感觉的产生主要是由刺激物的性质决定的，而知觉很大程度上依赖于主体的知识、经验等。

（四）感觉的分类

依据刺激物的来源和感受器的不同，可以将感觉分为外部感觉和内部感觉（见表 2-2）。

1. 外部感觉

外部感觉是由外界刺激引起的反应，其感受器都位于身体的表面或接近身体表面的地方，包括视觉、听觉、嗅觉、味觉和肤觉（触觉、痛觉、温度觉）等。①

（1）视觉：视觉是以眼睛为感觉器官，辨别外界物体明暗、颜色等特性的感觉。视觉感受器是视网膜。

（2）听觉：声波振动鼓膜产生的感觉就是听觉。内耳耳蜗是听觉感受器。

（3）嗅觉：嗅觉是有气味的、挥发性的物质微粒作用于鼻腔黏膜时产生的感觉。嗅觉感受器是鼻腔上部黏膜中的嗅细胞。

（4）味觉：可溶性物质作用于味蕾产生的感觉叫味觉。味觉的感受器是味蕾，主要分布在舌面上，也分布在咽喉的黏膜和软腭处。一般认为生理上有四种味道——酸、甜、苦、咸，其他味道都是这四种味道混合产生的。

（5）肤觉：刺激作用于皮肤表面产生的各种各样的感觉。触觉是指非均匀的压力在皮肤上引起的感觉。痛觉是一切对机体有伤害的刺激。值得注意的是，辣是痛觉。温度觉是指皮肤受到外界温度的刺激而产生的感觉，包括冷觉和温觉。

2. 内部感觉

内部感觉是由机体内部发生变化所引起的反应，反映的是人的身体位置、运动和内脏器官状态

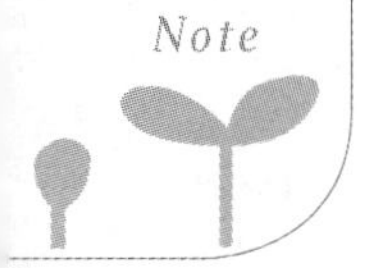

① 薛俊楠，马璐. 学前发展儿童心理学［M］. 北京：北京理工大学出版社，2018：9.

及其变化的特征，包括运动觉、平衡觉和机体觉。

（1）运动觉：反映身体各部分的位置、运动及肌肉的紧张程度，感受器位于肌肉组织、肌腱和韧带各关节中。例如，当幼儿在学习体操时，传递手臂与肩部或其他关节扭曲程度的感觉。

（2）平衡觉：也叫静觉，是反映头部位置和身体平衡状态的感觉。这是由人体做加速或减速的直线运动或旋转运动所引起的。例如，人们在游乐园的“海盗船”项目中会感受到失衡、头晕，这就是平衡觉在起作用。平衡觉的感受器位于内耳的前庭器官，包括半规管和前庭两部分。

（3）机体觉：也叫内脏觉，是机体内部器官受到刺激时产生的感觉。这是由内脏的活动作用于脏器壁上的感受器而产生的。例如，饥饿、饱胀的感觉。内脏觉的特点是感觉不精确，分辨率差。

感觉的分类见表 2-2 所示。

表 2-2　感觉的分类

	感觉种类	适宜刺激	感受器	反映属性
外部感觉	视觉	760～400 毫微米的光波	视网膜的视锥和视杆细胞	黑、白、彩色
	听觉	16～20000 次/秒的音波	耳蜗的毛细胞	声音
	嗅觉	有气味的挥发性物质	鼻腔黏膜的嗅细胞	气味
	味觉	溶于水的有味的化学物	舌、咽上存在味蕾的味细胞	甜、酸、苦、咸的味道
	肤觉	物体机械的、温度的作用或伤害性刺激	皮肤和黏膜上的冷、痛、温、触点	冷、痛、温、触
内部感觉	运动觉	肌体收缩、身体各部分位置变化	肌肉组织、肌腱、韧带、关节中的神经末梢	身体运动状态、位置的变化
	平衡觉	身体位置、方向的变化	前庭和半规管的毛细胞	身体位置变化
	机体觉	内脏器官活动变化时的物理化学刺激	内脏器官壁上的神经末梢	身体疲劳、饥、渴和内脏器官活动不正常

（五）知觉的分类

根据不同的划分标准，可以把知觉划分为不同的种类。

根据知觉时谁起主导作用，可以把知觉分为视知觉、听知觉、嗅知觉、味知觉和肤知觉等。

根据知觉对象的不同，可以把知觉分为物体知觉和社会知觉。物体知觉主要是指对事物的知觉，包括时间知觉、空间知觉和距离知觉。时间知觉是指人脑对客观事物的延续性、顺序性和速度的反映。空间知觉是人脑对物体的空间特性的反映，包括形状知觉、大小知觉、方位知觉和深度知觉等。距离知觉是指对物体空间位移和距离的知觉。

社会知觉是指个人在社会环境中对他人、某个个体或某个群体的社会特征和社会现象做出的推测与判断的过程。社会知觉是对人的知觉，包括对他人的知觉、自我的知觉和人际关系的知觉。

二 感知觉的特性

（一）感觉的特性

人的感官只对一定范围内的刺激做出反应，只有在这个范围内的刺激才能引起人们的感觉。这个刺激的范围以及相应的承受能力，我们称之为感觉阈限和感受性。感受性是用感觉阈限的大小来度量的。感受性和感觉阈限之间呈反比关系：也就是说感觉阈限越大，感受性越差，感觉越不敏感；感觉阈限越小，感受性越好，感觉越敏感。

每一种感觉都有两种类型的感受性和感觉阈限：绝对感受性和绝对感觉阈限、差别感受性和差别感觉阈限。例如，当某种音量由小变大最终被我们感觉到时，这种刚刚引起感觉的最小刺激量叫作绝对感觉阈限，而人的感官察觉到这种微弱刺激的能力叫作绝对感受性。两个同类的刺激物，它们之间存在足够的差距才能引起差别感觉。例如，当教室几十个人在早读，如果增强或减弱一个人的声音，人们听不出什么差别，这种刚刚引起差别感觉的刺激物间最小的差异量叫作差别感觉阈限，对这一最小差异量的感觉能力叫作差别感受性。

感受性变化的规律有下列情况。

1. 感觉适应

感觉适应是指由于刺激物的持续作用而使感受性发生变化的现象。这是因为刺激长时间作用于一种感受器，导致感受器对后来刺激的感受性发生了变化。例如，小朋友们都在室内吃午饭，房间里有浓烈的饭菜香味，而在室内工作的教师和吃饭的幼儿却毫无察觉，外来人在室内待一段时间后也感觉不到了，这就是嗅觉的适应现象。而视觉适应有两种，一是暗适应，二是明适应。暗适应是视觉器官在弱光的刺激下感受性提高，也就是当我们从亮处到暗处，什么都看不清，一段时间后才逐渐看清周围事物的轮廓，适应光线较暗的环境；明适应是视觉器官在强光刺激下感受性降低，当人从暗处到亮处，刚开始会觉得目眩，看不清周围的东西，几秒后才能逐渐看清，适应光线较亮的环境。

案例分析

小红和妈妈一起去电影院看电影，刚进入影厅时，小红拉着妈妈的手说：“妈妈，好黑啊，我看不清。”妈妈说：“小心走，没关系，等会儿就可以看清了。”过了一会儿，小红便对妈妈说：“妈妈，我现在可以看清了。”

思考：这种现象是视觉的明适应还是暗适应呢？

除此之外，肤觉和味觉的适应也特别明显。例如，把手放在温水里，刚开始觉得热，慢慢就感觉不出来了。听觉的适应不太明显，痛觉的适应则极难产生。通常强刺激可以引起感受性的降低，弱刺激可以引起感受性的提高。简言之，感受性遇强则弱，遇弱则强。在组织教育活动中，教师要有效地运用幼儿感觉的适应现象。例如，当幼儿从光线较暗的环境过渡到光线较亮的环境中，教师应该提醒幼儿做好准备，缓慢睁开眼睛，保护幼儿的视力。

2. 感觉对比

感觉对比是同一感受器在不同刺激的作用下，感受性发生变化的现象。[①] 感觉对比可分为同时对比和继时对比。同时对比是指几个刺激物同时作用于同一感受器时产生的感受性变化，如“月明星稀”“月暗星密”，天空的星星在明月的衬托下看起来比较少，而在月色暗淡的黑夜里看起来就明显增多了。继时对比是指刺激物先后作用于同一感受器时产生的感受性变化，比如先吃苦药，再吃糖，会显得糖格外甜。在组织教育活动中，教师要有效运用幼儿的感觉对比现象，如当幼儿认识颜色时，通过同时比较多种颜色的明亮度、饱和度等，可帮助幼儿分辨得更清楚、记忆得更深刻。

案例分析

小明在暑假的时候去了冰雪大世界玩，在刚进入冰雪大世界的时候，他便觉得特别的凉快。

思考：这种现象是同时对比还是继时对比呢？

3. 感觉的相互作用

感觉的相互作用是指在一定条件下，各种感觉都会发生不同程度上的相互影响，从而使感受性发生变化。其规律是弱刺激能提高另一种感觉的感受性，而强刺激则使另一种感觉的感受性降低。例如：牙疼可因压迫皮肤而减轻；听轻音乐会提高视觉感受性，从而增强阅读效果。

联觉是感觉的相互作用的一种特殊形式，指一种感觉兼有另一种感觉的现象。联觉的形式很多，其中以颜色感觉的联觉最为突出。如橙色、红色和黄色等类似太阳的颜色往往引起温暖的感觉，称为暖色；青色、蓝色和绿色等类似蓝天、海水和树林的颜色往往引起寒冷、凉爽的感觉，称为冷色。

4. 感官的补偿作用

感官的补偿作用是指某一种感觉的机能损伤后由其他感觉的机能来弥补的现象。比如有些盲人可以“以耳代目”，通过自己的脚步声或拐杖击地时的回响来辨别附近的地形，盲人的触觉也比一般人更加敏锐，就像我们在生活中可以看到盲人依靠触觉来识别盲文。

① 薛俊楠，马璐. 学前发展儿童心理学［M］. 北京：北京理工大学出版社，2018：21.

5. 感受性与训练

人的各种感受性都有极大的发展潜力。通过实践活动的训练，人的感受性可以得到提高。从事某些特殊职业的人，由于长期使用某种感官，相应的感受器就会得到较高的发展。比如高级品酒师，尝一口就能知道酒的产地、等级及酿制时间等。

在幼儿园活动中，教师应有计划、有目的地组织幼儿进行练习，并在各种日常活动中来发展幼儿的感知能力，进而提高幼儿的感受性。比如通过轻音乐能够发展幼儿的纯音听觉，绘画能够发展幼儿的视觉，游戏“摸摸看是什么”发展幼儿的触觉。教师要根据幼儿发展的可能性、个体差异性及实际的需要，依据感觉的特性，有意识地通过各种活动培养和训练幼儿的各种感知能力，促使幼儿的感知能力能够得到较好的发展。

案例分析

朵朵是幼儿园大班的小朋友。马上到朵朵的生日了，她得提前一天和妈妈一起烤曲奇饼干送给参加生日派对的小伙伴。开始制作前，朵朵用肥皂液洗手，但是冲水时，朵朵没有调节好水龙头的水温。朵朵的手感觉到一会儿烫，一会儿凉。妈妈把曲奇从烤箱里拿出来，朵朵说：“曲奇好香啊！”过了一会儿，爸爸回来了，刚走进屋：“这是什么好吃的，太香了吧，香得我肚子都饿了。”朵朵说：“是什么香呀？我怎么没闻到呢？”

思考：请分析以上案例，体现了感觉的哪些特性？

（二）知觉的特性

知觉的特性主要表现在知觉的选择性、知觉的整体性、知觉的理解性和知觉的恒常性等方面。[①]

1. 知觉的选择性

人只对少数作用于感觉器官的刺激进行反应，知觉的选择性是指人对这些外界信息进行选择并进一步加工的特性。也就是说，人们在某一个时刻只是以对象的部分刺激作为知觉的内容，而同时作用于感觉器官的其他刺激便成了背景。例如，当人们看见图 2-6 时，有人会将图片知觉为黑色背景板上的一个杯子，有人则会将其知觉为白色背景板上的两张黑色的相对的侧脸。图 2-7 则是皮鞋还是高跟鞋的选择性知觉。

知觉的选择性的影响因素有客观和主观两个方面。

（1）客观因素。

第一，对象与背景的差别。对象与背景的差别越大，对象越容易从背景中区别出来；反之，对

① 刘吉祥，刘慕霞．学前儿童发展心理学［M］．长沙：湖南大学出版社，2016：15.

图 2-6　知觉的选择性（杯子/人脸）

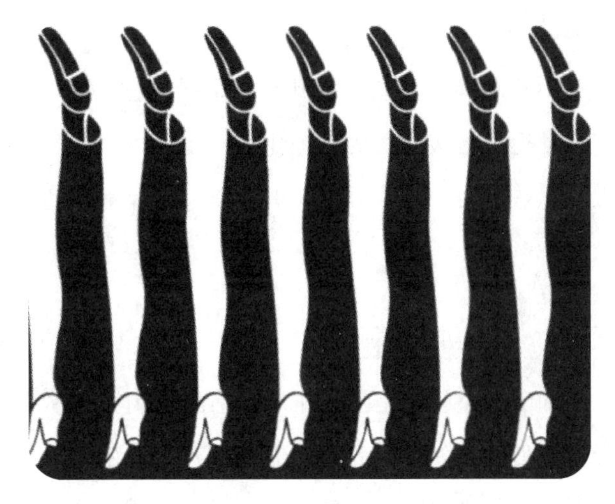
图 2-7　知觉的选择性（皮鞋/高跟鞋）

象则容易消失在背景中。例如：黑板上的白字很容易成为知觉的对象，而白墙上的白字却不容易被知觉；在批改作业时，红笔笔迹在黑色笔迹中十分醒目。教师要根据一定的教育目的，适当地运用对象与背景关系的规律提高教育效果。例如：为了让幼儿了解红花特征，就应该以绿树或其他差别比较大的颜色为背景；为了提高幼儿的观察水平，可以让幼儿在花丛中寻找花朵。

在日常的教学活动中，教师应当突出重点，强化背景与对象之间的差别，比如在黑板上使用彩色粗线条笔画重点。除视觉外，在讲述中，教师的形象化语言应集中使用在重点内容上，对非重点内容要尽量少讲一点。要注意强化对象与背景之间的差别，让幼儿有良好的知觉效果。

第二，对象的相对活动性。教师应当注意到知觉的对象与背景之间的关系是相对的，是可以相互转化的。在相对静止的背景中，活动的对象容易成为被知觉的对象，比如荷叶上跳动的青蛙、街头闪烁的霓虹灯及天空中划过的流星。在活动的背景中，不动的事物容易成为被知觉的对象。例如，早操中站立不动的幼儿很容易被教师察觉。婴幼儿爱看活动的东西，教师应当更多地利用活动模型、活动玩具及录像，帮助幼儿获得清晰的知觉。

第三，刺激物本身的各部分组合。在视觉刺激中，凡是距离上接近或形态上相似的各部分容易组成知觉的对象。在听觉刺激中，如果各部分在音调或语速上相似，则容易被组成同一知觉的对象。在幼儿园教育活动中，教师讲课的声调应抑扬顿挫，如果平铺直叙、没有变化、毫无停顿，幼儿听起来就不容易抓住重点。

（2）主观因素。

知觉的选择性也受到许多主观因素的影响。例如，个人的已有知识、经验、兴趣爱好等，都会对知觉对象的选择产生影响。若是事物与人的知识水平相适应，又符合人的需要和兴趣，就容易成为优先被知觉的对象。

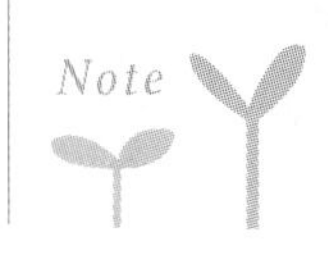

案例分析

小刚和妈妈一起去公园玩，看着天空中漂浮的一片片云朵，妈妈觉得其中一片云朵像花，而小刚却觉得像他最喜欢的奥特曼。

思考：想一想，为什么小刚会认为云朵像奥特曼呢？

2. 知觉的整体性

知觉的整体性是指当作用于感觉的刺激在不完整的情况下，人会根据自己的知识经验对刺激进行加工处理，使自己的知觉仍保持完整的特性。也就是即使知觉对象不完整，我们会自动把对象的每部分加起来看作一个整体，而不是孤立存在的各部分。

知觉的整体性的影响因素有客观和主观两个方面。

(1) 客观因素。

影响知觉整体性的客观因素主要是对象的组成部分的强度关系。知觉对象作为一个整体，不是各部分的机械相加，各部分是有强有弱的。人们对一个事物的知觉取决于它关键性的、强的部分，非关键性的、弱的部分则容易被人们忽视。例如，动画片中，无论主角换了什么服饰或者发型，幼儿通常会把它知觉为同一角色。而一旦改变其面部特征，幼儿就不再认为这是同一角色。可见，在这里服饰和发型并不是动画片主角的关键性部分，而角色的面部特征成了识别的关键性部分。

图 2-8　知觉的整体性

(2) 主观因素。

影响知觉的整体性的主观因素是人的知识经验。当知觉对象提供的信息不足时，知觉者常常运用经验对残缺的部分进行补充整合，从而形成对事物的整体知觉。如人们在看一幅马的轮廓图（见图 2-8）时，他们不是将其看成许多段线条和许多个色块的胡乱组合，而是根据以往的经验将其看成马。

成人能准确地把握知觉对象，从诸多属性中识别出关键的部分。知识越丰富就越能识别出事物的关键性特征，从而越精确地把握知觉的对象。幼儿的知识经验很少，为提高他们的知觉效果，教师应指点他们把注意力放在事物的关键性特征上。

3. 知觉的理解性

知觉的理解性是指在知觉客观事物时，人们总是根据已有的知识经验对知觉的对象进行理解，并用语言词语把它的特征标示出来。知觉受知觉对象本身特征的影响，如果知觉对象的特征明确，

人们就会迅速准确理解，也就不会发生偏差或错误。如果知觉对象的特征模糊，人们常常无法理解或产生错误的理解。

知觉的理解性是以知识经验为基础的，知识经验越丰富，对知觉对象的理解就会越深刻、越全面，如一个有经验的医生在X光片上能看到一般人观察不到的病变，一个有经验的操作工人能够在机器运转的声响中辨别它是否出现故障。此外，知觉的理解性还受到语言指导的影响。例如，在面对形状多种多样的云彩时，如果有人说这是“在奔跑的豹子”，同伴可能立刻就能看出云彩的猎豹的轮廓。

4. 知觉的恒常性

知觉的恒常性是指当知觉熟悉的对象时，尽管部分条件发生了变化，但被知觉的对象仍然保持相对不变的特性。恒常性的种类包括形状恒常性、大小恒常性、亮度恒常性和颜色恒常性等。例如，在阳光照射下，西瓜的影子被拉长，形成椭圆，但人们却依旧把西瓜知觉为圆形，这就是形状恒常性。

知觉的恒常性主要受人的知识经验的影响。知觉者的知识经验越丰富，越有助于产生知觉的恒常性。在幼儿的生活和学习中，知觉的恒常性有着重要的意义，它有利于幼儿正确认识和适应环境，恒常性消失，幼儿对事物的认识就会失真，学习与生活就会遇到困难。

案例分析

豆豆和苗苗在看一本黑白的漫画书，豆豆指着黑色的太阳对苗苗说：“这是一个晴天，红红的太阳公公出来了。”

思考：这体现了知觉的什么特性？

三 学前儿童感知觉的发展的特性

（一）学前儿童感觉的发生

1. 视觉

视觉是人最重要的感觉，人大约有80%的信息都来自视觉。视觉最初发生在胎儿中晚期，4～5个月的胎儿已有了视觉反应能力及相应的生理基础。研究表明，新生儿出生仅几个小时就会注视母亲的面孔（Borni，1985），新生儿的视觉能力表现在视觉探索和视觉集中上。

（1）视觉探索。

海思（Haith，1980）通过研究新生儿眼球的运动轨迹，发现视觉探索存在着空白视野规律，[①]空白视野规律表现为以下几点。

①新生儿在清醒时，只要光线不太强，都会睁开眼睛。

②在黑暗中，新生儿也保持对环境有控制的、仔细的搜索。

③在光亮适度的环境中，面对无形状的情景时，新生儿会对相当广泛的范围进行扫视，并搜索物体的边缘。

④一旦发现物体的边缘，新生儿就会停止扫视活动，视觉停留在物体边缘附近，并试图用视觉跨越边缘。若边缘离中心较远，视觉不可能达到时，幼儿就会继续搜索其他边缘。

⑤当新生儿的视线落在物体边缘附近时，便会去注意物体的整体轮廓。例如，新生儿在观看白色背景上的黑色长方体时，他的视线会跳到黑色轮廓上，并在其附近徘徊。

（2）视觉集中。

新生儿的视觉调节机能较差，视觉焦点很难随客体远近的变化而变化。研究表明，婴儿要到2个月时才能自己改变焦点，直到4个月时才能像成人那样看清不同距离的客体。对光的视觉探索和对物体的视觉集中都是新生儿视觉反应的明显表现，是视觉发展的前提。日常生活中，父母可以观察新生儿有无视觉探索现象、是否能够用眼睛追随移动的物体，通过这种方式来判断新生儿的视觉发育是否正常。

幼儿视觉的发展表现在两个方面：视敏度的发展和颜色视觉的发展。

①视敏度。

视敏度也叫视觉敏锐度，指人精确地辨别细小物体或远距离物体的能力，即人们通常所说的视力。视敏度的发展需要依靠眼的晶状体的变化来调节，需要依靠控制眼动的能力，还需要依靠中枢神经系统对视觉信号加以辨认，而不是单纯依靠原始的视觉反应。

研究者对4～7岁的幼儿进行视敏度的调查，在不同年龄段幼儿面前出示同一幅画有缺口的圆形图，让幼儿站在一定距离外观看，测量幼儿刚刚能够看到缺口的距离。结果是4～5岁幼儿的平均距离为207.5厘米，5～6岁幼儿的平均距离为270厘米，6～7岁幼儿的平均距离为303厘米。如果把6～7岁幼儿的视敏度发展程度假设为100％的话，那么4～5岁幼儿为75％，6岁幼儿为90％。

可见，视敏度随着年龄的增长而不断提高，但不同年龄段发展的速度不均衡。5岁是视敏度发展的转折期。根据幼儿视敏度发展的特点，幼儿活动室的采光要充足，桌椅高度要考虑幼儿的身高，还要考虑教具与幼儿之间的距离，培养幼儿良好的用眼习惯，这样才有利于幼儿视敏度的发展。

① 周念丽．学前儿童发展心理学［M］．3版．上海：华东师范大学出版社，2014：14.

知 识 链 接

视动眼球震颤测验

视动眼球震颤测验是测查新生儿视敏度而采用的一种方法。具体做法是：用一个有条纹的图案（如图 2-9）在婴儿头上转动，如果婴儿能够辨别条纹的模式，他就会做出一定的反应。

图 2-9　视动眼球震颤测验

②颜色视觉。

颜色视觉又叫辨色能力，是指区别颜色细微差异的能力。人眼在视网膜上有三种视锥细胞，分别对产生红色、绿色、蓝色的光波敏感。红、绿、蓝三色被称为光学三原色，其他颜色均由红、绿、蓝三种感官色素混合，并将信息传输到脑中枢整合而成。新生儿是看不见色彩的，在他们的眼里，世界被知觉为黑白灰的世界。

幼儿颜色视觉发展迅速，研究表明：婴幼儿在 3～4 个月时就能分辨彩色和非彩色，红色能够引起婴幼儿的兴奋，并出现视觉偏好，即喜欢带颜色的物体，而不喜欢无色的物体。幼儿初期已能初步辨别红、橙、黄、绿、蓝等基本色，但在辨别混合色和近似色时往往较困难，也难以说出颜色的正确名称；幼儿中期大多数能认识基本色的近似色，并能说出基本色的名称；幼儿晚期不仅能认识颜色，而且能运用各种颜色调出他们需要的颜色，并能准确地说出混合色和近似色的名称。

根据幼儿颜色视觉发展的特点，教师和家长在教育中要注意指导幼儿掌握明确的颜色名称，让幼儿多接触各种颜色，也可以通过近似色的对比来指导幼儿辨色。成人要注意幼儿的用眼卫生，保

护幼儿视力，帮助幼儿养成良好的生活习惯；提供适宜的居家环境，培养幼儿良好的阅读习惯，重视幼儿的读写卫生；帮助幼儿养成良好的看电视或玩电脑的习惯，限制他们近距离用眼的时间；教育孩子眯眼或眼睛受伤时，不要用脏手揉，应及时找大人处理；经常检查幼儿的视力，发现视力减退时要及时治疗。

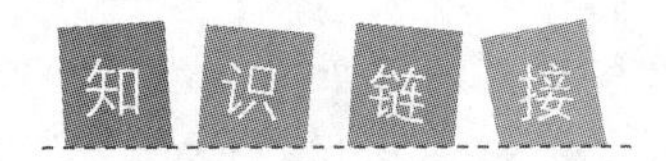

色盲和色弱

先天性色觉障碍通常称为色盲，它的症状是不能分辨自然光谱中的各种颜色或某种颜色；而对颜色辨别能力差的则称为色弱。色弱的人，虽然能看到正常人所看到的颜色，但辨认颜色的能力迟缓或很差。在光线较暗时，有的色弱几乎和色盲差不多，或表现为色觉疲劳，它与色盲的界限一般不易严格区分。色盲与色弱多因先天性的因素造成，男性患者远多于女性患者。

2. 听觉

人们借助听觉来辨别声音的高低、强弱和音色，并以此来判断发生的方位、距离以及意义。

（1）胎儿听觉的发生发展。

关于胎儿的研究结果表明，胎儿耳朵的构造（外耳道）大约在妊娠6个月时就基本发育完全，5～6个月的胎儿已经建立起听觉系统。美国著名儿科医生布雷顿曾做过一个有趣的实验：妊娠7个月的母亲在B型超声（简称B超）的荧光屏前观察胎儿对声音的反应，当胎儿觉醒并听到母亲腹壁外的咯咯声时，头会转向声音发出的方向。

（2）新生儿听觉的发展。

新生儿从一出生就有听觉反应，新生儿不仅能听见声音，还能区分声音的高低、强弱、品质和持续时间等。有研究将人声和物体的声音做比较，发现新生儿更爱听人的声音，最爱听母亲的声音。新生儿也喜欢听柔和、高音调的声音。

（3）幼儿听觉的发展。

幼儿的听觉感受性有着很大的个体差异，但总体来说，幼儿的听觉感受性随着年龄的增长而不断提高。5～6岁的幼儿在55～65厘米处能够听见手表指针走动的声音，6～8岁的儿童在100～110厘米处就能听到。但成年后，人的听力逐渐有所下降。幼儿辨别语音的能力是在言语交际过程中发展和完善起来的，幼儿中期，幼儿可以辨别语言的细微差别，幼儿晚期基本能够辨别本民族语言所包含的所有语音。为了促进婴幼儿听觉的发展，家长可让婴幼儿寻找声源，给婴幼儿买会发声的玩具，多和婴幼儿交流。

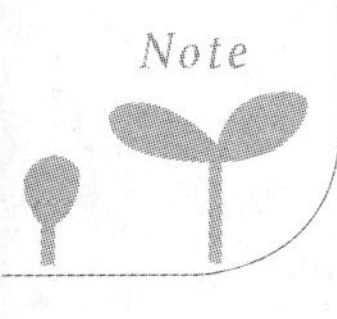

（4）幼儿听觉的保护。

噪声环境对人的听觉是有害的。人的声音理想环境是15～35分贝，10分贝的音强大约相当于离耳朵两步远的轻声耳语，大声说话时音强可达60～70分贝，60分贝以上的噪声就会使人产生不舒服的感觉。

幼儿园是幼儿集中的地方，幼儿又非常容易兴奋，易产生噪声污染。首先，教师应加强对幼儿说话方式的教育引导，让幼儿用适当的音量说话。其次，教师应引导幼儿注意用耳卫生。长时间佩戴耳机听音乐等会损害幼儿的听力，戴耳机的时间一次不要超过20分钟。最后，幼儿抵抗力差，感冒、发烧等疾病容易引起幼儿的中耳炎。成人发现幼儿听力有问题时，要及时给予治疗。

3. 触觉

触觉是肤觉和运动觉的联合，是幼儿认识世界的主要手段。人在触摸物体时，触觉帮助人感知物体的属性。触觉对人的认知过程和情绪的发展过程都有重要的作用，对于人的视听觉具有代偿作用。

（1）口腔触觉。

新生儿出生后就有口腔触觉，对物体的触觉探索最早也是通过口腔进行的。在相当长的时间内，幼儿喜欢把所有触手可及的东西放进嘴巴里。父母可能认为这是幼儿不讲卫生的表现，但实际上，幼儿通过把物体放进口腔的方式，来感觉物体的味道、硬度和温度等，以此来认知物体。因为在1岁之前，口腔探索是婴儿认知物体的重要手段。

案例分析

蕾蕾家的孩子快要到1岁了。蕾蕾最近发现孩子总喜欢捡东西放到嘴里，不论是吃的还是玩具，甚至有时候还会啃自己的毛绒拖鞋。俗话说病从口入，孩子总是这样，难免会有病毒细菌进入嘴里。为了治治孩子的这个行为，蕾蕾也是用尽了各种办法，可仍然无法改变这种情况。只要一眼没注意，孩子就会把东西放到嘴巴里，对此蕾蕾也是愁坏了。

思考：请分析以上案例，为什么蕾蕾的孩子总喜欢捡东西放在嘴巴里面呢？

（2）手的触觉。

当手的触觉探索活动发展起来以后，口腔的触觉探索逐渐退居次要位置。刚出生时，人就有本能的手的触觉反应，如抓握反射。在新生儿的抓握反射之后，婴儿会出现手的无意义性抚摸，也就是手无意碰到东西，如碰到被子的边缘，也会沿着被子的边缘抚摸。4～5个月时，婴儿手眼协调动作的出现，表明了婴儿开始通过手的触觉探索物体。7个月左右，积极主动的触觉探索发生，婴儿逐渐学会用手去摆弄物体，把东西握在手里，挤它或把它转来转去。

4. 味觉

胎儿3个月时，味觉系统就开始发育。在出生前，胎儿的味觉系统已发育成熟。新生儿一生下来就有了味觉，并且相当敏锐。这体现在新生儿明显偏爱甜物，厌恶酸苦的食物。在6～12个月这一阶段，婴儿的味觉发展最为灵敏。

成人要根据婴幼儿味觉的发展特点，适时促进婴幼儿的味觉发展。例如，在婴儿1.5个月左右时，成人可以适当地给孩子喂些橘子汁；3个月左右时，可以用筷子蘸各种菜汤让婴儿尝尝味道。不同的食物能够刺激婴儿的味觉，应避免长期食用单一口味的食物。婴儿很难断奶，依恋母乳很重要的原因就是没有及时给婴儿添加辅食，导致婴儿的味觉只适应母乳，而对其他食物的味道一概反感。

案例分析

小朋友们在玩看表情猜味道的游戏，老师分别先请4位小朋友乐乐、果果、可可和丫丫品尝4种食物，根据表情让其他小朋友们猜他们吃到的食物分别是什么味道的，而且要说一说是从哪看出来的，小朋友们通过观察猜出：

乐乐品尝的是辣味，因为他的舌头伸出来了，还在吸凉气，脸都变红了，手还不停地对着嘴巴扇风。

果果品尝的是甜味，因为他在笑呢，嘴角向上，眼睛弯弯的像月亮。

可可品尝的是苦味，因为他咧着嘴，皱着眉头，吐着口水。

丫丫品尝的是酸味，因为她的眼睛、鼻子、嘴被酸得揪在了一起。

思考：该案例中，体现了幼儿的哪种感觉？

5. 嗅觉

研究表明，胎儿在妊娠末期（6～7个月）已具有了初步的嗅觉反应能力，大致能够辨别不同的气味。新生儿能对各种气味做出不同的反应。例如，幼儿喜爱好闻的气味，讨厌或躲避难闻的气味。成人要根据幼儿嗅觉的发展特点来促进幼儿嗅觉的发展，可以将幼儿的生活物品如香皂、牙膏等给幼儿闻一闻，也可以带幼儿到户外闻一闻青草、鲜花的味道。

6. 痛觉

新生儿的痛觉感受性是很低的。在对新生儿的痛觉测查中，即使研究人员用针去刺新生儿最富有感受性的区域——鼻子、上唇和手，未足月的新生儿对强刺激都没有不愉快的表现，他们猜测可能是新生儿感受不到疼痛。但是成人对幼儿痛觉的敏感性有暗示作用，消极情绪会暗示幼儿，幼儿感觉疼痛会更加强烈。例如，幼儿跌倒了本不痛，但是父母表现出的过度紧张会使幼儿受到不良情绪的暗示，也开始哭起来。

童言童语

妈："宝贝，站起来吧。我们蹲太久了。"

娃："妈妈，我的腿怎么感觉一闪一闪的。"（蹲了太久，腿麻了）

（二）学前儿童知觉的发生

1. 空间知觉

空间知觉分为形状知觉、大小知觉、深度知觉和方位知觉等，是一种比较复杂的知觉，需要视、听、运动觉等多种分析器的协同活动才能实现。①

（1）形状知觉。

形状知觉是对物体形状的知觉，它依靠运动觉和视觉的协同活动。形状知觉是人类和动物共同具有的知觉能力，但人类的形状知觉能力比动物的高级，因为人类能识别文字。有些研究中，让幼儿用眼和手辨别不同的几何图形，依据幼儿表现来判断幼儿期的形状知觉发展水平。

"配对法""指认法""命名法"是用来调查3～5岁幼儿对几何图形的认知研究中常用的方法。已有研究发现，3岁幼儿基本能根据样例找出相同的几何图形，但很少能说出几何图形的名称。他们往往用自己熟悉的物体名称形容抽象的几何图形，例如把圆形称为太阳形。4岁是幼儿形状知觉发展的敏感期。5岁幼儿能正确辨别各种基本几何图形。

对幼儿来说，辨别不同的几何图形的难度有所不同，由易到难的顺序是圆形、正方形、三角形、长方形、半圆形、五边形、梯形、菱形等。小班幼儿能够正确辨认圆形、正方形、三角形、长方形等，中班幼儿在此基础上能够辨认半圆形、五边形梯形等，大班幼儿在教师的指导下能够辨认菱形、平行四边形和椭圆形等。

（2）大小知觉。

幼儿早期就开始认识大小。4岁左右的幼儿已经具备大小知觉的恒常性。例如，观察者距离一块积木越远，看到的形象越小，但观察者知觉到的积木大小并未变化。2.5～3岁这一阶段，幼儿已经能够根据言语指示拿出大皮球或小皮球。这个阶段，幼儿判断平面图形大小的能力急剧发展。3岁以后，幼儿判断大小的精确能力有所提高。

图形本身的形状，也会影响幼儿对图形大小判断的正确率。幼儿判断圆形、正方形和等边三角形的大小比较容易，而判断椭圆、菱形和五角形的大小比较困难。判断图形大小的策略，会随着年

① 程秀兰. 学前儿童发展心理学［M］. 西安：陕西师范大学出版社，2018：33.

龄的增长而逐步提高。4～5岁时，幼儿的策略是用手逐块地摸积木边缘，或把积木叠在一起去比较；而6～7岁时，在成人的指导帮助下，幼儿已经可以单凭视觉指出一堆积木中大小相同的积木。

（3）深度知觉。

深度知觉是判断自身与物体或物体与物体之间距离的知觉。实验表明，6个月大的婴儿已有深度知觉。深度知觉的发展受经验的影响比较大，婴幼儿的深度知觉随着经验的丰富逐步发展。幼儿对于熟悉的物体或场所可以区分远近，但不能正确认知比较空旷的空间距离。

（4）方位知觉。

方位知觉是指对自身或物体所处的空间位置的知觉，如对上下、左右、前后方位的知觉。研究表明，3岁幼儿能够辨别上下方位，4岁幼儿开始能辨别前后方位，5岁能以自身为中心辨别左右方位，但仍有部分幼儿6岁时，还不能以自身为中心辨别左右方位。[①] 可见，幼儿的左右方位知觉发展缓慢，并给学习带来一定的困难，如一二年级小学生常常分不清b和d，或把3写反。

因此，在幼儿园教育活动中，教师应把左右方位词与实际情况结合起来。例如：教师说举起右手，小班幼儿不知道举哪只手，而说举起写字的手的时候，幼儿都能完成任务；在舞蹈活动时应使用镜面示范，以幼儿的角度来做示范动作，不能抽象地说左右，否则容易引起幼儿对方位的混乱。

知识链接

视崖实验

视崖实验是美国心理学家沃克（R. D. Walk）和吉布森（E. J. Gibson）于20世纪60年代设计的一种研究婴儿深度知觉的实验。

视崖装置的组成：一张1.2米高的桌子，顶部是一块透明的厚玻璃。桌子的一半（浅滩）是用红白图案组成的结实桌面，另一半是同样的图案，但这个图案是桌下面的地板（深渊）。在浅滩边上看，图案好像垂直降落到地面，但实际上图案上方覆盖有玻璃板。在浅滩和深渊的中间是一块0.3米宽的中间板。这项研究的被试者是36名年龄在6～14个月之间的婴幼儿。这些婴幼儿的母亲也参加了实验。每个婴幼儿都被放在视崖的中间板上，先让母亲在深渊的一侧呼唤自己的孩子，然后再在浅滩的一侧呼唤自己的孩子（见图2-10）。

结果发现，有9名婴幼儿拒绝离开中间板，当另外27位母亲在浅滩的一侧呼唤他们时，只有3名婴幼儿极为犹豫地爬过视崖的边缘。当母亲从视崖的深渊呼唤孩子时，大部分婴幼儿拒绝穿过视崖，他们远离母亲爬向浅滩的一侧，或因为不能够到母亲那儿而大哭起来。可见，婴幼儿已经意识到视崖深度的存在。

① 王双宏，黄胜．学前儿童发展心理学［M］．成都：西南交通大学出版社，2018：66．

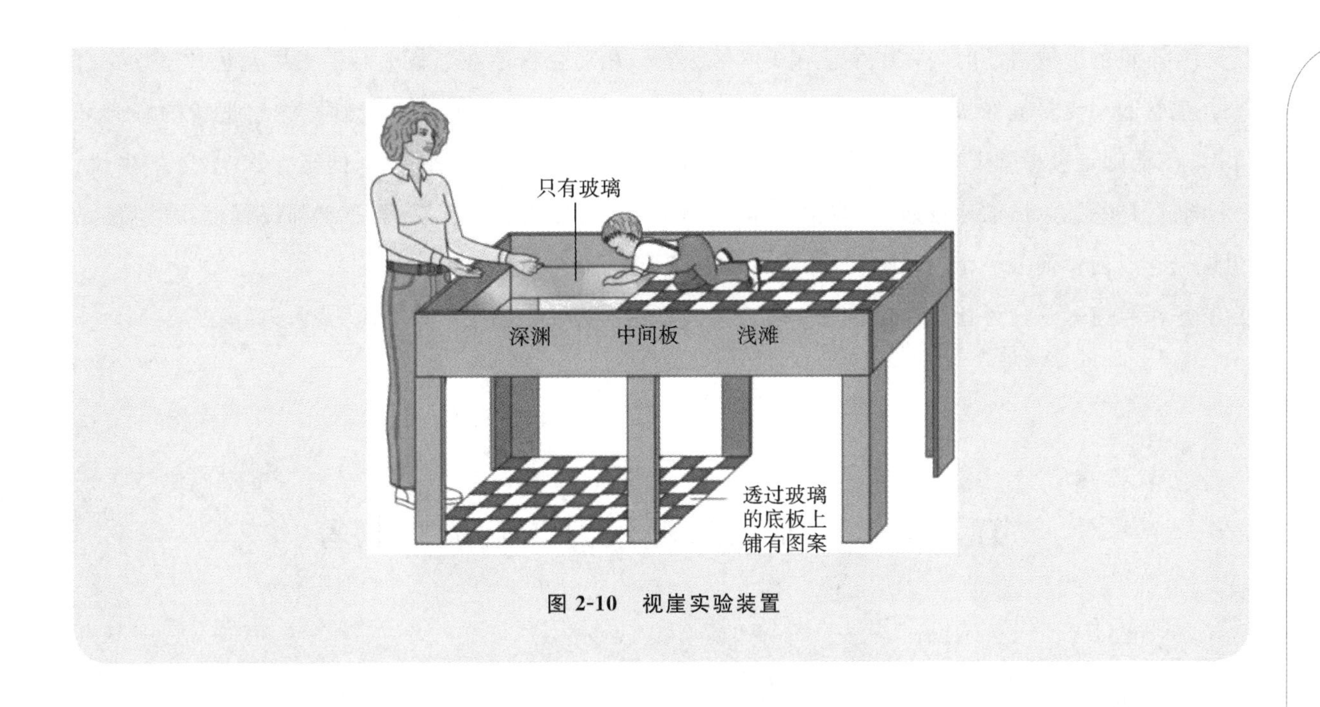

图 2-10　视崖实验装置

2. 时间知觉

时间知觉是对客观现象延续性、顺序性和速度的反映。幼儿感知时间常常是无意识的、不自觉的。3 岁幼儿主要以人体内部生理状态来反映时间，如生物钟及生物节律周期。例如，幼儿认为上午是去上幼儿园的时间，下午是妈妈来接的时间，晚上是睡觉的时间。幼儿中期能够理解昨天、今天和明天，但对于较远的时间，如前天、后天理解起来比较困难。随着年龄的增长以及外界教育的影响，学龄前晚期的幼儿开始能够辨别大前天、前天、后天、大后天，也知道今天是星期几，能够看懂钟表。[①] 但由于时间的抽象性，幼儿知觉时间的水平不高。

幼儿的时间知觉表现为以下的特点和发展趋势：第一，时间知觉的精确性与年龄呈正相关，也就是年龄越大，精确性越高；第二，时间知觉的发展水平与幼儿的生活经验呈正相关，也就是说生活制度和作息制度在幼儿的时间知觉中起着重要的作用；第三，幼儿对时间单元的知觉和理解有一个由中间向两端、由近及远的发展趋势，也就是幼儿最先理解天、小时，再理解周、月、分、秒等更大或更小的时间单元；第四，理解和利用时间标尺的能力与其年龄呈正相关，例如年龄越大，幼儿辨认时钟更准确。[②]

根据幼儿的时间知觉特点，教师和家长要用有规律的幼儿园生活帮助幼儿建立起较为准确的时间概念；也可以通过讲故事的方式，帮助幼儿掌握从前、古时候、后来和很久很久等与时间相关的词汇。

案例分析

① 张丽丽，高乐国. 学前儿童发展心理学［M］. 上海：华东师范大学出版社，2016：55.

② 余启泉，胡建中. 学前儿童心理学［M］. 南京：南京大学出版社，2019：47.

在小班的区域活动时间，牛牛正在美术区涂鸦，用蓝色粉笔在黑板上画上大块蓝色。悠悠走过来，也拿起一支粉笔在黑板上画起来。牛牛挡住悠悠，着急地喊："王老师，悠悠把我的画画坏了！"王老师走过来蹲下来说："牛牛画了一幅画，能跟我和悠悠讲讲你画的是什么吗？"牛牛说："东湖。"悠悠急急忙忙地接话："我去过东湖，明天爸爸带我去过东湖。"王老师解释道："悠悠是想说爸爸以前带你去过东湖对吧？"悠悠点点头。

思考：想一想，为什么悠悠会用"明天"来形容"去过东湖"？

第二课　学前儿童观察力的发展与培养

案例导入

旦旦已经上幼儿园大班了，班级里的图书角有很多图书。其中一本《找不同》深受旦旦的喜欢，他几乎每天不厌其烦地翻看那本书，但是每次总有几个"不同"会被遗漏。为什么会这样呢？如何帮助旦旦找全"不同"呢？

思考：这是幼儿观察力的细致性不强的特点，应该在日常生活中和幼儿园活动中培养幼儿的观察力。

一　观察的概念及品质

（一）观察的概念

观察是一种有目的、有计划的、比较持久的知觉过程，是知觉的高级形式。[①] 除了用眼、耳、鼻、舌和手等感官外，还必须积极思考，观察是有思维参加的高级的知觉过程。罗曼·罗兰曾说过："应当细心地观察，为的是理解；应当努力地理解，为的是行动。"可见，在适应世界的过程中，观察是人们学习现成知识、发现未知事物、认识客观世界的重要途径。

① 刘万伦．学前儿童发展心理学［M］．上海：复旦大学出版社，2014：56．

观察力就是观察事物的能力，也就是分辨事物细节的能力。[①] 观察力是智力结构的组成部分，是在实践活动中经过系统的训练逐渐形成和发展起来的。观察力包括精细的知觉能力、定向的注意能力和以分析比较为基础的选择性思维能力等。

（二）观察的品质

1. 观察的目的性

观察的目的性是指观察活动具有明确的方向与选择性。目的越明确，注意就越集中，感知越深刻，在观察时越不易受外界干扰。例如，让孩子们欣赏海底世界的图画，要求观察海底的贝壳时，目的性强的孩子能够一下就抓住贝壳的特征并加以描述，说出贝壳的颜色、形状及条纹等。目的性差的孩子，可能由于被其他物体（如巨大的鲸鱼）所吸引，对贝壳则视而不见，所以我们说无目的的感知只能称作一般感知，当感知活动具有明确的目的时才算观察。

2. 观察的客观性

观察的客观性是指善于实事求是地去知觉事物的品质。观察是对客观事物的有意知觉。尊重客观事实，科学地反映事物的本来面目，是观察的基本特性。

3. 观察的精确性

观察的精确性是指在观察中善于区分事物细微而重要的特征的品质，精确地知觉事物，才能发现事物有价值的特征，以提高观察的效应。

4. 观察的敏锐性

观察的敏锐性是指迅速地发现事物重要特征的品质。一个具备观察敏锐性的人，善于在平凡的事物中发现重要特征，观察的敏锐性是观察不可缺少的品质。

5. 观察的全面性

观察的全面性是指能按一定顺序观察事物的全过程、事物的各个构成部分及其相互联系等，并能认识事物的本质特征。观察是否全面取决于观察是否有序，以及是否动用了各种感官。“既见树木，又见森林”就体现了观察的全面性。

6. 观察的深刻性

观察的深刻性是指人们经常从观察中发现和提出各种问题。开展积极的思维活动，既能带着问题反复观察，归纳出变化的规律，又能对事物做出科学的判断。观察肤浅的人只能察觉到事物外在的联系和表面特征，观察深刻的人却能透过现象看本质，发现事物的内在联系。

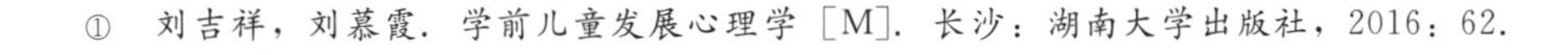

① 刘吉祥，刘慕霞．学前儿童发展心理学［M］．长沙：湖南大学出版社，2016：62．

二 学前儿童观察的发展特点

3 岁前的幼儿缺乏观察力，他们的知觉主要是被动的，是由外界刺激物的特点引起的，而且他们对物体的知觉往往和动作结合在一起。学前儿童观察力的发展在 3 岁后比较明显，幼儿期是观察力初步形成的阶段，其发展特点主要表现在以下几个方面。

（一）观察的目的性不强

幼儿初期的幼儿常常不能进行自觉的、有意识的观察，他们的观察或事先无目的，或在观察中忘记了目的，很容易受外界刺激和个人情绪、兴趣的影响。幼儿初期的幼儿不能接受观察任务，不能始终牢记观察目的，不善于自觉地、有目的地进行观察，往往东张西望或只盯着一处看，他们在观察过程中常常会忘掉观察任务。

幼儿中晚期时，幼儿观察的目的性明显提高，不仅能够按照活动任务进行活动，还有观察的主见。例如，在自由活动时间，幼儿会说“我今天要去看南瓜开花了没有，你也去吗”，这是幼儿开始具有自我设定的观察目的的表现。

案例分析

教师给小班幼儿准备了许多图片，要组织幼儿活动“找图片”。在活动开始前，教师提出了观察任务“找出有小鸟的图片”，但是在观察寻找的过程中，幼儿往往会被其他好玩的玩具所吸引，最后只有一两个幼儿完成了任务。

思考：为什么会出现这种现象？

（二）观察的持续性不长

随着观察的目的性增强，观察的持续性也不断发展。从幼儿初期到幼儿晚期，随着年龄的增长，观察的目的性增强，观察持续的时间也随之延长。除此之外，观察的持续性还受到幼儿喜好的影响，对于喜欢的东西，幼儿观察的时间就会长一些；对于不喜欢的东西，观察时间就会短一些。例如，幼儿观察喜欢的动物时，时间可达 5～6 分钟，观察盆景时只能维持 1～2 分钟，因为前者是活动多变的，幼儿更加感兴趣，后者是静止不动的物品，不能引起幼儿的兴趣。研究表明，3～4 岁的幼儿坚持观察图片，一次的持续时间平均只有 6 分 8 秒，5 岁增加到 7 分 6 秒，6 岁可达 12 分 3 秒。

（三）观察的系统性不强

在观察过程中，幼儿常常不能按照一定的顺序从左到右、从上到下、从整体到部分进行观察，时常是东看一会儿，西看一会儿，甚至无法找出两个物体或两张图片的异同，不会将两个物体或两张图片中的相应部分进行逐一比较。有研究表明，3 岁幼儿在观察图片时，眼动轨迹杂乱无规律，视线或停留在图片的某个部位，或在某个部位来回扫视，而不会沿着图形的轮廓移动。4～5 岁幼儿的眼动轨迹逐渐符合图形的轮廓，但仍有不少错误。6 岁幼儿的眼动轨迹基本能够符合图形的轮廓。可见，在学前期，幼儿观察的系统性不强，但随着年龄的增长而显著增强。

（四）观察的概括性不高

观察的概括性是指能够观察到事物之间的联系。幼儿初期只能观察到个别事物的表面现象，看不出事物之间或事物各个部分之间的联系，得到的是零散的、孤立的现象。这些不系统的信息，使得幼儿无法察觉到事物的本质特征。例如，当幼儿看两幅图画，其中一幅的内容是小孩在玩球，另一幅是球把玻璃打碎了，小班幼儿往往说不出这两幅图画之间的因果关系。幼儿中晚期的幼儿能够有序地进行观察，能够观察到事物之间的联系，并获得对事物各部分之间的关系的认知。他们观察的结果也接近事物的本来面目，因此能够顺利地概括出事物的本质特征。可见，在学前期，幼儿观察的概括性不高，但随着年龄的增长而增强。

（五）观察的细致性不强

幼儿的观察一般是笼统的，观察不细致是幼儿观察的特点。他们能看到色彩鲜艳的、体积大的、有变化的物体，却看不见能够代表事物实质但不显眼、不突出、比较细致的部分，甚至有时候会发生错误。例如，小班幼儿可能分不清柿子和西红柿。

（六）观察的方法较少

幼儿的观察最初依赖外部动作，之后逐渐内化为以视觉为主的内心活动。幼儿初期的观察活动，幼儿时常要边用眼睛看，边用手指点。例如，要求幼儿找出图画中的某一物体时，他总用手指点着每一个形象，直到找到所需要的物体。幼儿中期，幼儿有时可以用点头或者语言指导来代替手的指点。幼儿晚期则可以摆脱外部支持，借助内部语言来控制和调节观察活动。

三 学前儿童观察力的培养

（一）引导幼儿明确观察的目的和任务

在观察活动中培养幼儿的目的性，首先就要使幼儿明确要寻找什么，使观察具有明确的选择性和针对性。因为幼儿观察的目的性较差，好奇心又强，在观察过程中经常偏离所观察的目标。若观察的目的和任务明确，幼儿对观察对象的感知就更完整、更清晰；观察目标和任务不明确，幼儿容易东张西望、不得要领，对观察对象的感知就容易模糊、零散，无法完成观察任务。

其次，引导幼儿明确观察的目的和任务需要发挥教师的言语指导作用，教师可以在观察前提出问题，对幼儿进行启发和引导。例如，为了让幼儿观察辣椒的形状，教师可以带领幼儿到种植园去观察辣椒，教师可以事先对幼儿说："老师今天要带小朋友们到种植园，去看一看辣椒的形状是怎么样的？看看哪个小朋友看得最认真。"要注意的是，成人指导语的性质往往影响幼儿观察的水平。例如，"有什么东西"的指导语容易引导幼儿观察个别事物，而"在做什么"和"画的是什么东西"的指导语，可以使幼儿倾向于从整体观察。

再次，幼儿观察的目的和任务要根据幼儿年龄的不同体现出差异性。例如，观察鞋子的主题，小班幼儿观察的内容可以是"鞋子有什么颜色""鞋子的大小"，中班幼儿可以观察"不同种类鞋子的外形有什么不一样"，大班幼儿可以观察"鞋子的材质是什么"。

（二）激发幼儿的观察兴趣

爱因斯坦曾说，兴趣是最好的老师。这就是说，一个人一旦对某事物有了浓厚的兴趣，就会主动去求知、去探索。当幼儿对观察对象充满了兴趣，才会有探究的冲动，观察才能由被动转为主动。

幼儿喜欢观察色彩鲜艳、新奇、大而清晰的物体和图像。在日常生活中，教师要利用幼儿好奇的特点引导幼儿进行观察。在出示观察对象时，教师要注意出示方式的变化，避免单一的观察对象降低幼儿观察的兴趣。例如，在认知兔子时，教师就可以出示黑、白、灰等多种颜色的小兔子，让幼儿掌握兔子的本质特征而不是拘泥于白色的兔子。教师也可以通过创设良好的观察情境来激发幼儿的观察兴趣。例如，为了让幼儿认知各种各样的交通工具，可以让幼儿把家里各种各样的仿真交通玩具和图片带到幼儿园，向幼儿展示印有交通工具的书，播放有关交通工具的教科片。

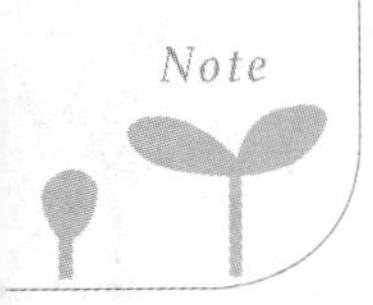

（三）充分调动幼儿的多种感官参与

幼儿在进行观察时，应运用多种感官参与观察活动，这样有利于幼儿形成物体的立体知觉形

象，增强观察效果。客观事物的特征有很多种，如颜色、大小、形状、声音和气味等，教师要引导幼儿充分调动视、听、触觉等方面的感官去感知事物各方面的特征，让幼儿多听、多看和多摸，以加深幼儿对事物特征的感知。例如，观察青蛙的活动，不但可以通过视听感官进行，还可以让幼儿用手触摸，并学一学青蛙是怎么跳的，从而帮助幼儿形成有关青蛙的完整印象。

要注意的是，教师要特别保护幼儿的各种感官，人所获得的信息有90%以上是通过视觉、听觉传入大脑的，因此，训练幼儿的观察力时，要注意保护各种感官，尤其是对眼睛的保护。同时，教师要重视幼儿的感官卫生教育，要经常提醒幼儿注意用眼、用耳的卫生，养成良好的用眼、用耳习惯。

（四）教给幼儿正确的观察方法

在观察客观事物时，由于经验和认知能力的限制，幼儿容易抓不住要点。因此，教师要引导幼儿掌握正确的观察方法，知道先观察什么、后观察什么、怎样去观察。帮助幼儿学会从上到下或从下到上、从里到外或从外到里、从左到右或从右到左、从远到近或从近到远、从整体到局部有顺序地观察。

案例分析

在开展大班语言活动《谁替我把雪扫》时，教师需要先引导幼儿观察图画（如图2-11），再让幼儿试着讲述图片内容和故事。那该如何指导幼儿进行观察呢？

思考：教师可以指导幼儿先观察画上有一位老爷爷和一群小朋友，老爷爷手里拿着一把扫帚，他正推开房门，4个小朋友躲在门后面，手里也拿着笤帚。然后观察老爷爷家门前小路上的积雪已经被打扫得干干净净，在此基础上再引导幼儿进一步思考“老爷爷家门前的雪是谁扫的”“这4个小朋友为什么要躲在门后面”“他们手里为什么拿着笤帚”“扫雪和他们有没有关系”等问题，使幼儿逐步概括出老爷爷、小朋友和雪之间的内在关系，概括出图画的主要内容。

图2-11　谁替我把雪扫

知识链接

（1）次序法。培养孩子的观察力，要锻炼幼儿的次序感，观察要按从头到尾、从上到下、从前到后、从左到右、从整体到局部的次序进行。例如，观察一个房子应从外到里或从里到外观察房子的结构层设等特征；观察图片的一般步骤是先整体、后部分，再由部分到整体。观察动物时，一般先观察头，再观察身体，然后是其他部分。

（2）比较法。把两种不同但又比较相似的物品放在一起，然后幼儿找出他们的相同点和不同点，这样幼儿对物品的印象就更加深刻了。例如，柿子和西红柿相似，就让幼儿对比两者，看看他们的外形、表皮及品尝味道的异同之处，通过对照比较就会加深对柿子和西红柿的认识。

要注意的是，在指导幼儿观察时应把握以下五点。

①仔细分辨图片、实物及某一观察情景中的各主要物体或主要部分。

②看清各主要物体或主要部分的外形特征、动作姿态。

③确定各主要物体或主要部分间的相互关系。

④再进一步分析细节，如图片中的背景、陪衬物等。

⑤最后概括、综合及理解事物各方面的关系和联系，如人与人之间、人与物之间、人与事之间、事与物之间、物与物之间的关系，从而把握观察对象的主要内容，理解观察对象的整体意义。

思考与练习

一、单项选择题

1. 小班幼儿观察鞋子时，下列哪条目标最符合他们的发展水平？（　　）

A. 鞋子的颜色　　B. 鞋子的外形　　C. 鞋子的材质　　D. 鞋子的作用

2. 关于感受性和感觉阈限的说法错误的是（　　）。

A. 刚刚引起感觉的最小刺激量叫作绝对感觉阈限

B. 刚刚引起差别感觉的刺激物间最小的差异量叫作差别感受阈限

C. 感受性与感觉阈限成反比关系

D. 差别感觉阈限也叫绝对感觉阈限

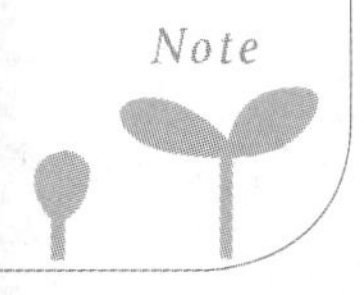

3. 一切复杂的心理现象都将成为 “无源之水” “无本之木”。(　　)

A. 感知觉　　B. 记忆　　C. 想象　　D. 思维

二、 简答题

1. 简述如何培养幼儿的观察能力。
2. 简述感觉的特性。

三、 分析题

王老师在黑板上画海洋动物时，用白粉笔画鱼群，用红粉笔画螃蟹。他为什么这么做？他运用了哪些知觉的规律？

实践与实训

实训： 设计一个培养幼儿观察能力的活动， 实施后并结合幼儿表现改进活动。

目的： 掌握幼儿观察能力的发展特点，并能在教育实践中利用其发展特点。

要求： 根据幼儿观察能力的发展特点，小组合作设计活动，并分工完成活动实施、过程观察和活动改进的任务。

形式： 小组合作。

第三节　学前儿童记忆的发展

◇学习目标

1. 知识目标：理解记忆的概念、分类、过程、作用和影响因素。

2. 能力目标：掌握记忆的发展特点，初步掌握培养学前儿童记忆能力的方法。

3. 情感目标：对学前儿童记忆发展感兴趣，愿意运用记忆的相关知识来促进儿童记忆的发展。

◇情境导入

乐乐今年3岁了，妈妈为了培养她对国学的兴趣，开始教她背诵一些唐诗宋词，虽然乐乐不懂诗词的意思，但跟着妈妈读几遍就记住了。可是不到一天，她就想不起来了，继续朗读背诵之后，不到两天又忘记了。于是妈妈要求乐乐每天都要读几遍，这么反复几次之后，乐乐终于不会忘记了。

实际上，乐乐的行为表现与人类的一种重要的学习能力密切相关，那就是记忆。那什么是记忆？记忆的基本过程包括哪些？幼儿记忆的发展具有什么特点？如何培养幼儿的记忆？通过本节的学习，这些问题我们都会有答案。

童言童语

放学后，爸爸和女儿的对话。

女儿："爸爸，妈妈怎么还不结婚呀？"

爸爸："妈妈结婚了呀，已经和爸爸结婚了。"

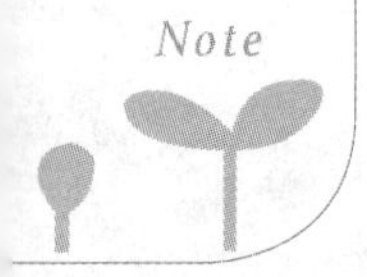

女儿："那妈妈怎么还不生小宝宝呢？"

……

第一课　记忆的概述

记忆的概念

记忆是过去经历的事情形成了某种个体经验并在头脑中积累和保存的过程。简单来说，记忆就是人脑对过去经验的反映。人们感知过的事物、思考过的问题、体验过的情感、练习过的动作等，都可以成为记忆的内容。这些过去的经验会在人们头脑中留下不同程度的印象，在一定条件下还能呈现出来，这就是记忆。例如，幼儿可以背诵学过的古诗，表演学过的舞蹈，哼唱听过的儿歌等。

信息加工理论认为，记忆是人脑对外界输入的信息进行编码、存储和提取的过程。只有经过编码的信息才能被记住，编码就是人脑加工、改造输入信息的过程，编码是记忆过程的关键阶段。

记忆不同于感知觉，感知觉是人脑对直接作用于感官的事物的认知，而记忆是人脑对过去经历过的事情的反映。例如，当分别多年的老朋友不在我们眼前时，我们仍然能想起他们的音容笑貌和言谈举止，当再次见面时还能认出来。

记忆是保存个体经验的形式之一。个体保存经验的形式是多种多样的，除了记忆，书籍、雕塑、绘画等社会文化形式都可以保存个体经验。但是，只有在人脑中保存个体经验的心理过程才叫记忆。[①]

记忆的分类

（一）根据记忆内容分类

根据记忆内容的不同，记忆可以分为运动记忆、情绪记忆、形象记忆和语词记忆。

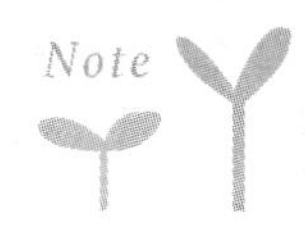

① 张丽丽，高乐国. 学前儿童发展心理学［M］. 上海：华东师范大学出版社，2016：79.

1. 运动记忆

运动记忆是以过去的运动状态和动作技能为内容的记忆。例如，幼儿对体育运动、生活技能和舞蹈动作的记忆。运动记忆与其他记忆类型相比，易保持和恢复，不易遗忘。例如，一个人即使长时间不骑自行车和游泳，也依然记得如何骑车和游泳。运动记忆是幼儿最早出现的记忆形式，在出生后两周左右出现，如婴儿吃奶时对吸吮动作的记忆。

2. 情绪记忆

情绪记忆是以体验过的情绪情感为记忆内容的记忆。例如，一个人时隔多年仍然记得收到大学录取通知书时的愉悦心情。人们常说的“一朝被蛇咬，十年怕井绳”实际上也是一种情绪记忆，是一个人对被蛇咬时的恐惧情绪的记忆。情绪记忆的出现稍晚于运动记忆，大约在出生后 6 个月左右。积极愉快的情绪记忆对人的行为具有激励作用，而消极不愉快的记忆对人的行为具有负面影响。

3. 形象记忆

形象记忆是以所感知的事物的具体形象为内容的记忆。形象记忆可以是视觉、听觉、味觉、嗅觉、触觉的。例如，我们听过的音乐、品尝过的美食、闻过的气味、触碰过的物体等都属于形象记忆的内容。形象记忆在婴儿 6～12 个月之间出现，具有鲜明的直观性。

4. 语词记忆

语词记忆是把语言符号材料作为内容的记忆，是以概念、推理和判断等为主要对象的抽象化的记忆。例如，人们对数学、物理、化学中定理、定律、公式的记忆，对心理学相关概念的记忆等。语词记忆具有高度的概括性、抽象性、理解性、逻辑性，与其他记忆类型相比出现得最晚，在婴儿 1 岁左右才会出现。

每个人都有这四种记忆，且它们之间是相互联系、不可分割的。实际上，个体在记忆的过程中，往往需要两种及以上的记忆类型参与。需要注意的是，这四种记忆类型的发展优劣存在个体差异。例如，与普通人相比，数学家的语词记忆发展得更好，运动员的动作记忆发展得更好，艺术家的形象记忆发展得更好。

（二）根据记忆时间分类

根据信息保持时间的长短，记忆可分为感觉记忆、短时记忆和长时记忆。

1. 感觉记忆

感觉记忆也叫瞬时记忆、感觉登记。当客观刺激物停止作用后，感觉信息在极短的时间内被保存下来，是个体通过视觉、听觉、嗅觉和触觉等感觉所引起的短暂记忆。例如，我们在生活中有这样的经历，当我们注视了灯光之后，马上把灯关掉，在很短的时间内我们还能保持对它的印象。再如，电影呈现在屏幕上是一幅幅静止的图像，但是我们在观看的时候却会把这些图像看成是在运动的，这也是感觉记忆存在的结果。

感觉记忆有几个特点：一是时间极短，感觉记忆的存储时间是0.25～2秒；二是容量较大，例如我们在逛街时，看一眼人群就可以捕捉到大量的信息；三是信息原始，感觉记忆中的信息未被个体注意，未经过心理加工；四是图像鲜明，感觉记忆中的信息未经加工和处理，形象很鲜明。[①]

2. 短时记忆

感觉通道中的大部分信息来不及被加工就迅速消退，只有小部分信息被注意到从而获得进一步加工，进入短时记忆。短时记忆也叫操作记忆，是感觉记忆和长时记忆的中间阶段，获得的信息在头脑中保持时间不超过1分钟。例如，我们为了拨打电话，临时记住了电话号码，打完电话后，可能就将电话号码遗忘。短时记忆的容量有限，一般为7±2个组块或单位。

3. 长时记忆

长时记忆是指经过充分的和一定深度的加工后，所获取的信息在头脑中的存储时间超过1分钟，甚至终生不忘的记忆。例如，有些人年老的时候还能清楚地记得几十年前发生的事情。长时记忆的信息来源大部分是将短时记忆的内容进行加工和重复，也有可能是由于印象深刻而一次获得。长时记忆容量是记忆系统中最大的，甚至没有限度，能容纳个体所能记住的所有的个体经验。因此，长时记忆有两个特点：一是保持时间长，二是容量非常大。

感觉记忆、短时记忆、长时记忆这三者之间的区分是相对的，它们之间是相互影响、相互联系、相互制约的关系。任何信息只有经过感觉记忆和短时记忆，才能进入长时记忆，没有感觉记忆的登记和短时记忆的加工，外界信息就不可能长时间存储在记忆中。

（三）根据记忆的目的性和意志性分类

根据记忆是否有目的，是否需要意志努力，可以将记忆分为无意记忆和有意记忆。

1. 无意记忆

无意记忆是指没有预定目的，不需要意志努力，也无须采用专门有效的方法，自然而然发生的记忆。例如，人们会记得看过的电影和电视剧，听过的有趣的故事，个人的一些生活经历等，个体在获取这些信息时可能并没有记忆的意图，但是这些信息在某个时刻却能在脑海中出现，这些都属于无意记忆。幼儿阶段，教师经常强调“耳濡目染”“榜样示范”“潜移默化”等教育思想，实际上就是肯定了无意记忆在幼儿记忆培养教育中的重要作用。

2. 有意记忆

有意记忆是指具有预定目的，需要意志努力，采用一定的方法和步骤进行的记忆。例如，学生学习一套广播体操、在课堂上记忆教师讲的内容、有意识地背诵课文等，都属于有意记忆。有意记忆是个体积累知识经验、动作技能的主要途径，在个体的学习活动中占据极其重要的地位。

① 张丽丽，高乐国．学前儿童发展心理学［M］．上海：华东师范大学出版社，2016：83．

（四）根据对记忆材料的理解程度分类

根据对记忆材料的理解程度，可以将记忆分为机械记忆和意义记忆。

1. 机械记忆

机械记忆是指个体对记忆材料内容不理解，单纯地依靠机械重复的方式进行的记忆。采用机械记忆一般有两种情况：一是材料本身有意义，但是太过深奥、抽象，个体一时难以理解，只能采用简单重复的方式去记忆，例如，对高难度的定理和公式的记忆；二是材料本身无任何联系，只能靠机械记忆，例如，电话号码、历史学年代、人名、地名等。

2. 意义记忆

意义记忆也叫逻辑记忆、理解记忆，是指在理解记忆材料的基础之上，利用材料的内在联系或新旧知识经验之间的联系进行的记忆。意义记忆一般有以下两种表现形式：一是材料本身有意义，个体可以理解其意义，例如，对学过的课文、化学反应定律、物理学原理的记忆；二是材料本身不具有意义，但是个体可以根据已有的知识经验赋予材料某种意义。

（五）根据意识参与程度分类

根据记忆过程中个体意识的参与程度，将记忆分为外显记忆和内隐记忆。

1. 外显记忆

外显记忆是指在意识地控制下，过去经验对个体当前活动的一种有意识的影响。它对行为的影响是个体能够意识到的，因此又叫作受意识控制的记忆。例如，自由回忆、线索回忆等都是外显记忆。

2. 内隐记忆

内隐记忆是指个体在无意识的情况下，过去经验对当前活动的无意识的影响。记忆对行为的影响是自动发生的，个体无法意识到，因此又可以称为自动的无意识记忆。例如，很久以前你学过法语，现在要你写出法语单词，你却一个也写不出来了，但是如果重新学习的话，会比第一次学习更加省时省力。①

研究表明，内隐记忆与外显记忆之间有许多不同之处，具体体现在以下几方面：第一，加工深度的影响，刺激物加工的深入程度会影响个体的外显记忆，但是不会影响内隐记忆效果；第二，保持时间的差异性，与外显记忆相比，内隐记忆随时间的延长而发生的消退要慢得多；第三，记忆负荷量的影响，记忆项目越多，个体的外显记忆效果越差，但是内隐记忆不会受到影响；第四，呈现方式的影响，以听觉形式呈现的刺激以视觉形式进行测验时，这种感觉通道的变化会影响内隐记忆的效果，但是不会影响外显记忆的效果；第五，干扰因素的影响，外显记忆很容易受到无关信息的干扰，而内隐记忆不易受到干扰。

① 彭聃龄. 普通心理学［M］. 修订版. 北京：北京师范大学出版社，2002：239－242.

三 记忆的过程

记忆是一个从“记”到“忆”的过程，“记”包括识记、保持，“忆”是指回忆。也就是说，记忆是由识记、保持、回忆三个环节构成。

（一）识记

识记是记忆的开始阶段，是个体通过反复感知从而识别并记住事物的过程。从信息加工的观点来看，识记就是信息的编码过程。识记的过程就像在硬盘中录入数据一样，硬盘就是人的大脑，数据就是外界的信息，将外界信息转化为计算机语言录入硬盘中保存，就像人脑记住了各种信息。

（二）保持

保持是记忆的第二环节，也是中心环节。它指的是将识记过的事物在大脑中进一步巩固和强化的过程，把输入的信息与已有的知识经验进行比较和联系，并将新的信息纳入已有的知识系统中。从信息加工的观点来看，保持就是信息的存储过程。能否将信息进行保持及保持时间的长短，是记忆力强弱和记忆力品质高低的重要标志。

（三）回忆

回忆是指从人脑中查找已有信息的过程，是记忆的目的与结果。回忆包括两种水平：再认和再现。从信息加工的观点来看，回忆就是信息的提取过程。

再认是指过去经历过的事物再次出现时，能够进行识别和辨认，是一种低水平的回忆过程。例如，幼儿出去旅游时参观过某一景点，当他在电视中看到这一景点时，会说出自己曾去过这里。再现是指过去经历过的事物不在眼前时，能够在头脑中重新呈现出来，是一种较高水平的回忆过程。例如，幼儿曾经参观过某一景区，当听到其他人提到这个地方时，他的脑海里就浮现出景区的优美景色。

再认和再现都是从大脑中提取信息的过程，二者没有本质的不同，只是程度具有差异性。再认是再现的基础，能再认的不一定能再现，能再现的一定能再认。

记忆是一个完整的过程，三个环节相互联系、相互制约，缺一不可。其中，识记是保持的基础，没有保持也就没有回忆，而回忆又是检验识记和保持效果好坏的指标。

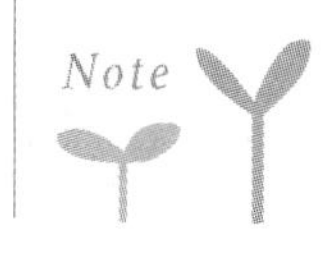

（四）遗忘

遗忘是指记忆的内容不能保持或者提取时有困难。遗忘和保持是记忆中矛盾的两个方面。一般来说，人们认为遗忘是不好的心理现象，但是实际上遗忘也具有积极的作用。对于一些无关紧要的信息、错误的信息、负面的情绪反应等，遗忘有助于拓展和整理记忆空间，便于后续进行高效率的记忆活动，还能促进人的心理健康。因此，我们应该辩证地看待遗忘现象，既要看到遗忘的消极作用，也不能忽视其积极作用。

遗忘有以下几种情况：不完全遗忘与完全遗忘、暂时性遗忘与永久性遗忘。其中，不完全遗忘是指个体能够再认识记材料，但是不能再现；完全遗忘是指个体既不能再认识记材料，也不能再现。永久性遗忘是指永久不能再认或再现，暂时性遗忘是指一时不能再认或再现[①]，例如，幼儿平时背古诗很熟练，但当教师让他上台背诵古诗时，他却背不出来，一回到座位后又立刻想起来了。这种明明知道却一时想不起来的现象叫“舌尖现象”，即话到嘴边又说不出来。

心理学研究表明，遗忘是有规律的。德国心理学家赫尔曼·艾宾浩斯（Hermann Ebbinghaus）最早研究了遗忘的发展进程，他采用无意义的音节作为记忆材料，如 ZEH、XIO、MAG 等，以自己作为被试者，共进行了 163 次试验，每次试验均识记 8 个音节组，每组包括 13 个无意义音节。他将记忆材料学到恰好能背诵，间隔一定时间，再来重新学习，将重学时节省的时间或次数作为指标测量了遗忘的进程，并绘制了著名的“艾宾浩斯遗忘曲线”（见图 2-12）。

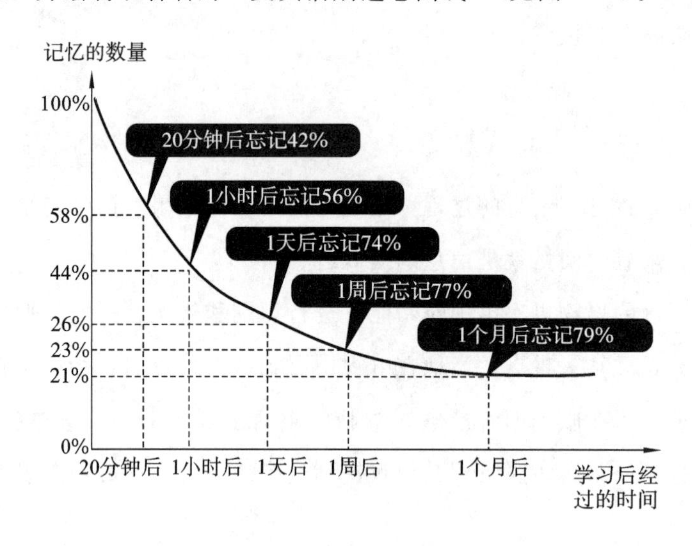

图 2-12 艾宾浩斯遗忘曲线

从艾宾浩斯遗忘曲线可以看出，遗忘的进程是不均衡的，遗忘在学习停止之后立即开始，并且在短时间内遗忘的速度很快，之后逐渐变慢，到了一定时间，几乎不怎么遗忘了。总的来说，遗忘的进程遵循“先快后慢”的原则。

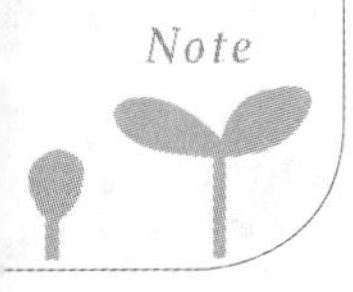

① 刘万伦. 学前儿童发展心理学［M］. 2 版. 上海：复旦大学出版社，2018：89.

拓展阅读

记忆恢复

根据艾宾浩斯提出的遗忘规律，个体在学习活动结束之后就开始遗忘，并且记忆内容随着时间的推移而减少。但是在学前儿童的记忆中却存在一种特殊的现象，即他们的记忆内容随时间的推移而增加。具体表现为有时刚学完后回忆不出来的内容，经过一段时间后又在记忆中再现出来。这种现象最早是由美国心理学家巴拉德（P. B. Ballard）发现的，并在1913年将这种现象命名为记忆恢复。在实验中，他让12岁左右的儿童记忆一首诗，结果发现儿童在记忆之后立刻回忆的成绩不如两天后再回忆的成绩好。之后的研究还发现：记忆恢复现象在儿童中而不是成人中更为普遍；学习较难的材料比学习容易的材料时表现更为明显；学习程度较低时比学习熟练时更易出现；记忆恢复的内容大部分处于学习材料的中间部分。

拓展阅读

舌尖现象

想必我们都有过这样的经历：当你想说一个词时，却突然发现自己怎么都想不起来其完整的表述，即使你确信自己知道，却怎么也说不出口。心理学上将这种现象称为“舌尖现象”，意思是回忆的内容到了舌尖，只差一点，就是无法记起。舌尖现象是由于大脑对记忆内容的暂时性抑制所造成的，这种抑制来自多方面。第一，词语本身的属性。对词语的熟悉度、使用频率会影响“舌尖现象”的发生率。一般来说，较少在平时使用和较新异的词更容易发生“舌尖现象”。第二，生理因素的影响。“舌尖现象”的发生与年龄有关。相比于年轻人，年龄较大的人更容易出现这种现象。第三，情绪的影响。当人们处于压抑、紧张等消极情绪时，会更容易发生“舌尖现象”。

四 记忆对学前儿童心理发展的作用

案例导入

BBC有一部关于记忆的纪录片，讲述了记忆的重要功能。纪录片中提到了一个案例，主人公是约翰·福博，他是一个早产儿，记忆功能没有完全发育好，大脑没有记忆功能。有研究者发现，他的脑损伤部位是海马体，这是记忆回路中最关键的部分，他的海马体只有健康个体的一半。由于海马体受损，大脑未能自动记录他生活的片段，他不能记起过去发生的事情，即使是最重要的事情也会忘记。他只能根据外部提示和笔记，模式化地做每一件事，因为他不记得该做什么。

思考：记忆在学前儿童心理发展中具有什么意义？

记忆作为一种基本的心理过程，是和其他心理活动密切相关的。

（一）记忆能够促进儿童感知觉的发展

记忆是在感知觉的基础之上进行的，感知觉的发展离不开记忆。首先，记忆的主要内容是表象，表象是保持在记忆中的客观事物的形象，是个体感知过的事物不在个体面前时大脑中再现的形象。其次，在感知觉中，人过去的经验有着重要作用，没有记忆的参与，人就不能分辨和确认周围的事物。

（二）记忆是儿童想象和思维发展的前提

记忆是儿童想象和思维产生的直接基础。当儿童感知客观事物，与客观事物相互作用，用实际行动解决问题时，事物的形象、活动的过程、解决问题的动作等，都以表象的形式存储在记忆中，成为想象和思维的素材。可见，记忆是联结感知觉与想象、思维的桥梁，使儿童对知觉到的事物进行想象和思维。

（三）记忆是儿童语言发展的基础

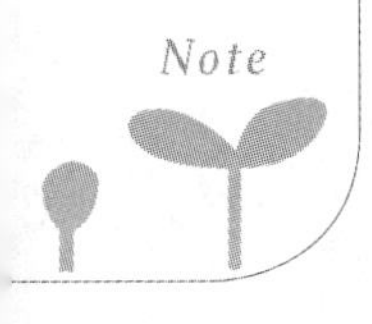

儿童对语言的学习与掌握离不开记忆：一方面，儿童要做到听音辨意，依靠的就是记忆；另一方面，儿童在与人交往时，无论是听别人说话还是表达自己的观点，要想理解别人表达的意思以及

使自己的表达连贯，就必须有记忆的参与。例如，有些幼儿说到后面时会忘记自己前面说了什么，这就表明幼儿的记忆和语言联系不足。

（四）记忆与儿童情绪情感的发展密切相关

儿童的情感会受到记忆的影响。记忆可以使儿童积累一些情感体验，使其情感体验逐渐变得丰富和深刻。有些情感体验与儿童的记忆直接相关，例如，没有去医院打过针的儿童看见医生不会产生害怕的情绪，但是有医院打针经历的某些儿童看见医生就会感到很害怕。

第二课　学前儿童记忆的发展与记忆能力的培养

一　学前儿童记忆的发生

儿童什么时候开始有记忆，如何判断儿童具有了记忆，研究者一直未能达成共识。一般来说，通常采用以下三种指标来判断儿童的记忆是否发生。①

（一）习惯化

一个新异刺激出现时，儿童会产生定向反射——注意一段时间。如果同样的刺激反复出现，儿童的反射就会减弱，即对它的注意时间会减少甚至完全消失，心理学家将这一现象称为“习惯化”。习惯化可以作为一种方法来测量新生儿的感知能力（即能否发现刺激物的差别），也可以测量他们的记忆能力（即能否辨别刺激物的熟悉程度）。对婴幼儿可以使用这种方法来测量其记忆是否发生。

习惯化是儿童天生就有的，新生儿出生不久之后就表现出对刺激物的习惯化。

（二）条件反射

当儿童对刺激物做出条件反射时，表明他们能够认识条件刺激，记忆就发生了。

自然条件反射和人工条件反射出现的时间不太一致。自然条件反射是在日常生活中出现的条件反射。一般来说，新生儿对喂奶姿势的再认被认为是第一个自然条件反射的标志，其出现的时间是在出生后 10 天左右。当母亲把新生儿以喂奶的姿势抱在怀里时，新生儿就做出了吃奶的反应，嘴唇还未碰到母亲的乳头就出现了吸吮动作。

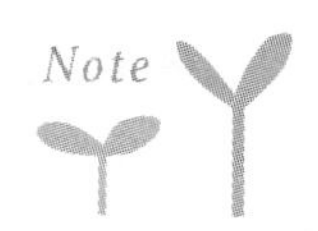

① 张丽丽，高乐国．学前儿童发展心理［M］．上海：华东师范大学出版社，2016：84-85．

人工条件反射是在实验室中经过专门提供的刺激反复作用而形成的条件反射。例如，有研究者发现，出生后1～3天的新生儿，就可以形成听到铃声就把头向一边转的条件反射，这表明在训练的情况下，新生儿很早就有了记忆的能力。

（三）重学记忆

如果让儿童学习某种知识或技能，儿童因原来学过而再学时，就不需要花费过去那么长的时间和那么多的次数，也就是说再学习的时间和次数减少了，这就表明以前的学习经历在儿童的大脑中留下了痕迹，也就表明了记忆的存在。这一方法不适合作为新生儿记忆是否发生的指标，不能反映新生儿记忆的最早发生时间，但是可以用来测量婴幼儿的记忆能力和学习效果。

二 学前儿童记忆的发展特点

（一）0～3岁婴幼儿记忆的发展特点

1. 0～3个月婴儿记忆的发展

婴儿出生后，就出现了记忆的发展。出生1个月内的新生儿能认奶瓶，喂奶前看见奶瓶就兴奋和激动。有研究者发现，1～2个月的婴儿经过日复一日的训练，可以因积累而形成长时记忆。还有研究者指出，3个月大的婴儿在相隔192小时以后重新学习，会出现“重学省时”现象。还有研究者认为，3个月大的婴儿已经有了初步的长时记忆。也有研究者利用经典条件反射探讨了婴儿的记忆，结果发现，新生儿晚期已经具备了长时记忆能力，3个月的婴儿对操作性条件反射的记忆能够保持4周左右。

2. 4～6个月婴儿记忆的发展

4～6个月的婴儿长时记忆有了很大的发展。实验研究发现，21～25周的婴儿在间隔14天后还能够再认大多数视觉刺激物，5个月婴儿的长时记忆能够保持24个小时，5～6个月的婴儿有48小时的记忆。

3. 7～12个月婴儿记忆的发展

婴儿对社会性刺激和社会性交往的记忆在这个阶段得到了很大的发展。6个月左右的婴儿开始“认生”，即只愿意亲近母亲和比较熟悉的人，陌生人的接近会使他们感到不安，这是“认生”的表现。同时，婴儿开始出现大量的模仿动作，模仿包含着记忆。研究者发现，12个月左右的婴儿会模仿成人的面部表情。此外，8个月左右的婴儿开始出现工作记忆，婴儿开始能够把新信息和过去的知识经验相联系和比较。

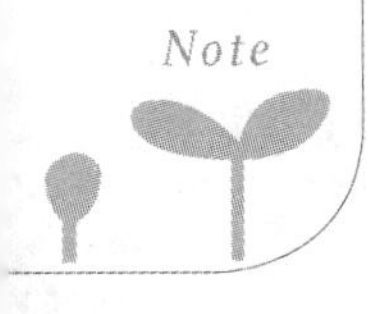

4. 1～2 岁幼儿记忆的发展

1～2 岁幼儿记忆的发展主要表现在再现的发展上。例如，他们喜欢玩找东西的游戏，有时只看过一次的东西，也能够找出来。研究发现，1 岁左右的婴幼儿能够回忆起几天或十几天前的事情，2 岁左右幼儿的记忆可以保持几个星期，3 岁幼儿的记忆能够达到几个月。另外，1.5～2 岁的幼儿常常出现延迟模仿，即经过一段时间后模仿曾经看到的事物和行为动作。①

（二）3～6 岁幼儿记忆的发展特点

1. 记忆保持时间逐渐延长，记忆容量增加

（1）记忆保持时间延长。

记忆保持时间也叫记忆的潜伏期，是指从识记材料到能够对材料进行再认或再现的时间间隔。再认和再现的潜伏期具有差异性，但是两者的潜伏期都随年龄的增长而延长，具体见表 2-3。

表 2-3　幼儿记忆保持时间

类型 年龄	3 岁	4 岁	7 岁
再认	几个月	1 年	3 年
再现	几周	几个月	1～2 年

（2）记忆容量增加。

记忆容量是指记忆容纳信息的数量。幼儿的记忆容量受到大脑皮层成熟度的限制，因此他们最初的记忆容量是非常小的，随着年龄的增加，记忆容量逐渐增加。记忆容量是衡量短时记忆能力的重要指标。成人的记忆容量是 7±2 个组块，6 岁幼儿还达不到这一标准。研究表明，幼儿期记忆容量的发展趋势是先快后慢，3～6 岁幼儿的记忆容量见表 3-2。②

表 2-4　3～6 岁幼儿的记忆容量

年龄/岁	信息单位/组块
3	3.91
4	5.14
5	5.69
6	6.10

2. 无意记忆占优势，有意记忆逐渐发展

学前儿童获得的知识经验大多是无意记忆的结果。3 岁前的幼儿基本上只有无意记忆，而无法进行有意记忆。随着年龄的增长，幼儿的有意记忆逐渐发展。

① 王小英. 学前儿童心理学［M］. 2 版. 长春：东北师范大学出版社，2015：60-61.

② 罗秋英. 学前儿童心理学［M］. 上海：复旦大学出版社，2017：56.

案例分析

幼儿教师经常会遇到这种情况：自己花费了很大力气教幼儿记住某首古诗或儿歌，他们好长时间都记不住，但是偶尔听到的某首歌谣，看到的某个电视广告，只需要一两次就能熟记于心。

思考：为什么会出现这种现象呢？

（1）无意记忆占优势。

幼儿所获得的知识经验大多数是在日常生活和游戏中无意识地、自然而然记住的。在幼儿早期，无意记忆占据绝对优势，并且无意记忆的效果好于有意记忆。

随着年龄的增长，幼儿的记忆加工能力逐渐提高，无意记忆得以发展。例如，给小、中、大班的幼儿讲同一个故事，事先不要求记忆，过了一段时间后进行调查，结果发现，年龄越大的幼儿无意记忆的效果越好。

幼儿无意记忆的效果会受到以下几种因素的影响。[①]

第一，刺激物的性质。在幼儿的活动过程中，刺激物的物理性质直接影响其无意记忆的效果。直观具体、形象生动、颜色艳丽的事物容易引起幼儿的注意，也容易被幼儿无意中记住。例如，动画片因画面色彩鲜明、人物形象生动，受到幼儿的喜爱，很多动画内容和情节他们看一遍就记住了。另外，突然出现的刺激、剧烈的变化也容易引起幼儿的无意记忆。例如，在看电影时，原本平静的画面突然之间出现剧烈打斗的场景，这些画面就容易在幼儿的心里留下印象。

第二，刺激物与幼儿的关系。幼儿的兴趣爱好影响着注意的效果，而注意的集中程度直接影响着记忆的效果。对幼儿生活具有重要意义，符合幼儿的兴趣，能激发幼儿强烈的情感体验的事物，很容易成为幼儿注意的对象，被幼儿无意中记住。例如，有趣的道德故事就比单纯的道德说教更易被幼儿记住。

第三，幼儿认知活动的主要对象。当需要记忆的事物成为幼儿活动的对象时，他们在活动中能够始终保持与该事物的联系，那么对这种事物的无意记忆效果也会很好。

第四，活动中感官参加的数量。多种感官参与的无意记忆效果较好。例如，当学习同一首儿歌时，边看图片边听歌的幼儿的记忆效果要好于只听歌的幼儿。

第五，活动动机。幼儿在活动中的动机也会影响幼儿无意记忆的效果。研究表明，幼儿在竞赛性游戏中积极性更高，无意记忆的效果也更好。

① 陈帼眉．学前心理学［M］．北京：人民教育出版社，2015：172-173．

知识链接

在一项实验中，研究者给幼儿展示了15张图片，图片上画的是幼儿熟悉的东西，例如水壶、苹果、小狗等。实验桌上画了一些假设的地方，例如厨房、花园、睡眠室等。幼儿需要根据图片上所画东西的性质，将它们放到实验桌上相应的地方。游戏结束后，要求幼儿回忆所接触过的东西（无意记忆）。另外，还是在这个实验条件下，要求幼儿有目的地记住这15张图片（有意记忆）。

结果发现，幼儿中期和晚期时无意记忆的效果好于有意记忆，而有意记忆的效果在幼儿进入小学后才赶上无意记忆。

（2）有意记忆逐渐发展。

一般来说，幼儿的有意记忆出现在幼儿中期，到了幼儿晚期时，有意记忆才有了明显的发展。有意记忆最初都是被动的，记忆的任务通常由成人提出，之后幼儿才能逐步主动确定任务，主动进行记忆活动。有意记忆的出现标志着幼儿记忆发展中出现了质的变化。

有意记忆的发展具有以下特点。①

第一，需要成人的教育和引导。幼儿的有意记忆不是自发产生的，而是成人在日常生活中和组织各种活动时，经常向幼儿提出记忆的任务，从而促进他们有意记忆的发展。例如，妈妈告诫幼儿不能玩火，教师要求幼儿背诵诗词等。

第二，受活动动机的影响。活动动机会影响幼儿有意记忆的积极性。有研究者调查了游戏对幼儿有意记忆的影响，结果发现，幼儿在游戏条件下有意记忆的数量和质量都优于实验条件下的幼儿。这是因为在实验条件下，幼儿只是简单、机械地完成记忆任务，他们对这种活动缺乏积极性，记忆效果往往比较差。而游戏是幼儿喜爱的活动，他们参与的积极性和主动性更高，记忆效果也就更好。

第三，受外界评价的影响。幼儿的行为容易受到他人评价的影响。在现实生活中，如果成人提出了适当的要求，在幼儿活动之前明确了目的和任务，幼儿记忆的效果就比较好，甚至优于在游戏中的表现。这是因为幼儿在完成任务后往往会得到成人的正向反馈，因而强化了他们的积极行为。例如，妈妈要求幼儿饭前要洗手，有一天妈妈没有提醒他，但他主动去洗手了，因此得到了妈妈的表扬，在以后的日子里这种强化可能会一直影响幼儿，促使幼儿保持“饭前要洗手”的记忆。

① 陈帼眉. 学前心理学［M］. 北京：人民教育出版社，2015：174.

Note

拓展阅读

偶发记忆

在学前儿童无意记忆和有意记忆发展的过程中，还产生了一种“偶发记忆”的现象。偶发记忆是指当要求学前儿童记住某种事物（中心记忆课题）时，他们往往记住的是与这种事物一同出现的其他事物（偶发记忆课题）。偶发记忆实际上是无意记忆的结果，由于学前儿童的注意力不集中、记忆目的不明确，很容易就记住了偶发记忆课题，而影响了中心记忆课题的效果，这表明学前儿童有意记忆的发展水平还比较低。哈根(J. W. Hagen）曾做过一项实验，他给儿童提供了一组画有熟悉动物的卡片，并配上一种常用家具。一组儿童需要记住动物，一组儿童需要记住家具，主试的要求就是中心记忆课题，与其不相关的就是偶发记忆课题。结果发现，儿童年龄越大，中心记忆课题的完成情况就越好。可见，偶发记忆与干扰记忆的因素密切相关。克服偶发记忆的有效方法就是突出记忆对象，让儿童将注意力集中在记忆对象上。

3. 机械记忆占优势，意义记忆逐渐发展

机械记忆和意义记忆的区别在于对记忆材料理解程度和组织程度存在差异。幼儿期是意义记忆迅速发展的重要时期。

（1）幼儿以机械记忆为主。

与成人相比，机械记忆是幼儿记忆的主要方式。幼儿能够背诵一些自己并不理解的材料，充分展示了他们“死记硬背”的能力。例如，幼儿在学习儿歌、诗词时，一般采用的都是从头到尾、逐字逐句的硬背方式。许多字、词、句他们并不理解，但是反复多记几次后也就记住了。幼儿以机械记忆为主，可能出于两个原因：一是幼儿的大脑皮质反应性较强，感知一些不理解的事物也能够留下痕迹；二是幼儿的理解能力比较差，无法理解记忆材料，不会进行加工，只能死记硬背，进行机械记忆。

（2）意义记忆的效果好于机械记忆。

一般来说，意义记忆的效果优于机械记忆。有一项实验要求幼儿记忆一些单词，一种是按类别呈现单词（如：猫、狗、兔——动物类；苹果、西瓜、香蕉——水果类；卡车、飞机、轮船——交通工具类等)，另一种是随机呈现单词。结果发现，幼儿记忆按类别呈现的单词的效果好于随机呈现的单词。这是因为按照类别呈现，幼儿容易发现和理解单词之间的逻辑关系，从而进行意义记忆。

为什么意义记忆的效果好于机械记忆？可能原因有两个：第一，意义记忆是在理解记忆材料的基础之上进行的，这有助于个体发现材料之间的关系，并将现有材料与已有的知识经验相联系，便于其接收和吸收记忆材料；第二，机械记忆是基于简单重复的原则，只能将材料作为单个的、独立的小单位来记忆，而意义记忆是将材料相互联系起来，将小单位集合成条理化、系统化的大单位。

（3）机械记忆和意义记忆的发展差距逐渐缩小。

在整个幼儿期，无论是机械记忆还是意义记忆，都随着幼儿年龄的增长而有所提高。在一项研究中，实验者事先提出记忆任务，然后向幼儿展示了10张画有常见物体的图片和10张画有不规则图形的图片，要求幼儿在1分钟内再现，研究结果见表2-4。①

表2-4　幼儿机械记忆和意义记忆效果的比较

年龄/岁	意义记忆/%（常见物体）	机械记忆/%（不规则图形）	比　率
4	47	4	11.75：1
5	64	12	5.33：1
6	72	26	2.77：1
7	77	48	1.60：1

从表2-3可以看出，随着年龄的增长，两种记忆效果的差距逐渐缩小。原因是意义记忆与机械记忆相互渗透，幼儿的机械记忆中融入了越来越多的理解成分，使机械记忆的效果与意义记忆的效果日益接近。

4．形象记忆占优势，语词记忆逐渐发展

在幼儿语言发生之前，其记忆内容只有事物的形象，即形象记忆。随着年龄的增长，幼儿的语言得以发展，语词记忆才开始出现。但是在整个幼儿期，形象记忆仍然占据优势。

（1）形象记忆和语词记忆都在持续发展。

幼儿的形象记忆和语词记忆都随着年龄的增长而发展。研究表明，3～4岁的幼儿不管是形象记忆还是语词记忆，其发展水平都比较低。4岁之后，幼儿的两种记忆开始加快发展。

（2）幼儿形象记忆的效果好于语词记忆。

幼儿的形象记忆是根据事物具体的形象来记忆各种材料，而语词记忆主要是通过语词的形式来记忆。在幼儿的记忆中，他们最容易记住的是直观的、具体的、形象的材料，其次是那些关于实物的名称、事物的形象的语词材料，最难记住的是比较抽象、概括性强的语词材料。这主要是由于幼儿的知识经验比较匮乏，第一信号系统占优势，所以往往需要借助事物的形象来记忆。

拓展阅读

巴甫洛夫是条件反射理论的建构者，他将大脑皮层的功能分为第一信号系统和第二信号系统：第一信号系统是直接作用于感官的具体的条件刺激（如声、光、电、味等）引起的神经活动过程，是人类和动物共有的；第二信号系统是抽象的条件刺激（如语言文字）引起的神经活动过程，是人类特有的。人类的高级神经活动是第一信号系统和第二信号系统共同活动、相互作用的结果。第二信号系统是在第一信号系统的基础上建立起来的。

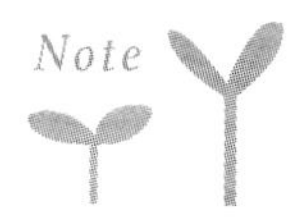

① 转引自刘吉祥，刘慕霞．学前儿童发展心理学［M］．长沙：湖南大学出版社，2016：85.

（3）形象记忆和语词记忆的差别逐渐缩小。

随着年龄的增长，两种记忆效果的差距会逐渐缩小。这是因为形象和语词都不是单独地在幼儿的大脑中发挥作用，而是联系越来越密切。一方面，幼儿能够叫出熟悉物体的名称，那么事物的形象和语词就紧密地联系在一起。另一方面，幼儿所熟悉的语词，也必然建立在具体形象的基础之上，语词和事物的形象不可分割。

有研究者比较了3～7岁幼儿的形象记忆和语词记忆的效果。他们将幼儿分为3～4岁、4～5岁、5～6岁、6～7岁4组，每一组都分别记忆10个熟悉的物体、10个熟悉的词、10个生疏的词。其中，记忆熟悉的物体考察幼儿的形象记忆，记忆熟悉的词考察幼儿将形象记忆与语词记忆相结合的能力，记忆生疏的词则考察幼儿的语词记忆。结果如表2-5和表2-6所示。[①]

表2-5 幼儿形象记忆和语词记忆效果的比较

年龄/岁	熟悉的物体/个	熟悉的词/个	生疏的词/个
3～4	3.9	1.8	0
4～5	4.4	3.6	0.3
5～6	5.1	4.6	0.4
6～7	5.6	4.8	1.2

表2-6 幼儿形象记忆和语词记忆效果的比较

年龄/岁	熟悉的物体/个	熟悉的词个	比率
3～4	3.9	1.8	2.1
4～5	4.4	3.6	1.2
5～6	5.1	4.6	1.1

实验结果发现：首先，幼儿的形象记忆和语词记忆都随着年龄的增长而发展；其次，幼儿的形象记忆的效果好于语词记忆；最后，两种记忆效果之间的差距逐渐减小。

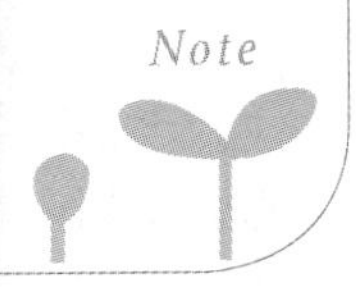

① 罗秋英. 学前儿童心理学［M］. 上海：复旦大学出版社，2017：58.

5. 记忆和遗忘的速度快，记忆的准确性较差

（1）记忆和遗忘的速度快。

幼儿很容易记住一些新的学习材料，原因主要有两个：一是因为幼儿的神经系统具有极大的可塑性，很容易在大脑皮层留下记忆痕迹；二是由于幼儿缺乏经验，周围的很多事物对于他们来说都很陌生，加之幼儿具有强烈的好奇心和新鲜感，很多事物都能引起他们的情感体验，加深他们对事物的记忆。但是幼儿的遗忘速度也很快，这是因为幼儿的神经系统容易兴奋，建立起来的神经联系极不稳定。总之，幼儿记得快，忘得也快。[①] 心理学研究发现，幼儿长大后很难回忆起 3 岁以前所经历的事情，4 岁以后幼儿经历的事情常常可以终身不忘。这种对 3 岁前记忆信息的遗忘现象，被称为“幼年健忘”。

（2）记忆的准确性较差。

记忆的准确性是指记忆内容的准确程度。它包括两个方面的内容：记忆内容的完整性和回忆的错误率。[②]

记忆内容的完整性是指记忆内容包括了事物的主要属性，没有较大的遗漏。幼儿的记忆常常是支离破碎、残缺不全的。例如，幼儿在学习儿歌时，在幼儿园可能唱得很熟练，但是回到家后唱给妈妈听时就记不全了，只记得零散的几句。心理学家朱智贤曾做过一项实验，要求小、中、大班的幼儿记忆一则包含 35 个意义单位的故事，结果发现，在即时回忆时，小班幼儿只能记住 9 个意义单位，而中、大班的幼儿则可以记住 19 个意义单位。可见，幼儿记忆的完整性与年龄密切相关。

案例分析

在户外活动时，乐乐没听教师的劝告，跑到了远处的小山坡上玩，结果一不小心被石头绊倒，把自己的双手磕破了。回到家之后奶奶问她的手怎么受伤了，她说是小宇和她抢玩具，把她推倒了。第二天，奶奶来到了幼儿园，向教师询问了这件事，教师解释说是贝贝自己摔倒的。

思考：贝贝为什么会出现“说谎”行为呢？

回忆的错误率是指回忆内容与正确内容之间的差异大小。一方面，幼儿的神经系统发育还不成熟，对于记忆材料的加工还不够精细和深入，他们的记忆非常容易受到暗示和情绪的影响，导致在回忆时出现脱节、遗漏、颠倒顺序的现象。另一方面，幼儿的记忆容易真假不分、歪曲事实，他们经常把主观想象的事物和自己的记忆混为一谈，尤其当想象中的事物是幼儿渴望得到的东西时。例

① 程秀兰. 学前儿童发展心理学［M］. 陕西：陕西师范大学出版社，2018：132.

② 王小英. 学前儿童心理学［M］. 2 版. 长春：东北师范大学出版社，2015：158.

如，教师问蒙蒙放假去哪个地方玩了、买了什么东西时，蒙蒙说她去威海看海了，还买了好多好吃的，实际上蒙蒙一家还没去威海，而是打算以后再去。

知识链接

向学前儿童暗示错误事件

一项由普尔和林赛进行的研究揭示了父母如何能巧妙地影响其年幼孩子对事件的记忆。学前儿童在一所大学的实验室里与“科学先生”一起参与了4项活动（如用滑轮吊罐子等）。4个月后，儿童的父母收到寄来的一本故事书，书中描述了他们的孩子见“科学先生”的情况。故事书里描述了两件儿童们参与过的活动，也描述了两件儿童们没有参与过的活动，并在每段活动的描述最后都加上一段虚构的情节：在即将离开实验室时，“科学先生”用一块湿抹布擦了××（儿童的名字）的手和脸；抹布紧靠着××（儿童的名字）的嘴，味道非常令人恶心。

父母将这些描述向儿童们读了3遍。后来，儿童们告诉研究者，他们参加过父母所读的故事中提到的活动。例如，当被问及“科学先生”是否把一些令人作呕的东西放到他们嘴里，有一半以上的儿童说放过。接下来问他们到底是“科学先生”真的把东西放到了他们嘴里，还是父母在讲故事时听过这件事，71%的学前儿童说真的发生过这件事。这说明参与研究的儿童混淆了父母读过的暗示与实际经历。①

6．记忆策略逐渐发展，有效性越来越高

记忆策略指幼儿为了提升记忆的效果而采取的手段，以及自身对记忆活动的有意控制。随着年龄的增长，幼儿记忆策略的有效性逐渐提高。一般来说，5岁前的幼儿记忆过程比较被动，没有策略、计划和方法，5～7岁是一个转变期。幼儿记忆策略的发展会经过四个阶段，一是无策略阶段。这一阶段的幼儿既不能自发地使用某一种记忆策略，也不能在他人要求或暗示的情况下使用记忆策略；二是部分策略阶段，在这一阶段，幼儿在某些场合能使用记忆策略，在某些场合却不能使用记忆策略；三是策略效果脱节阶段，这一阶段的幼儿能在各种场合使用某一种记忆策略，但是记忆效果并没有因此提升，表现为记忆成绩滞后于策略使用的脱节现象；四是有效策略阶段，在这一阶段，幼儿能够熟练地运用记忆策略，并能够有效提升记忆效果。下面列举几个幼儿常常使用的记忆策略。②

① 罗秋英．学前儿童心理学［M］．上海：复旦大学出版社，2017：61.

② 陈帼眉．学前心理学［M］．北京：人民教育出版社，2015：165－167.

(1) 视觉复述策略。

这是幼儿在记忆过程中使用的最简单的策略，它是指幼儿将自己的视觉注意力有选择地集中在记忆对象上。简单来说，就是眼睛不断盯着目标，以强化自己的记忆。例如，幼儿在模仿老师画的多边形时，会反复地观察多边形，看一眼画一条边。

(2) 特征定位策略。

幼儿给目标刺激“贴上”某种标签以便于记忆。研究发现，5岁以上的幼儿具有这种策略。例如，幼儿在日常生活中经常会把重要的东西放在显眼的、经常接触的位置，这是因为这些位置不易忘却，便于寻找。

(3) 复述策略。

复述是一种简单又实用的记忆策略。简单来说，就是幼儿在记忆的过程中需要不断地重复记忆内容，这是一种将短时记忆转化为长时记忆的必要手段。研究表明，幼儿园中有10%的孩子已经掌握了复述策略。

(4) 组织策略。

组织策略是指将记忆材料按不同的意义组织成各种类别，编入各种主题，使它们产生意义联系，或对内容进行改组，以便于记忆的方法。5～6岁幼儿使用组织策略的次数较少，效率也不高。具体来说，组织策略包含以下几种情况：第一，分类加工，研究结果表明，3岁幼儿不会自动对图片进行分类，4～5岁幼儿在记忆过程中能自动地把没有规律的材料按类别整理，并在记忆恢复时按类别说出；第二，联想加工，对那些无意义的数字、单词等，如果把它们与原有的知识经验联系起来，或者从中找出它们的关联，并赋予一定的意义，就容易记住；第三，词形结合，研究发现，要求幼儿在记忆图片时，叫出图片中物体的名称，记忆效果会好于不叫出名称。可见，将语词记忆与形象记忆结合，可以提升记忆的效果。

(5) 提取策略。

提取策略是指在回忆过程中，将储存在长期记忆中的特定信息回收到意识水平上的方法。再认和再现都需要运用提取策略。幼儿在记忆能力上表现出年龄差异和个体差异，主要是由提取能力的不同而造成的。提取策略的核心是对记忆材料之间内在线索的利用。例如，在记忆太阳、山羊、工人、月亮、青草、吊车这一组词语时，具备提取策略的幼儿会发现这些词语间的内在联系，由太阳联想到月亮，由山羊联想到青草，由工人联想到吊车，进而在大脑中顺利提取有关这些词语的记忆。然而，年幼儿童通常不会自发地发现线索，必须依靠成人对线索做出形象的展示和明确说明，才会利用线索提取信息。

案例导入

蒙宝今年 5 岁，妈妈觉得她快上小学了，所以要求她一周背两首古诗，但是蒙宝总是记得很慢，就算记住也很快就忘记了，妈妈觉得蒙宝的记忆力不太好，对此很焦虑。但是妈妈发现蒙宝对有些东西却记得很准确，即使过了很久也不会忘记，例如动画片中的人物和情节、和好朋友一起玩游戏的情境、去乡下爷爷奶奶家抓鱼的经历等，妈妈感到很困惑。

思考：学前儿童的记忆受到哪些因素的影响？你对蒙宝的妈妈有什么建议？

三 影响学前儿童记忆能力的因素

（一）遗传、营养及睡眠的影响

1. 遗传

良好的遗传素质是学前儿童心理发展的优越基础，遗传素质的缺陷则是学前儿童心理发展的障碍。来自瑞士苏黎世大学的科学家们研究发现人的记忆力 50％由遗传因素决定。一般来说，父母的智力和记忆力会在一定程度上影响儿童的智力和记忆力。如果父母的智力较高，记忆力较好，儿童也会表现出类似的倾向。值得注意的是，遗传因素不是决定儿童记忆力好坏的唯一因素，后期的环境接触和教育影响更为重要。另外，生理器官和功能的正常发育是记忆力发展的基础。如果儿童的大脑出现器质性的病变或记忆中枢受损，记忆力就会出现降低的情况。

2. 营养

饮食营养的摄入对学前儿童大脑的正常发育具有十分重要的作用。据美国《洛杉矶时报》报道，适当食用天然的神经化学物质不仅可以增强记忆力，还能防止大脑老化。这些有助于记忆力发展的食物包括水果、蔬菜、鱼类、维生素 B 等。营养保健专家也发现，一些日常生活中常见的食物对大脑十分有益，例如坚果、牛奶、豆腐、南瓜、蛋黄、葡萄、柚子、鱼类、肝脏和肉类等。

3. 睡眠

学前儿童的睡眠与其记忆力发展密切相关。睡眠时间是否适中、睡眠质量是否良好、睡眠周期是否稳定等都会影响儿童记忆力的好坏。睡眠可以解除大脑疲劳，同时制造大脑需要的含氧化合物，为觉醒后的思维和记忆做好充分的准备。适度的睡眠为记忆的发展提供了物质准备，尤其是快速眼动睡眠阶段，对促进记忆巩固起着积极的作用，而熬夜和过度睡眠则会损害儿童的记忆力。

（二）材料的数量和性质

学前儿童的记忆效果会受到材料数量的影响。研究表明：在记忆 12 个音节时，平均每个音节需要 14 秒；记忆 24 个音节时，平均每个音节需要 29 秒；记忆 36 个音节时，平均每个音节需要 42 秒。这说明了记忆的材料数量越大，花费时间越长。①

材料的性质也会影响学前儿童的记忆效果。第一，记忆材料的吸引力。儿童记忆什么、如何记忆、记忆多少等，都会受到材料是否对儿童具有吸引力的影响。吸引力越大，儿童的感知、注意等心理活动越会投入记忆材料上，那么，儿童对材料的了解就越全面和细致，从而在头脑中留下深刻的印象，儿童的记忆保持时间就越长。相反，如果记忆材料对儿童的吸引力过小或不能吸引他们，即使感知的次数再多，儿童也无法牢牢记住。第二，情绪体验的强烈程度。凡是能够引起儿童强烈情绪体验（如愉快的、悲伤的、愤怒的、恐惧的情绪等）的材料，儿童就容易记住，并长时间保持在记忆中。这是由于强烈情绪体验的产生，促使儿童不仅记住了这些记忆材料，还记住了与这些材料密切相关的情绪，在头脑中留下了明显的痕迹。

（三）多感官的参与

在记忆的过程中，多种感官的参与会提升学前儿童的记忆效果。这是因为如果多种感官协同作用，会使大脑获得对同一事物多样的认知信息，进而使大脑中的记忆痕迹更加清晰、深刻。

知识链接

有研究者做过这样一个实验，在讲述同一个故事时，当采取教师讲、幼儿听的方式，幼儿只能记住 20%～30%的内容，要完全记住故事内容，需要四五节课的时间；当采取教师讲、幼儿听，并让幼儿动嘴说一说的方式时，他们能记住 30%～50%的内容，要完全记住故事内容，需要三节课的时间；当采取教师讲、幼儿听和说，且幼儿还要表演的方法时，他们能记住 65%～80%的内容，要完全记住故事内容，只需要两节课的时间。总之，多种感官参与记忆过程所取得的效果要好于单一感官的参与。②

① 王小英．学前儿童心理学［M］．长春：东北师范大学出版社，2015：160．

② 刘吉祥，刘慕霞．学前儿童发展心理学［M］．长沙：湖南大学出版社，2016：90．

（四）记忆的方法与策略

记忆的方法是个体在有意对自身记忆活动进行控制的过程中，为提高记忆效果而采用的手段。记忆的方法有很多种，掌握正确的记忆方法会提高记忆的效率，达到良好的记忆效果。

知识链接

有研究者通过实验探讨了幼儿的记忆方法。实验设计了三种条件：第一种是随机向幼儿展示16张图片，每张有3秒钟的观察时间；第二种是将图片按照不同类别的顺序进行呈现（如动物类、水果类），其他条件相同；第三种是先训练幼儿对图片进行分类，教给他们正确的分类方法和具体名称，其他条件相同。要求幼儿记忆结束之后立刻进行回忆。结果发现：3岁幼儿在记忆过程中不会自动对图片进行分类，4～5岁幼儿会自动分类。因此，第三种条件在3岁幼儿身上的效果最显著，而对4～5岁幼儿的影响不大。可见，掌握一定符合幼儿记忆发展特点的记忆方法可以提升幼儿的记忆效果。[①]

四 学前儿童记忆能力的培养方法

记忆是一种重要的认知能力，也是智力的重要组成部分。人们经常使用“过目不忘”等有关记忆力的成语来形容聪明的人。如何根据学前儿童的记忆特点培养其记忆能力，是教师和家长共同关注的重要问题。具体来说，可以从以下几方面来努力。

（一）激发幼儿的兴趣和积极情绪

幼儿的记忆以无意记忆和形象记忆为主，因此，记忆材料本身的特性是影响幼儿记忆效果的重要因素。凡是符合幼儿的兴趣爱好，能够激发幼儿积极情感体验的事物都很容易被他们自然而然地记住。例如，形象生动、色彩鲜艳、新颖有趣的事物，就很容易成为幼儿注意的对象，给他们留下深刻的记忆。因此，成人在组织活动时，应该考虑到幼儿的兴趣爱好和情绪体验，注重教学内容的

Note

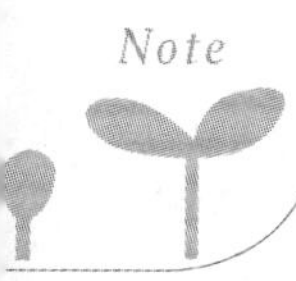

① 王小英. 学前儿童心理学［M］. 长春：东北师范大学出版社，2015：159.

生动性和趣味性，给幼儿提供丰富多样、生动形象、直观具体的玩教具，并注意语言要生动有趣、绘声绘色。特别是在学习一些抽象的概念和知识时，成人更要注意应恰当地使用实物、标本、模型、图画等直观教具进行教学，以实物的具体形象为支持，加强幼儿对抽象知识的理解与记忆。例如，幼儿在学习数字概念时，由于内容比较抽象，仅靠讲解，幼儿是无法理解的，但是如果让他们借助玩教具进行直接感知、亲身体验和实际操作，就能将抽象的知识转化为具体的形象，有利于幼儿的理解和记忆。

（二）明确记忆的目的和任务

有意记忆是幼儿未来生活和学习中所必需的能力，只有通过有计划、有目的地记忆，才能提高记忆的效率。幼儿的有意记忆还处于发展之中，为了提高他们的有意记忆能力，必须让幼儿明确记忆的目的和任务。在日常生活和各种组织活动中，家长和教师可以向幼儿提出记忆的目的和任务，引导幼儿有目的、有意识地记忆。例如：给幼儿布置一些简单的委托，让他们从家里带东西到幼儿园；在讲故事之前告诉幼儿听完故事后要分享自己最喜欢的人物；通过提问帮助幼儿回忆几天前发生的事情等。这些活动都可以有效促进幼儿的有意记忆。事实证明，如果成人不提出记忆的目的和任务，年龄较小的幼儿是不会主动记忆什么内容的，而向幼儿提出具体的记忆任务之后，可以明显提升他们的记忆效果。值得注意的是：一方面，在幼儿完成记忆任务之后，对他们的表现给予及时的肯定和表扬，有助于提高幼儿记忆的积极性和主动性；另一方面，成人在要求幼儿记忆时，记忆材料的数量不应过多，难度不应过高，防止幼儿无法理解和接受。

（三）帮助幼儿理解记忆材料

虽然幼儿以机械记忆为主，但是意义记忆的效果更好。幼儿往往对熟悉的、理解的事物的记忆更加稳固和准确。因此，培养幼儿的意义记忆十分重要，家长和教师需要利用各种方法来帮助幼儿理解记忆的材料。一方面，知识经验越丰富、领域越广，对事物的理解就越全面和透彻。因此，成人应该在平时的生活和教学中，拓展幼儿的活动范围，给予他们广泛接触自然与社会的机会，不断丰富其知识经验。另一方面，记忆本身不是一个孤立的过程，而是常常包含复杂思维的活动。寓“记”于“思”，通过对材料的分析、理解和应用，在思维和操作中自然而然地记住它。因此，成人需要指导幼儿在记忆过程中进行积极的思维活动，逐渐学会从事物的内部联系出发去记忆材料，这是提高记忆效果的有效方法。例如，单纯地使用机械、重复的方法来教幼儿背古诗，他们很长时间才能记住，而且很容易忘记，但是如果根据古诗中的元素进行绘画，再用故事的形式向幼儿分析古诗的具体内容，他们就能在理解古诗的基础之上进行背诵，往往能取得良好的记忆效果。

（四）让幼儿的多种感官参与记忆过程

为了提升幼儿的记忆效果，可以采用协同记忆的方法，记忆过程中要尽量调动幼儿多种感官的

参与。研究证明，如果让幼儿把眼、耳、口、鼻、手等多种感官调动起来，可以促进大脑皮层的视觉区、听觉区、味觉区、嗅觉区、运动区、语言区等建立多通道的联系，可以增强记忆的效果。因此，成人应该指导幼儿运用多种感官参加记忆活动。例如，让幼儿认识某一事物时，成人应尽量让幼儿多看一看、摸一摸、闻一闻、尝一尝，通过多种感官来获得感性认识。

（五）教给幼儿多种记忆的方法

记忆能力强弱的关键之一在于是否会运用记忆的方法。掌握记忆的方法能够提高记忆的效率，取得良好的记忆效果。因此，成人在向幼儿传授知识技能的过程中，应该教给他们一些记忆的方法和策略。①

1. 归类记忆法

归类记忆法是指对记忆材料进行归纳总结，依据材料的形象、作用、特点等方面进行归类，使知识经验形成一个条理清晰、组织有序的系统。这样不仅可以扩大幼儿的记忆容量，还会使材料记得更容易、更牢固。例如，可以把牛、羊、兔归为动物类，汽车、飞机、轮船归为交通工具类，香蕉、苹果、葡萄归为水果类等。实验结果发现：不会归类记忆的幼儿，4 岁时只能记住 4～5 个物体，5 岁时为 5～6 个物体，6 岁时为 7～9 个物体；但是掌握了归类记忆法的幼儿，4 岁时可以记住大约 10 个物体，5 岁时约为 14 个物体，6 岁时约为 18 个物体。

2. 比较记忆法

比较记忆法是对相似但又存在差异的记忆对象进行比较分析，找出它们的异同点来帮助记忆的方法。例如，引导幼儿把数字 6 和数字 9 相比较，让幼儿找出葱和蒜的相同点和不同点等。

3. 整体部分结合法

整体记忆法是在材料较小或较短时，从整体上对材料进行记忆的方法。部分记忆法是在材料较大或较长时，将材料分成若干小的部分进行记忆的方法。在学习记忆材料时，需要先从整体上把握材料，形成概括性认知，再在这个基础之上，分段、分句记忆材料，将两种方法结合起来使用，能够有效提升幼儿的记忆效果。例如，在幼儿进行故事复述时，要求他先概括讲述整个故事，然后再详细回忆每部分具体讲了什么，以达到良好的记忆效果。

4. 联想记忆法

联想记忆法是指将记忆材料与客观现实联系起来，建立多种联想而进行记忆的方法。例如，对于幼儿来说，左右方位的分辨是一项艰巨的任务，成人可以引导幼儿将左右方位与左右手联系起来，告诉他们拿筷子吃饭的是右手，相反的是左手（左利手的幼儿则相反）。

5. 歌谣记忆法

歌谣记忆法就是将记忆材料编成歌谣进行记忆的方法。这种方法可以将一些无意义的材料赋予

① 刘吉祥，刘慕霞．学前儿童发展心理学［M］．长沙：湖南大学出版社，2016：91．

一定的意义，从而提升幼儿的记忆效果。例如，成人在教幼儿认识数字时，会编数字歌来帮助幼儿记忆：1像铅笔会写字，2像鸭子水中游，3像耳朵听声音，4像红旗迎风飘，5像秤钩来买菜，6像哨子吹声音，7像镰刀来割草，8像麻花拧一道，9像蝌蚪尾巴摇，10像铅笔加鸡蛋。

（六）根据遗忘规律合理地复习

幼儿记忆的特点之一是记得快，忘得也快，因此，在引导幼儿进行记忆的过程中，合理地复习是非常有必要的，这不仅是提升幼儿记忆效果的有效措施，也是提高幼儿记忆能力的重要方法。

首先，及时复习。艾宾浩斯曲线揭示了遗忘的规律，即先快后慢，因此，成人应当在幼儿学习活动结束之后，及时组织幼儿进行复习，有意识地对他们的记忆内容进行强化和巩固。如果错过了复习的时机，学习材料大量遗忘，复习的过程就如同重新学习一样，事倍功半。关于复习时间的间隔，年龄越小，时间间隔应该越短。考虑到幼儿记忆的特点，一般学习后1天内的复习效果最好。

其次，有效复习。让幼儿复习时，不能仅仅采用机械复述或者是某种单调形式的复习，这容易引起幼儿的疲劳和兴趣的丧失，很难取得良好的记忆效果。因此，在引导幼儿复习时，应该采用他们感兴趣的方式，并注意运用多种复习方式相结合。例如，通过讲故事、念儿歌、猜谜语、角色扮演、竞争游戏等多种形式，来帮助幼儿进行复习。

思考与练习

一、单项选择题

1.（2021年下半年）**幼儿时期占优势的记忆类型是(　　)。**

A. 意义记忆　　B. 形象记忆　　C. 词语逻辑记忆　　D. 动作记忆

2.（2022年下半年）**在幼儿记忆活动中占主要地位的是(　　)。**

A. 有意记忆　　B. 语调记忆　　C. 形象记忆　　D. 意义记忆

二、简答题

1. 简述幼儿记忆的过程。
2. 简述幼儿常用的记忆策略。

三、论述题

请举例说明如何根据幼儿的遗忘规律来组织教学活动。

实践与实训

实训：设计 1 个促进幼儿记忆发展的游戏，并在幼儿园中实践。

目的： 掌握幼儿记忆发展的特点，并能在教育实践中设计相应的活动，以促进幼儿记忆的发展。

要求： 设计 1 个提高幼儿记忆力的游戏，并在幼儿园中实践，看看结果如何。

形式： 活动设计。

第四节　学前儿童想象的发展

◇学习目标

1. 知识目标：理解想象的概念、分类和作用。

2. 能力目标：掌握学前儿童想象的发展特点，能够采取有效的措施培养学前儿童的想象力。

3. 情感目标：对学前儿童想象发展感兴趣，乐于设计各种活动促进儿童想象的发展。

◇情境导入

著名心理学家皮亚杰曾列举过一个典型事例：有一个小女孩，她看见村子里旧教堂的塔尖上悬挂着许多钟，产生了强烈的好奇心，于是询问了父亲有关教堂里钟的各种问题。有一天，她笔直地站在父亲的书桌旁，嘴里还发出震耳欲聋的“铛”“铛”声，她的父亲说道：“你知道吗？你是在吵我，你没有看到我在工作吗？”小女孩回答说：“不要跟我说话，我是一所教堂。”

实际上，小女孩的行为与个体一种重要的心理活动——想象密切相关，她把自己想象成了一所教堂。那么，什么是想象？想象在学前儿童的心理发展中起着什么样的作用？学前儿童的想象具有什么特点？我们如何培养学前儿童的想象？这些问题是我们本节讨论的主要内容。

童言童语

依依和娜娜一起在玩建构游戏，她们合作搭建起一幢三层高的房子。

依依："我们来看看房子每个地方都可以干什么吧？"

娜娜："第一层做客厅，这边放上沙发和桌子。"

依依："第二层用来睡觉，得给宝宝准备一张床。"

娜娜："咦，没楼梯怎么上楼呢？"

依依："那我们就跳跳跳，从第一层跳到第二层，从第二层跳到第三层。"

娜娜："哈哈，我们这是空中飞人的房子。"

娜娜和依依开心地用手指模仿空中飞人在每一层楼中跳上跳下。

第一课　想象的概述

一　想象的概念

想象是个体对头脑中已有表象进行加工改造，形成新形象的心理过程。想象是一种高级的认知活动。那什么是表象呢？表象是指客观事物不在个体面前呈现时，人们在头脑中出现的关于事物的形象。记忆和想象都需要运用表象，其中，记忆是头脑中已有表象的重现，没有对表象进行加工，而想象是以记忆表象为基本材料，并对已有表象进行加工改造的过程。例如，当成人提到孙悟空时，幼儿的头脑中就会出现在动画片或绘本中见过的孙悟空的形象，但是不同幼儿描述出来的孙悟空的形象可能是不一样的，这是因为幼儿在头脑中对孙悟空的形象进行了不同的加工改造。

想象具有两个典型的特点：形象性和新颖性。[①]

（1）形象性。想象是个体对已有表象进行加工改造，创造出新形象的过程。它是以直观具体的形象呈现在大脑中的，而不是词或符号。另外，想象产生的形象是新的，是加工改造已有表象的结果，而不仅仅是对表象的简单重现。

① 张丽丽，高乐国．学前儿童发展心理学［M］．上海：华东师范大学出版社，2016：92.

（2）新颖性。想象不仅可以创造出个体未曾感知过的形象（如太空），还可以创造出现实生活中不存在的形象（如嫦娥）。想象来源于客观现实，是对客观现实的反映，它无法脱离现实而存在。例如，《西游记》中的猪八戒就是作家吴承恩想象的产物，它在现实生活中是不存在的，但是我们又能在它身上找到现实生活的影子，即它同时具有人和猪的某些特征。

二 想象的分类

（一）根据想象的目的性分类

根据想象是否具有目的性，可以将想象分为无意想象和有意想象。

1. 无意想象

无意想象也叫不随意想象，是指没有预定目的，在某种刺激物的影响下不由自主地想象某种形象的过程。例如：看到天上的云彩，会想象这些云彩像什么动物；听故事时，随着故事情节的展开，会自发地进行想象等。无意想象是最初级、最简单的想象。

拓展阅读

梦的解析

从心理学的角度来说，梦是睡眠状态下的一种无意想象，完全不受意识支配，皮亚杰称之为“无意识的象征”。梦是如何产生的呢？人在睡眠时并不是整个大脑皮层都处于不活动的抑制状态，局部的大脑皮层仍在活跃，形成了暂时的神经联系，这些神经联系之间发生了重新组合，产生了各种形象，这就是梦。

睡眠是梦产生的基础。人的睡眠分为两个阶段：快速眼动期和非快速眼动期。区分两个阶段的指标主要是阵发性的眼球快速运动。眼球每分钟移动 60～70 次，可以通过脑电波来测量。在漫长的一夜中，快速眼动期与非快速眼动期交替进行。为什么人在醒来后有时候说自己做梦了，有时候说自己没做梦呢？这是因为梦发生在快速眼动期，如果睡眠者在这一阶段醒来，他会说自己在做梦。如果睡眠者在非快速眼动期醒来，他会觉得自己没有做梦。学前儿童的快速眼动期随着年龄的增长而减少。新生儿已经有了两个睡眠阶段，其快速眼动期约占全部睡眠时间的 50％～60％，2 岁以前的幼儿占 30％～40％，5～6 岁的幼儿占 20％～25％，类似于成人的快速眼动期。显而易见，年幼儿童的快速眼动期更长，说明其神经系统的生理活动比较活跃，能够满足其生长发育的需求。

有时候梦醒了感觉很累，那是不是说明做梦对人体有害呢？实际上，并非如此。在快速眼动期，人的神经系统快速生长，脑血液流动也会增加，对中枢神经的正常发育是十分重要的。有研究者做过“梦的剥夺”实验，结果发现被试者的植物神经系统机能有所减弱，还会引起一系列不良心理反应，例如焦虑、紧张、易怒、感知幻觉、记忆障碍、定向障碍等。但也不是梦越多越好，多梦会影响人的睡眠质量，使身体得不到适当的休息，影响生活、学习和工作。

2. 有意想象

有意想象也叫随意想象，是指具有一定的目的、有意识、自觉地进行想象的过程。个体在生活实践中，为了达到某种目的或完成某种任务所进行的想象活动，都是有意想象。例如，大班幼儿在玩建构游戏时，想要建造一座大桥，他就会想象大桥的形状、颜色、高度、材料等。有意想象是个体在从事实践活动时的主要想象形式。

（二）根据想象的独立性和创新性分类

根据想象的独立性、新颖性、创造性的不同，可以将想象分为再造想象和创造想象。

1. 再造想象

再造想象是指根据语言的表述或非语言的描绘（如图样、图纸、模型、符号等），在头脑中形成有关事物的形象的过程。再造想象的新形象不是个体独立创造的，而是再现他人描述的形象。例如：教师在给幼儿讲《卖火柴的小女孩》的故事时，幼儿的头脑中就会浮现出小女孩的样子；建筑工人在看图纸时，脑海中会浮现出高楼的样子等。

2. 创造想象

创造想象是指根据一定的目的和任务，不依据现成的描述，独立地创造出新形象的过程。人类在创造新产品、新艺术、新作品时，头脑中形成事物形象的过程就是创造想象。例如，科学家发明了新技术，作家创作了新小说，画家创作了新画作等。它具有独立性、新颖性和创造性，比再造想象更加困难和复杂。

再造想象和创造想象既有区别，又有联系。两者的区别表现在：再造想象在一般性活动中作用较大，再造的形象是根据他人的语言描述或非语言描绘在头脑中再造出来的，是现实生活中已经存在的形象，突出的是再造性；而创造想象在创造性活动中作用较大，创造出的形象是崭新的，在现实生活中并不存在的，突出的是创造性。两者的联系表现在两个方面。一方面，再造想象是创造想象的基石，创造想象是再造想象的发展。创造想象与再造想象相比，其过程更加复杂。再造想象的发展使大脑中积累了丰富的表象，在这一基础之上，创造想象才开始逐渐发展。另一方面，创造想

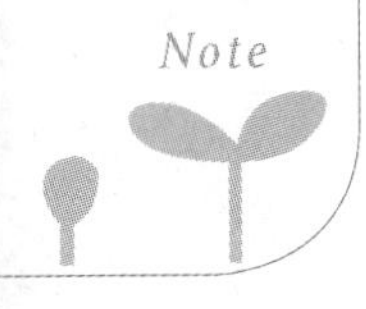

象中有再造想象的成分，再造想象中有创造性的成分。由于知识经验的差异，即使是对同一件事物进行再造想象，每个人想象出来的形象也会有所不同。可见，再造想象中也会有一定的创造性成分。[①]

（三）幻想

幻想是指向未来，并与个人愿望相联系的想象。幻想是创造想象的一种特殊形式，它是个人对未来的憧憬和向往，不与目前的活动相联系。例如，男孩想象自己长大后当了警察或医生，女孩想象自己当了老师或演员。

根据有无实现的可能性，可以将幻想分为理想和空想。其中，理想是一种积极的幻想，它以客观现实的发展规律为依据，在现实中通过努力就有可能实现。而空想是一种消极的幻想，它完全脱离了客观现实的发展规律，在现实中毫无实现的可能性。例如，天天不学习的人妄想考上名牌大学。[②]

三　想象的过程

想象的过程是对已有表象分析、综合的过程，具体有以下几种形式。[③]

（一）黏合

黏合是把两种或多种客观事物的属性、特征从整体中分解出来，并按一定的关系结合在一起形成新形象的过程。例如：将美人的上半身和鱼的尾巴结合起来形成了美人鱼的形象；将猫的脑袋和警察的身体结合起来形成了黑猫警长的形象。黏合会受到社会文化、风俗习惯的影响。

（二）夸张

夸张又叫强调，是通过改变客观事物的正常特点，或将事物的某些特点加以夸大或缩小，从而形成新的形象的过程。例如，千手观音、小矮人等形象，就是采用这种方式构成的。

（三）典型化

典型化是将某类客观事物共同的、典型的特征集中在某一具体事物上，从而形成新形象的过

① 王小英. 学前儿童心理学［M］. 长春：东北师范大学出版社，2015：178.
② 罗秋英. 学前儿童心理学［M］. 上海：复旦大学出版社，2017：68.
③ 刘吉祥，刘慕霞. 学前儿童发展心理学［M］. 长沙：湖南大学出版社，2016：96-97.

程。典型化是文学和艺术创作中的重要方式，是塑造人物形象、增强艺术感染力的重要手段。例如，鲁迅创作的短篇小说《祝福》中祥林嫂的形象，就是旧中国农村劳动妇女的典型化形象。

（四）拟人化

拟人化是指将人类的形象和特征赋予客观事物，使之人格化的过程。例如，动画片《熊出没》中的熊大、熊二表面上看是熊的形象，但它们不仅具有人的外表和行为，还具有人的思维和情感。

（五）联想

联想是指由一个事物想到另一个事物，也可以创造新的形象的过程。想象联想不同于记忆联想，想象联想的方向在很大程度上受个体创作时情绪、思想、意图的影响。例如，幼儿听到“六一”，脑海中马上就会想到儿童节当天欢庆的场景。

四 想象对学前儿童心理发展的作用

想象在学前儿童的心理发展中具有十分重要的作用，它贯穿于幼儿的各种活动之中。[①]

（一）想象对学前儿童的学习具有重要意义

1. 想象是学前儿童学习新知识、新技能所必需的认知基础

学前儿童可以通过直接感知认识客观事物，但是他们不可能事事都亲身体验，因此通过他人的描述间接获得对事物的认识，也是学前儿童学习中不可缺少的途径。学前儿童在获得间接认识的过程中，没有想象是无法构建出新形象、新知识、新技能的。

2. 想象有助于学前儿童理解能力的发展

由于知识经验的缺乏，学前儿童对事物的理解，往往需要借助想象。想象能够帮助学前儿童掌握抽象的概念，理解较复杂的知识，创造性地完成学习任务。例如，儿童在学习“数的加减运算”时，“3＋5”等于多少，他们还不能掌握，但教师可以借助实物或表象让幼儿理解抽象的数字，可以这样提问：“我有 5 个苹果，你有 3 个苹果，我们两个一共有多少个苹果呢?”

总之，想象在学前儿童的学习中运用得十分普遍，缺乏想象力的儿童是无法取得良好的学习效果的。

① 王双宏，黄胜. 学前儿童发展心理学［M］. 成都：西南交通大学出版社，2018：78-79.

（二）想象是学前儿童创造力发展的核心

个体的创造力主要表现在创造性思维方面。可以说，没有想象就没有理解，没有理解就没有思维，更不会有创造性思维。创造性思维一般可以分为三个方面：直觉、灵感和想象。可见，想象是创造性思维的重要内容。对于学前儿童来说，想象就是他们创造性思维的核心。成人在评估学前儿童的创造性思维时，也主要从想象的水平出发进行评价。例如，在国际儿童年国际画展上，获奖绘画作品《月亮上荡秋千》就充满了丰富的想象，因此获得了很高的评价。

（三）想象能够促进学前儿童游戏水平的发展

学前儿童以游戏为基本活动，想象在儿童的游戏中发挥着极其重要的作用。在角色游戏中，角色的扮演、材料的使用、游戏的过程都离不开儿童的想象。例如，儿童在游戏中会经常出现“以物代物”和“以人代人”的行为。他们会将一根木棍当作手枪或宝剑来使用，也会将自己想象成不同的人物，如医生、老师、警察等。可以说，如果没有想象，学前儿童的角色游戏就无法顺利开展。

建构游戏也深受学前儿童的喜爱，它具有广阔的想象空间，蕴含着丰富的创造因素。在游戏中，儿童会对建构材料和建构物体进行想象。他们不仅会利用各种材料模拟周围事物的形象，还会通过想象建构新的事物形象。例如，儿童根据生活中常见事物的形象，将积木进行组合、拼插、镶嵌等，建构出飞机、轮船、坦克等物体。除此之外，他们也会通过想象创造出自己从来没见过的事物形象，例如外星人等。可见，想象在学前儿童的游戏活动中起着关键作用，激发儿童的想象力，有助于提升其游戏水平。

（四）想象有助于维持学前儿童的心理健康

不恰当的想象往往会导致个体心理活动出现失常的现象。例如，由于医生说话不够谨慎，使患者想象自己得了某种疾病，结果导致患者身上真的出现了这种病的症状。同样，教师不恰当的行为也可能会给儿童带来创伤性影响，引发儿童消极的情绪情感体验，导致其精神失常，这叫作“教育致因疾病”。因此，教师必须时刻注意自己的言行举止，引导儿童进行恰当、合理的想象。

想象能够满足学前儿童的情感需要。我们在生活中常常会见到这样的现象，有的儿童在打针时，自言自语地说道：“我是警察，我不怕打针。”儿童把自己想象成警察，认为自己要和警察一样勇敢，以达到安慰自己、减少恐惧的目的。这类想象和儿童的情绪情感密切相关，叫作情感性想象。学前儿童的很多活动都具有明显的情绪情感色彩，例如自由绘画、角色扮演和建构游戏等，学前儿童可以在游戏中进行丰富的想象，这些游戏不仅可以让学前儿童暂时忘记现实生活的烦恼，还可以满足他们其他方面的情感需要，保持其心理健康。

第二课　学前儿童想象的发展与培养

案例导入

乐乐特别喜欢听古典音乐，他最喜欢的音乐家是肖邦。有一天，他和妈妈说："今天我好开心呀，因为肖邦叔叔来我们幼儿园了，还教我们弹钢琴呢。"妈妈听了以后很震惊，以为孩子学会了说谎，于是严厉地批评了他。

思考：这种现象说明了孩子想象的什么特点？妈妈的做法是否正确？

一　学前儿童想象的发展过程

（一）想象的发生

新生儿和1岁前的婴儿没有想象，想象开始发生的年龄是1.5～2岁之间。一方面，想象的发生与大脑皮质的成熟有关。想象的生理基础是大脑皮质上旧的神经联系经过排列组合形成新的联系。1岁前婴儿的大脑皮质发育还不成熟，不能形成大量的神经联系，这导致旧神经联系的重新组合受到限制。而1.5～2岁的儿童的大脑神经系统的发育趋向成熟，儿童在大脑中可能储存较多的信息材料，旧的神经联系进行排列组合的可能性也就更大。另一方面，语言也是影响儿童想象发生的重要因素。1.5～2岁的儿童正处于语言发展的萌芽时期。语词具有概括性，语词和其所代表的具体事物间存在广泛的联系。想象正是借助于语词的这种概括性联系，对具体事物在大脑皮质留下的痕迹及其相互之间的联系进行加工重组。①

（二）想象的萌芽

学前儿童在1.5～2岁时出现了想象的萌芽，这个时期儿童的想象处于最初级阶段。具体来说，有以下特点。②

Note

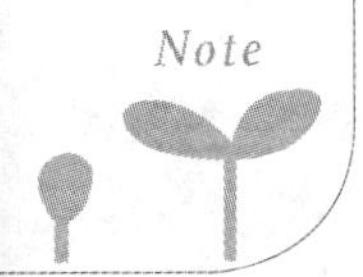

① 张丽丽，高乐国．学前儿童发展心理学［M］．上海：华东师范大学出版社，2016：97.

② 陈帼眉．学前心理学［M］．北京：人民教育出版社，2015：208.

1. 记忆表象在新场景下的重现

学前儿童最初的想象主要是记忆表象的简单迁移，即儿童只是把大脑中已有的表象迁移到新的情境中去，并没有进行显著的加工改造，有研究者将其称为“表象迁移阶段”。儿童经常把生活中的一些情境迁移到游戏中去。例如，妈妈平时经常喂孩子吃饭，这给孩子留下了深刻的印象，因此当孩子在和玩具娃娃一起玩时，他的脑海里可能就会出现妈妈喂自己吃东西的场景，进而模仿妈妈的动作假装喂玩具娃娃各种食物。

2. 简单的相似联想

学前儿童最初的想象常常依靠客观事物外表的相似性将不同事物的形象联系在一起。例如，一个2岁左右的儿童正在抬头看月亮时，忽然指着月亮说：“妈妈，你看，天上有一个好大的香蕉啊。”这就是一种简单的相似联想：看到月亮想起了生活中经常吃的香蕉。

3. 没有情节的组合

学前儿童最初的想象是一种简单的替代，以一物替代另一物，以一人替代另一人。例如，将玩具娃娃当作自己的小妹妹，将一根木棍当作宝剑，但是没有更多的想象情节，没有或很少把已有经验的情节成分重新组合。

二　学前儿童想象的发展特点

幼儿早期已经具备了想象的基础，但是此阶段的想象处于最初级形态，想象简单贫乏，有意性和创造性很低。到了幼儿期，幼儿的生活经验增加，言语能力大大提升，分析理解能力有所提高，儿童的想象逐渐发展。具体来说，表现在以下几个方面。

（一）学前儿童想象发展的一般特点

1. 无意想象占优势，有意想象逐渐发展

在整个学前期，儿童的无意想象都占据主导地位。随着年龄的增长，有意想象才逐渐发展起来。

（1）无意想象。

无意性是学前儿童心理活动的显著特点，想象活动也不例外。儿童的无意想象具有以下特点。[①]

第一，想象无预定目的，受外界刺激影响。学前儿童的想象常常没有什么目的，往往由外界刺激直接引发，借助具体情境或事物进行。在游戏中，儿童的想象活动常随着玩具的出现而被激活。

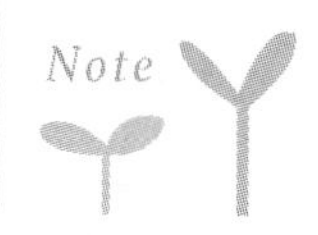

① 王小英. 学前儿童心理学［M］. 长春：东北师范大学出版社，2015：171-172.

例如：在玩“娃娃家”的游戏时，看见小碗小勺，就会想到喂娃娃吃饭；看见飞机时，就会想象自己是飞行员，在天上开飞机；看见书包时，会想象自己是一名小学生，背着书包去上学等。在绘画活动中，如果没有成人的指导，儿童往往不能明确绘画的主题，他们不知道自己将要创造什么形象，往往是在行动中看到了由自己的动作无意造成的物体形态，才明确了行为的意义。例如，儿童在绘画时先随便乱画，当画出的某些线条和小汽车相似时，头脑中就会浮现小汽车的形象，当你问他在画什么时，他会说“我在画小汽车”。

第二，想象的主题不稳定。学前儿童的想象缺乏明确的目的，也就很难形成稳定的主题。儿童想象的过程会受外界环境的直接影响，随着外界环境的变化而变化，很容易从一个主题变换到另一个主题。例如，在绘画活动中，儿童想象的主题往往是由别人所画的或别人所说的而产生，他们一会儿画胡萝卜，一会儿画房子，看到同伴画小兔子，自己又去画小兔子。总之，在学前儿童的活动中，他们很难长时间从事某一主题的活动，都是想到什么、看到什么、听到什么就做什么，想象的主题十分不稳定。

第三，想象内容凌乱，缺乏系统性。由于学前儿童的想象没有预定目的，想象主题也不稳定，想象内容就不可能是完整的、系统的，想象的内容之间也不存在有机的联系。例如，在一幅画中，他们会把自己感兴趣的东西都画出来，不受时间、空间的限制，也不管物体的比例大小，这是儿童无系统地自由联想。

案例分析

贝贝今年 4 岁了，妈妈给她买了《冰雪奇缘》的绘本，每天临睡前给她讲安娜公主和艾莎公主的故事。每次提到安娜公主和艾莎公主时，贝贝都激动不已。妈妈已经把这套绘本讲了无数遍，贝贝还是很喜欢听，一点儿也不觉得厌烦。

思考：贝贝的行为体现了学前儿童无意想象的什么特点？

第四，想象活动注重过程，不在意结果。学前儿童的想象没有明确的目的，也就不在意最后会得到什么样的结果，因此他们会把想象的过程放在首位。儿童的想象内容往往是自己感兴趣的，他们会不厌其烦地沉浸在想象的过程之中，并感到极大的满足。例如，儿童有时会给同伴讲故事，表面上看起来绘声绘色、声音动听、表情丰富、动作形象，实际上所讲内容并不具有吸引力，情节不完整，甚至是各种事件的零散拼凑。但是讲故事的孩子自己感到很有意思，听故事的孩子也听得津津有味，这种活动常常能持续半小时以上。这是因为儿童满足于对各种零散材料和情节的想象，而对于故事本身的情节和逻辑并不在意。

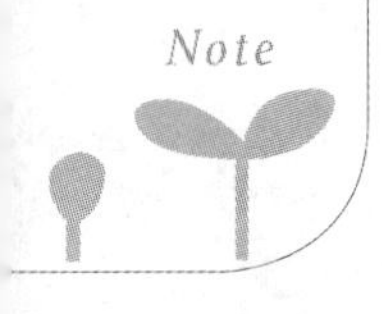

案例分析

今天是中班的绘画课，楚楚画了一只小兔子，她兴高采烈地拉着王老师过来看，但是王老师当时正在帮助其他小朋友，于是摸了摸楚楚的头，说等会儿去看，楚楚垂头丧气地走了。等老师忙完来看楚楚的画时，发现小兔子没了，纸上被她画成了一团黑，王老师问“你画的小兔子呢”，楚楚说“小兔子被大老虎吃掉了”。

思考：楚楚的行为体现了学前儿童无意想象的什么特点？

第五，想象容易受到情绪和兴趣的影响。学前儿童的想象往往表现出很强的情绪性和兴趣性。情绪常常能够引起儿童的想象，甚至改变想象的方向。例如，爸爸在给孩子讲小红帽的故事时，儿童会因为不喜欢大灰狼而要求爸爸在讲故事时“快点让猎人来吧，不要让大灰狼看见小红帽”。另外，凡是能够让儿童感兴趣的事物都很容易引起他们的想象。儿童对感兴趣的事物或活动，会专注其中，长时间进行想象；而对不感兴趣的事物或活动，想象的时间则很短。

（2）有意想象。

在教育的影响下，学前儿童的有意想象在幼儿初期开始萌芽，在幼儿晚期得到了较大发展，主要表现为：想象开始有目的；想象主题逐渐稳定；为了实现目的，可以克服一定的困难。例如，能和同伴预先商定游戏的主题，根据主题设置大致情节，确定游戏规则，进而分配角色，准备游戏材料。游戏中会自觉排除无关事件的干扰，主动解决诸如材料缺乏、角色分配等问题，将主题进行到底。但是总的来说，6岁前儿童的有意想象水平还比较低。有研究者发现，儿童在游戏条件下的有意想象水平较高，在非游戏条件下有意想象的水平就很低。

拓展阅读
扫一扫，了解定式想象实验

2. 再造想象占优势，创造想象逐渐发展

学前儿童的再造想象占据主导地位，在再造想象发展的过程中，想象的创造性逐渐增多，进而出现了创造想象。

（1）再造想象。

一般来说，学前儿童再造想象的比重很大，创造想象的比重很小。具体来说，儿童的再造想象有以下特点。[①]

① 王小英．学前儿童心理学［M］．长春：东北师范大学出版社，2015：176．

第一，常常依赖成人的语言描述。学前儿童的再造想象是一种较为低级的想象形式，进行再造想象时离不开成人的言语引导与提示。如果教师在组织活动或讲述故事时能够运用生动、形象、具体的语言，儿童的再造想象就会容易一些。例如，幼儿在听故事时，其想象是随着成人的语言讲述而展开的。如果教师在讲述故事的过程中结合图像，取得的教学效果就会更好。但是只有图像没有语言，儿童的想象也不能很好地展开。在游戏中，儿童的想象往往是根据成人的语言描述进行的。例如，3～4 的儿童抱着娃娃时，原本可能只是静静地坐着，当教师说“宝宝要吃饭了，你给她准备了什么食物呀”，这时儿童的想象开始活跃起来，出现了其他的想象行为。但这种现象几乎是教师语言的再现，完全按照教师的语言展开一系列的想象活动。

第二，容易受外界环境变化的影响。再造想象的产生是无意的、被动的，想象内容是再造的、迁移联想的，具有复制性和模仿性，基本上是对生活中某些经验或场景的重现。再造想象的产生往往是由外界环境的刺激直接引起的，并随着外界环境的变化而变化。例如，儿童给娃娃洗手、喂饭、穿衣等动作，就是模仿妈妈在日常生活中的行为，儿童的想象与他们的生活经验之间存在密切的联系。

第三，依靠直接行动。实际行动是学前儿童进行想象活动的必要条件，在幼儿初期尤为突出。不管是在游戏还是在其他活动中，想象都是与实际行动直接联系的。当儿童无意地摆弄物体而偶然地改变了物体的状态时，便引起了儿童的想象，头脑中就产生了新的形象。在游戏活动中，儿童的想象离不开对游戏材料的操作，即要在实际操作中发挥想象力进行创作。例如，利用积木来建造游乐园，利用橡皮泥捏造喜欢的人物等。总之，没有材料和活动，而仅凭空想象，学前儿童的想象活动是无法顺利进行的。

拓展阅读

学前儿童想象的分类

学者李山川（1982）将学前儿童的再造想象分为五类。

一是经验性想象。儿童凭借生活经验和个人经历而展开的想象活动。例如，幼儿对夏天的印象就是天气很热，可以穿裙子，可以吃冰激凌。

二是情境性想象。儿童的想象是由画面的整个情境引起的。例如，幼儿看到天上的白云时，可能会想到棉花糖、骏马、小狗等。

三是愿望性想象。儿童在想象活动中表露个人愿望。例如，幼儿把自己想象成奥特曼、铠甲勇士、蜘蛛侠等。

Note

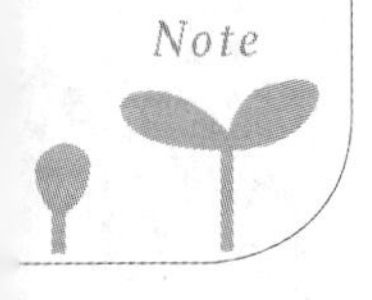

四是拟人化想象。把客观事物想象成人，赋予其人的思维和情感。例如，幼儿看向太阳，他说："太阳公公正在看着我，对我微笑，还向我招手。"

五是夸张性想象。学前儿童喜欢夸大事物的某些特征。例如，幼儿在画自己吃苹果时，画的苹果比自己还大。

（2）创造想象。

随着年龄的增长，学前儿童的知识经验越来越丰富，抽象概括能力越来越强，他们的想象中开始出现一些创造性因素，主要表现为能够独立地从新的角度对已有表象进行加工改造。例如，幼儿中期的孩子在游戏中不再是单纯地重复教师提出的主题，而是通过自己的构思来添加一些新的内容，在看图讲故事时会自觉补充一些图片中没有的情节。创造想象是学前儿童高级心理活动开始出现的重要标志。学前儿童的创造想象具有以下特点。

第一，独立性。创造想象不是在外界指导下进行的，受暗示较少，想象者处于主动地位，积极地进行想象活动。

第二，新颖性。创造想象以原有的记忆表象为基础，但不是对已有表象的简单复制，而是通过加工改造，改变了原有表象的形象，产生了新的形象。

拓展阅读

创造想象的发展水平

苏联心理学家契雅琴科（1980）等人对儿童创造想象的水平进行了研究。具体方法是：以3～7岁的儿童为研究对象，给他们20张图片，上面画着物体的某个组成部分，例如一段树枝，有两只耳朵的头，或者是一些简单的图形，如三角形、正方形、圆形等，要求儿童把每一张图片加工成一幅完整的图画。根据他们的表现，将创造想象分为六个水平。

第一种水平，不能接受任务，不会利用原有图形进行想象，在图片上乱涂乱画，与主题无关。

第二种水平，能在图片上加工，画出事物，但是画出的事物形象是粗线条的，只有轮廓，没有细节。

第三种水平，能画出各种事物，已有细节。

第四种水平，所画的事物具有想象的成分。例如，画出的不仅是一个小女孩，这个小女孩还在做运动。

第五种水平，根据想象情节，能画出几个事物，并且各事物之间具有一定的情节联系。例如，一个女孩牵着小狗在散步。

第六种水平，按照新的方式来运用图形。不再把原来的图形做为图画的主要部分，而是当作想象的次要成分。例如，将三角形当作铅笔头，将圆形当作树上的苹果。

3. 想象具有夸张性逐渐发展为具有现实合理性

案例分析

茂茂很喜欢画画，他画的长颈鹿脖子特别长，而身子很小；他画的大象耳朵特别大，鼻子特别长，身子却很小。他也很喜欢聊天，他说自己有一亿斤那么重，他的爸爸有一棵大树那么高。

思考：茂茂的行为体现了学前儿童想象的什么特点？

（1）想象具有夸张性。

学前儿童的想象常常喜欢夸大事物的某个部分或某种特征。学前儿童特别喜欢听童话故事，因为童话故事中包含了很多夸张的成分，例如拇指姑娘、豌豆公主、小人国、大人国、千里眼、顺风耳等。儿童的语言中也有很多夸张的成分，例如“我爸爸的力气可大了，能用一只手推动汽车”。学前儿童想象的夸张性还体现在绘画活动中，他们经常把自己感兴趣的部分加以夸大，例如儿童喜欢吃苹果，可能会把苹果画的比树还大。

造成幼儿想象具有夸张性的原因有以下几点。

第一，认知发展水平的限制。由于学前儿童的思维具有直觉行动性和具体行动性，因此其注意常放在具体、形象、新颖、夸张的事物上。他们在观察事物的时候很难全面，往往抓不住事物的本质特点，而是关注事物的突出特点，其他特点则很少注意。学前儿童的知识经验比较匮乏，还不具备抽象概括能力，所以想象时只会对事物的突出特征做出反应。例如，汽车就是四个轮子，人的脑袋就是两只大眼睛。

第二，情绪的影响。学前儿童的想象具有情绪性，他们感兴趣的事物、喜欢的事物往往在意识中占据主导地位。例如：儿童在绘画中将妈妈画成仙女，把爸爸画成怪物，这是因为妈妈对他很温柔，关心爱护他，他很喜欢妈妈；而爸爸脾气很暴躁，经常责骂他，他很讨厌爸爸。

（2）想象与现实混淆。

Note

学前儿童常常把想象的东西当作是真实的，主要表现在三个方面。[1]

① 钱峰，汪乃铭．学前心理学［M］．3版．上海：复旦大学出版社，2020：48．

第一，把渴望得到的东西说成是已有的东西。例如，有一个小朋友买了奥特曼，另一个小朋友看到之后说妈妈也给自己买了，而实际上并非如此。

第二，把自己希望发生的事情说成是已经发生的。例如，听到别的小朋友去海边玩了，小朋友就会说自己也去了，还描述自己在海边干了什么，实际上他并没有去。

第三，在参加游戏或者欣赏文艺作品时，往往身临其境，与角色产生相同的情感反应。例如，小朋友在看动画片《猫和老鼠》时，常常因为老鼠逃脱没被抓而感到开心。

（二）各年龄段儿童想象的发展特点

随着年龄的增长，学前儿童的想象逐渐发展，不同年龄阶段的儿童想象的特点具有差异性。一般来说，2 岁前的儿童还不具备想象能力。

1．2～3 岁儿童的想象

2～3 岁是儿童想象发展的最初阶段，有以下特点。

（1）想象完全没有目的。

3 岁前儿童的想象完全没有目的，想象活动开展前不能形成想象的表象。例如，儿童在绘画之前，并不知道自己要画什么，而是随意乱画。

（2）想象过程进行缓慢。

3 岁前儿童的想象过程是缓慢展开的。例如，当儿童利用积木堆积出某个物体时，成人询问他们这是什么时，儿童往往不能马上说出来，这是因为眼前事物的形象并不能立刻引起其头脑中表象的活动，他们需要一定的时间在头脑中检索记忆存储的表象，看看哪一个形象比较符合现有事物的形象。

（3）想象与记忆的界限不明显。

在这个阶段，想象和记忆非常接近，两者之间的界限不明显。想象表象只是将新情境的某些特征和已有表象的某些特征进行相似性联想。换句话说，只是在新的形象中认出已有熟悉的事物。例如，两岁半的儿童从自己搭建的积木中认出小汽车的形象。

（4）想象依靠感知动作。

2～3 岁儿童的想象需要借助具体、形象的玩具和游戏材料及实际的行动才能展开。例如，一根木棍，儿童把它骑在胯下就成了马，在头顶挥舞就变成了金箍棒，拿在手里就变成了手枪。

（5）想象依赖于成人的言语提示。

这一阶段儿童的想象依赖于成人的言语提示和引导。如果脱离了成人的言语提示，儿童的想象可能就停留在无意义的动作阶段。成人的言语提示有两个作用。第一，使有关表象活跃起来。成人的言语往往会创设一定的问题情境，促使儿童产生想象的需要和动机，激发他们去搜索记忆中的表象，选择其中可以运用的形象和素材，进而组成新的形象。例如，3 岁前的儿童在搭建好积木后，往往不知道自己搭建的是什么，但是当成人提问“这是什么”时，会引起他们的想象，儿童开始思

考这些积木像什么，从而说出自己的答案。第二，丰富想象的内容。成人的言语提示促使儿童的想象从单纯命名发展为具有一定的情节性。例如，当孩子在绘画时，成人问“你画的是什么”，孩子回答“这是飞机”，成人再问“你坐过飞机吗”，孩子回答“我坐过好几次了，爸爸妈妈带我和爷爷奶奶去玩，还吃了很多好吃的东西”。可见，成人的言语提示不仅能够促使儿童明确自己在做什么，还会让儿童的想象具有一定的情节性。

2. 3～4 岁儿童的想象

3～4 岁儿童的想象主要是无意想象，是一种自由联想。具体来说，有以下特点。

（1）想象没有目的，没有前后一贯的主题。

这一阶段儿童的想象仍然缺乏目的，在行动之前并不清楚自己要做什么。

案例分析

3 岁半的佳佳在玩拼插积塑片的游戏，游戏正式开始之前，她并不知道要拼插什么东西，在玩的过程中将积塑片拼插了长长的一节，看了一会儿之后说“我要拼一个天梯”。她从“长长的”这一形状联想到了“天梯”的形象。

在成人的引导之下，3～4 岁的儿童也能在行动之前说出主题，但是后续行动往往不会按照原先的主题进行。例如，一个 3 岁 4 个月的孩子在绘画开始之前说“我要画一个大老虎”，结果在画的过程中又变成了狮子。

（2）想象内容零碎，无意义联系；想象内容贫乏，数量少而单调。

3～4 岁儿童的想象往往内容零散，缺乏意义联系，并且数量少而单调。例如，一个孩子在绘画时，他想到什么就画什么，在纸上先后画了小鸡、小鸟、高楼、香蕉、白云等，想象的内容之间无意义联系。这一阶段儿童的想象内容往往只是重复生活中常见的一些东西，细节的特征少且不完整，例如小鸟的形象只有翅膀、爪子和头，缺乏细节性的描述。

（3）想象受感知形象的直接影响。

与前一阶段类似，这一阶段儿童的想象表象往往是由感知形象联想到已有表象而构成，不同的是儿童构成新形象所需的时间更短一些。儿童想象的主题受外界刺激的直接影响。例如，一个 3 岁半的儿童在画小猫，忽然窗外飞过一群鸟，他就开始画小鸟，当听到身边的小朋友说要画小狗时，他又画起了小狗。

（4）不追求想象结果。

3～4 岁儿童的想象满足于想象的过程，而不追求想象的结果。他们的想象往往没有目的，不要求做出预定的成品，也不关注想象的内容是否符合客观实际，只注重自己在想象过程中的情绪情感需要。

3. 4～5 岁儿童的想象

4～5 岁儿童的想象仍以无意想象为主，但是出现了有意想象的成分。具体来说，想象的特点有以下几点。

(1) 想象过程会随着外界或自身的情况而变化。

4～5 岁儿童的想象常常随着感知形象、外界刺激和自己的情绪而变化。例如，一个 4 岁半的孩子想要画“小人摘苹果”，为了摘到高处的苹果，他把小人的腿画得特别长。当有人问“腿有那么长吗”，他回答说“他的腿可以变，可以变长也可以变短”。

(2) 想象具有目的性，出现自由联想。

这一阶段儿童的想象仍具有很大的无意性，属于自由联想，但是开始出现有意的成分。他们在活动之前知道自己想做什么，即使想象的主题发生了变化，但是变化具有一定的范围。例如，儿童在绘画时，在画之前想要画大象，但是在画的过程中可能有些跑题，画了斑马和豹子，但是他能够很快就转回原有的主题，继续画大象。

(3) 想象的目的和计划很简单。

4～5 岁的儿童常常是边想、边说、边行动。例如，一个儿童想要用积木搭建高楼，他完成之后，又说“我要再搭一张床”。搭建床之后，他又说“我还要再搭几个人”“我要养一只小狗”等。在整个过程中，儿童都是嘴和手一起动。由于该年龄阶段儿童的想象过程仍离不开行动，边想边动，因此活动完成之后的描述往往比活动之前更加丰富，儿童会添加一些更加细节的描述去介绍自己的行为。

(4) 想象内容更丰富，但仍然零碎。

这一阶段的儿童与上一阶段相比，想象内容更加丰富，但是仍然比较零碎，内容之间缺乏意义联系。

4. 5～6 岁儿童的想象

5～6 岁儿童的有意想象和创造想象有了明显的发展，表现在以下几点。

(1) 想象的有意性非常明显。

这一阶段儿童的想象有意性相当明显，在活动之前就有了明确的目的，并始终根据计划来进行。例如，儿童想要画游乐园，他会一直想象游乐园里有什么，并把它们画下来，始终不脱离主题。

(2) 想象内容进一步丰富。

5～6 岁儿童想象内容的范围进一步扩大，涉及生活中的方方方面，而且想象的内容具有情节性。例如，一个 5 岁多的儿童在画“我的妈妈”时，他说：“我的妈妈很漂亮，像仙女一样，大大的眼睛，小小的嘴巴，她每天都给我讲故事听。”

(3) 想象内容的新颖性增加。

这一阶段儿童的想象内容更加新颖，甚至是现实生活中不存在的。例如，在“假如我有一双翅膀”的主题下，儿童想象自己飞上天空，和小鸟一起飞行，和太阳公公一起玩。值得注意的是，儿

童的想象仍然更多地以某个感知过的形象为原型，想象表象和记忆表象的距离并不遥远。另外，儿童的想象与他们的经验有着密切联系，往往会从自己的愿望出发。例如，想象自己有一双翅膀，像孙悟空一样学习七十二变，自己的身体可以变大变小等。

（4）想象的形象力求符合客观实际。

这一阶段的儿童开始关注自己想象中的形象是否符合客观实际，与现实生活中的事物尽可能保持一致。例如，儿童在绘画时，常问“我画得像不像”，表明他们开始将自己的作品与现实生活中的事物进行比较，观察它们之间特征的相似性。

三 学前儿童想象能力的培养

案例导入

某幼儿教师教孩子们认识蔬菜，她拿出来一个土豆放在手里问道：“谁知道我手里拿的是什么吗？”琪琪举手说：“这是泥巴，我玩过。”老师面露不悦，说道：“琪琪说得不对，我看谁最聪明，能说出正确答案。”明明说：“它像小兔子。”老师说：“明明说得也不对，还有人知道吗？”这时，亮亮大声说道：“土豆。”老师微笑地看向亮亮，说：“亮亮真聪明，这确实是土豆。”

思考：老师的行为是否恰当，应该如何培养儿童的想象力？

爱因斯坦曾说：“想象力比知识更重要，因为知识是有限的，而想象力概括着世界的一切，推动着进步，并且是知识进化的源泉。”可见，想象力在一个人的发展过程及社会的进步中起着至关重要的作用。如何在实践中培养学前儿童的想象力和创造力，是学前教育者应该关注的重要问题。

（一）激发儿童的好奇心

好奇、好问是学前儿童的天性，心理学研究表明，儿童的好奇心与创造力的发展成正比。一般来说，儿童的好奇心越强烈，其创造力发展得越好。为了使儿童的想象更具创造力，成人必须善于维持儿童的好奇心，并进一步激发其好奇心，使他们的想象始终处于活跃状态。由于知识经验的缺乏，儿童对周围的事物充满了好奇，常常会提出各种问题，并一直追问为什么，这时候成人应该热情耐心地解答他们的问题，不能回答的问题要和儿童一起探究答案，而不是装作没听见、敷衍了事，这样会打击儿童的积极性和主动性，减少其想象的空间，降低其创造的热情。

除此之外，成人要善于创设问题情境，经常向儿童提问一些具有观察性、思考性和探索性的问

题，并努力创设自由宽松的心理氛围，给予儿童充分的想象时间和空间，鼓励其积极动脑、大胆想象，让他们在敢想、多想的氛围中发展想象力和创造力。

（二）丰富儿童的知识经验

想象虽然是创造新形象的过程，但是新形象是在对已有表象的加工基础上形成的。可以说，表象的数量和质量直接影响着儿童想象的水平。感性经验越丰富，表象积累得越多，儿童的想象越丰富；感性经验越贫乏，表象积累得越少，儿童的想象就越肤浅。

因此，成人应该积极创造各种条件，让儿童多看、多听、多闻，丰富其感性经验，开拓其想象力。一方面，成人可以带儿童广泛地接触自然和社会。例如，让孩子多接触大自然，去发现大自然的美；多参观各种展览馆、博览会，开阔儿童的视野；多去动物园看各种小动物，认识不同动物的特征等。另一方面，成人可以借助文学作品丰富儿童的表象。儿童不仅可以通过文学作品来获得美的感受，还可以获得丰富的知识经验。例如，故事书中的白雪公主、小矮人、小红帽、灰姑娘等人物，为儿童提供了鲜明、生动的形象，为其展开丰富的想象奠定了坚实的基础。

（三）开展多样的游戏活动

游戏是学前儿童最喜欢的活动形式。在游戏中，儿童可以通过扮演各种角色，发展游戏的情节，展开丰富的想象。例如，儿童在游戏中扮演营业员和顾客，根据生活常识做起了买卖。游戏的一大特点就是想象和现实相结合，儿童在游戏中可以根据自己的意愿和想法去组织活动，在现实的基础之上展开丰富的想象。可见，游戏是促进儿童想象力发展的重要手段。因此，成人要善于创设各种游戏情境，让儿童在游戏中不断发展自身的想象力。

学前儿童在游戏的过程中离不开玩具和游戏材料。玩具和游戏材料是儿童想象活动顺利开展的物质基础，能够引起大脑皮层旧的暂时联系的复活和接通，使想象一直处于活跃状态。丰富的玩具和游戏材料能够帮助儿童再现过去的经验，使其触景生情，展开各种联想。因此，成人应该尽量给儿童提供数量丰富、种类多样、可操作性强的玩具和游戏材料。

（四）充分利用文学艺术活动

开展丰富的文学艺术活动有助于培养学前儿童的想象力。①

在语言活动中，续编故事、仿编故事、适时停止讲述是发展儿童想象力的重要手段。例如，在学习《小鼹鼠要回家》这个故事时，小鼹鼠在外面玩的时候迷路了，它该怎么办呢？成人通过提问，激发儿童的想象力，儿童纷纷开始为小鼹鼠如何回家想办法。

在美术活动中，儿童可以充分发挥自己的想象力，大胆地表达自己的想法，创作出优秀的作

① 刘吉祥，刘慕霞．学前儿童发展心理学［M］．长沙：湖南大学出版社，2016：106-107.

品。例如：填补画要求儿童对不完整的图片进行填补，画出缺失的部分，给儿童留下了无限的想象空间；意愿画要求儿童根据主题内容进行自由创作，能够让儿童无拘无束地发挥想象力。

在音乐活动中，儿童可以感知不同的音乐旋律和舞蹈动作，去体会音乐和舞蹈所传达的感情，进而根据自己的想象去创造性地表达出来。

（五）发展儿童的语言表达能力

学前儿童想象力的发展离不开语言活动，语言的水平直接影响其想象的发展。想象是大脑对客观世界的反映，需要经过分析综合的复杂过程，这一过程和语言的发展是密切联系的。一方面，学前儿童能够通过语言获得间接知识，丰富想象的内容。另一方面，儿童可以通过语言表达自己的想象内容，也能进一步激发他们的想象活动，使其想象内容更加丰富。因此，成人要想培养儿童丰富的想象力，需要同步发展他们的语言表达能力。

发展儿童语言能力的途径是多种多样的。例如：在看图讲述的活动中，可以让儿童仔细观察图上的内容，展开自由联想，并用自己的语言表达出来；在科学活动中，鼓励儿童用丰富、正确、清晰、生动的语言来描述事物；在艺术活动中，儿童可以通过剪纸、泥塑、绘画等形式来创作，进而引导他们口头分享自己的作品。

（六）了解不同年龄段儿童想象的发展特点，因材施教

不同年龄阶段儿童的想象发展的特点具有差异性。成人需要因材施教，从不同年龄阶段儿童的发展水平出发，给予其相应的指导。对于2～3岁和3～4岁的儿童来说，他们的想象发展水平很低，几乎全是无意想象。成人应该帮助这一阶段的儿童积累记忆的表象，让他们在多看、多听、多动中积累感性经验。4～5岁儿童开始出现有意想象，但是想象的目的和计划比较简单，想象的内容缺乏意义联系，成人应该进一步培养儿童自主确定想象主题的能力，鼓励他们在活动开始之前就独立地确定活动的目的，并通过言语提示使其逐渐明晰想象的内容之间的逻辑关系。例如，在自主绘画活动中，当儿童不知道画什么时，成人提示他可以画自己最喜欢的人、事、物，如果儿童选择画游乐场，成人可以进一步提出“游乐场里有什么”“和谁一起去过”“最喜欢玩什么项目”等问题来帮助儿童建构不同人、事、物间的意义联系。5～6岁儿童的有意想象和创造想象得到了很大发展，想象的逻辑性、独立性和新颖性均明显发展。成人应该在他们原有水平的基础之上提出更高的发展要求，促进其有意想象和创造想象向更高的层次发展。

思考与练习

一、简答题

1. 简述幼儿无意想象的主要表现。

2. 简述幼儿想象的夸张性。

二、 论述题

1. 请举例说明教师如何培养幼儿的想象力。
2. 请根据幼儿想象力的发展特点，设计一个促进幼儿想象发展的教学活动。

实践与实训

实践： **结合所学的有关幼儿想象发展的内容，观察幼儿在活动中想象的特点。**

目的： 掌握不同年龄段幼儿想象的发展特点。

要求： 做好观察记录，针对幼儿在活动中的表现，进行分析讨论。

形式： 小组合作。

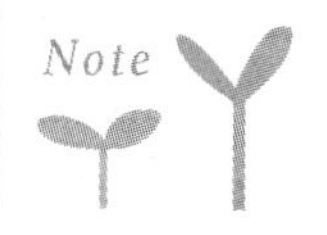

第五节　学前儿童思维的发展

◇学习目标

1. 知识目标：了解思维的分类、形式和过程，理解思维的基本概念和基本特性。

2. 能力目标：能根据实际情况分析学前儿童思维发展的状况，掌握学前儿童思维的发展特点以及培养思维能力的方法。

3. 情感目标：重视学前儿童思维的培养，具有运用思维发展规律来组织学前儿童活动的意识。

◇情境导入

小红是幼儿园中班的小朋友。一天，老师在幼儿园中教小朋友们学习儿歌《数鸭子》，并在黑板上展示了许多小鸭子的图片。老师提问："4 只鸭子加上 4 只鸭子，一共有多少只鸭子呢？"小红说："有 8 只鸭子。"但是回家后，妈妈询问小红："'4+4'等于几？"小红回答不出来。这是为什么呢？

案例中，小红能够回答鸭子相加的问题，却回答不了"4+4"的问题，这涉及幼儿思维的发展问题。那么，什么是思维？思维又有什么样的特点？教师该如何培养幼儿的思维能力？这些将是本节要介绍的内容。

第一课　思维的概述

一　思维的概念和特点

（一）思维的概念

思维是人脑对客观现实概括的、间接的反映。[①] 它反映的是事物的本质特征和内在规律性的联系。思维和感知觉一样，都是人脑对客观事物的反映，但是感知觉是对客观事物的直接反映，反映的是事物的表面特性和外部联系，属于感性认识；而思维是对事物间接的、概括的反映，反映的是事物的本质特征和内在规律性的联系，属于理性认识。

思维是建立在感知觉的基础上，对大量感性材料进行推论、假设并验证这些假设，进而揭露感知觉所不能揭示的事物的本质特征和内部规律的过程。例如在生活中，我们经常看到开水壶的出气口会有一团"白雾"，或当我们朝着玻璃窗哈气时，玻璃窗上会出现水珠，这些是对于现象的感知觉，即看到了事物的表面现象。将两者联系在一起会发现它们都是水蒸气遇冷液化的结果，这就是深入事物的内里、把握事物间关系的思维。又如"月晕而风，础润而雨"这句谚语是指月亮出现晕轮便会刮风，柱子的基石湿润预示着将会下雨，反映的是刮风和下雨之前的一些基本征兆。也就是说，"风"和"雨"并非已经刮了或者已经下了，而是通过"月"和"础"这两个媒介反映出的两种事物。以上都是人类思维的展现。

（二）思维的特点

思维具有两个基本的特点：间接性、概括性。

1. 思维的间接性

思维的间接性是指思维对感官所不能直接感知的事物，借助媒介与头脑加工来进行反映。[②] 也就是说，人们借助一些已有的经验和一定的媒介来理解和认识另一些没有被直接感知或不可能被直接感知的事物的本质属性和规律性联系。例如：人们通过观察云的不同形状、颜色来预测接下来的天气；医生通过听诊、化验、切脉、量体温、量血压及利用各种医疗器械的方式，再经过思维加

---

① 刘吉祥，刘慕霞．学前儿童发展心理学［M］．长沙：湖南大学出版社，2016：69．

② 王双宏，黄胜．学前儿童发展心理学［M］．成都：西南交通大学出版社，2018：106．

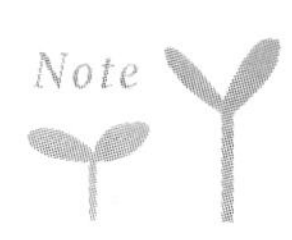

工，间接判断病人体内内脏器官的病变；警察在犯罪现场通过寻找一些痕迹，在脑中推断出罪犯在现场作案的情境等。这种由此及彼、由表及里的加工活动就是思维的间接性的表现。

把本无直接关系的现象联系在一起，人们不必直接去接触某些信息，而是通过一些规律便可以揭露事物的本质，这是思维的特性。正因如此，人的认知能力才能突破时空的限制，人的思维才有无限的认知能力。

2. 思维的概括性

思维的概括性是指思维所反映的是一类事物的共性，也就是说在大量感性材料的基础上，把同一类事物的共同特征和内在的本质联系抽取出来加以概括。例如，铅笔、钢笔、圆珠笔、毛笔，尽管它们的名字不同、形态不同、质地不同，但是都可以用来书写。因为笔是用来书写的工具，前面所提到的几种物品都可以概括为笔，这就是根据事物的共同属性类型来概括事物。思维的概括性扩大了人对事物的认知范围，加深了人对事物的本质了解，有助于人们对现实生活进行控制和改造。

案例分析

当你早晨醒来，推开窗门一看，发现地面上湿漉漉的，你就会得出昨天已经下过雨的结论。

思考并分析：这个认知活动与我们学习过的感知觉和想象有什么不同？它是一种什么样的心理过程？

二 思维的分类与形式

（一）思维的分类

依据不同的划分标准，思维可以划分为多个种类。

1. 动作思维、形象思维和抽象思维

依据思维过程中解决问题的方式不同，可将思维划分为动作思维、形象思维和抽象思维。

动作思维又称操作思维、实践思维，是指通过实际操作解决直观具体问题的思维活动。这个阶段的思维具有直观的形式，解决问题的方式依赖实际动作，其特点是思维既不能离开具体事物的直接感知，也不能离开手的动作，动作停止的同时，思维也就停止了。3 岁前的儿童只能通过摆弄物体（如手指头、火柴棒、圆球等）的方式进行计算，这就是一种动作思维，是最低水平的思维。随着年龄的增长，动作思维的使用减少。

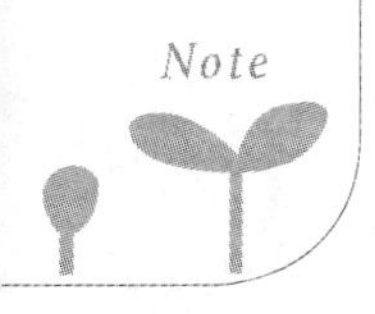

但有时成人也需要使用动作思维，比如通过边查看、边转动、边思考的方式玩魔方。值得注意的是，成人的动作思维是以丰富的知识为中介的，并在经验的基础上由语言进行调节和控制，它与没有完全掌握语言的儿童的动作思维有着本质的区别。

形象思维是运用事物的具体形象和头脑中已有的表象进行的思维，它的主要成分是表象、联想和想象。形象思维是由动作思维向抽象思维发展的过渡形式。学前儿童和小学低年级学生的思维以形象思维为主，这时候儿童可以脱离直接的刺激，通过对头脑中已有的表象和事物的具体形象进行加工改造来处理和解决问题。如儿童计算“1＋2＝3”时，可以不再通过摆弄木棒，而是利用头脑中已有或者是现实中看到“1 根木棒＋2 根木棒”的表象，得出有 3 根木棒的结果。

青少年和成人经常会使用到形象思维，尤其是在艺术家和设计师等职业中，他们大量使用高水平的形象思维进行创作，所以形象思维在认知过程中带有强烈的感情色彩，对解决问题具有动力作用，是创作或其他创造活动不可缺少的一种特殊思维活动。

抽象思维又称逻辑思维，是运用概念进行判断推理的思维活动，是人类特有的复杂而高级的形式。例如：在数学学科中，人们运用数字符号和概念进行运算推导；在化学学科中，人们用符号及其组合来表示元素或者化合物，以及不同物质之间的化学反应等。人们运用推理判断的方式来分析问题、解决问题，都属于抽象思维。

以上三种思维出现的顺序依次是动作思维—形象思维—抽象思维。

2. 直觉思维和分析思维

依据思维过程是否有明确的逻辑形式和逻辑法则，思维可以分为直觉思维和分析思维。

直觉思维也称非逻辑思维，是一种未经有意识的逻辑推理过程，而对问题的答案突然领悟，迅速做出合理的猜测和设想的思维。直觉思维省去了一步步分析推理的中间环节，采取了跳跃式的形式，它是一瞬间的火花，是人思考时的灵感和顿悟。例如，魏格纳在看地图时突然闪现出大陆漂移观念等。直觉思维具有直接性、快速性和跳跃性等特点。直觉思维的发生与灵感密切相关，但也少不了长期的积累。

分析思维也称逻辑思维，是按照逻辑规律逐步分析推导，最后获得合乎逻辑的正确答案或结论的思维。例如，警察通过线索和取证等方式找出犯罪对象，学生通过推理论证几何题等。

3. 聚合思维和发散思维

依据解决问题时的方向不同，可将思维分为聚合思维和发散思维。

聚合思维又称集中思维、辐合思维，是指人们利用熟悉的规则将所有已知的信息集中起来，得出一个正确的或最好的答案的思维，其主要功能是求同求优。例如，理论工作者依据许多现成的资料，归纳得出原理和定义。

发散思维又称辐射思维，是人们沿着不同的方向思考，重新组织当前的信息和记忆系统中储存的信息，产生大量独特的新答案的思维，其功能是求异。例如，某人想吃饭时，首先想到的是用什么方式去吃饭，可以点外卖、去食堂、自己做等。这种“通过什么方式去吃饭”的思维过程就是发散思维。

聚合思维和发散思维都是创造性的。聚合思维的相对面是发散思维，但是两者在解决问题的过

程中是紧密联系在一起的。例如，在发散性的头脑风暴后，还需要聚合思维逐一去验证，放弃一些假设，最后找到正确答案。

4. 常规性思维和创造性思维

根据思维的新颖性来划分，可以将思维划分为常规性思维和创造性思维。

常规性思维是指运用现有知识，按现成方案和程序直接解决问题的思维类型。例如，学生按照课本中已有例题的解题思路去解答练习题。

创造性思维是指重新组织已有知识，提出新的方案或程序，并创造出新成果的思维。例如，科学家根据人们的生活需求等创造出新的发明。创造性思维是一种具有开创意义的思维活动，是开拓人类认知新领域的思维活动。一项创造性思维的成果往往要经过长期的探索、刻苦的钻研，甚至多次的挫折方能取得，而创造性思维能力也要经过长期的知识积累才能具备。至于创造性思维的过程，则离不开繁多的推理、想象、联想、直觉等思维活动。

思维定式

思维定式，也称惯性思维，是由先前的活动而造成的一种对活动的特殊的心理准备状态或活动的倾向性。在环境不变的条件下，定式使人能够应用已掌握的方法迅速解决问题。而在情境发生变化时，它则会妨碍人采用新的方法。消极的思维定式是束缚创造性思维的枷锁。其特点包括：第一，趋向性，思维者具有力求将各种各样的问题情境归结为熟悉的问题情境的趋向，表现为思维空间的收缩；第二，常规性，如在搭积木时掌握“平铺”“垒高”等常规的方法和技巧；第三，程序性，程序性是指解决问题的步骤要符合规范化要求，要求清清楚楚、步步有据、格式合理，否则就会乱套。

（二）思维的形式

思维的基本形式有概念、判断和推理。

1. 概念

概念是思维的基本形式，是人脑对客观事物的本质属性的反映。人们通常用词来表示概念，每个概念都有一定的内涵和外延，内涵是指概念所反映事物的本质特征，外延则是指概念所反映的具体事物，即适用范围。例如，“人”这一概念的内涵就是“能制造并使用工具、能思维、会说话的动物”，它的外延包括中国人、外国人、男人、女人、大人、小孩等。概念的内涵和外延存在着反比例关系，一个概念的内涵越多，它的外延就越小；反之，一个概念的内涵越少，它的外延就越大。

儿童获得概念的方式基本分为两种。一种是通过实例获得。儿童在日常生活中经常接触各种事物，这些事物就被称作特定的词语介绍给儿童。例如，成人指着筷子、奶瓶对儿童说“筷子给我”“奶瓶给我”。另一种是通过语言获得。有时成人也会用讲解的方式帮助儿童掌握概念，但儿童通常很难通过这种方式获得概念。

2. 判断

判断是人脑借助语言对客观事物的特性或客观事物之间的联系进行分析与综合，从而对事物做出肯定或否定的认识。例如，狮子是长着锋利牙齿的动物，鲸鱼不是鱼类等。判断可分为直接判断和间接判断：直接判断主要是在感知觉层面上进行，不需要复杂的思维活动；间接判断一般需要推理，来反映事物之间的因果、时空和条件等关系。

案例分析

一个儿童认为“汽车比飞机跑得快”，他说：“我坐在汽车里，看到天上的飞机飞得很慢。”

思考：如何看待这一儿童的判断？

3. 推理

推理是指人由一个或几个已知判断推出新的判断的过程。推理是间接判断的必要手段，推理主要分为演绎推理和归纳推理：演绎推理是由一般到特殊的推理方法；归纳推理是一种由个别到一般的推理方法，是由具体特殊的事例推导出一般的原理、原则。

童言童语

娃：“妈妈，这里面有好多鱼呀。”

妈：“这些都是鲫鱼。”

娃：“是因为有太多鱼，所以它们很挤吗？”

三　思维的过程

思维的过程是指人在头脑中运用储存在长时记忆中的知识经验，对外界输入的信息进行分析、综合、比较、分类、抽象、概括、系统化和具体化的过程。

（一）分析与综合

分析和综合是思维的基本过程。

1. 分析

分析是指在头脑中把事物的整体分解为各个部分或各种属性。例如：在幼儿观察和学习植物时，植物就可以被分解为根、茎、叶、花、果这几个部分；学生在学习写作文时，可以将作文分为段落、句子和字词等。通过分析的过程可以帮助人们更进一步地了解事物的部分与细节。

2. 综合

综合是指在头脑中把事物的各个部分、各个特征和各个属性结合起来，了解它们之间的联系，形成一个整体。例如：将拼图的各个部分组合起来成为一个完整的图像；将句子、字词组合起来，使其成为一篇完整的文章。所以综合是思维的重要过程，只有把事物的各个部分的特征属性综合起来，才能把握事物的本质。

（二）比较与分类

比较和分类是重要的思维认知加工方式，也是重要的思维环节。

1. 比较

比较是指在头脑中把各个事物和现象加以对比，确定它们的相同点、不同点及相互关系。比较与分析、综合是紧密联系的，是在分析、综合的基础上进行的。例如，人们在生活中经常将同类的商品进行比较，应当首先分析商品的不同之处，然后将不同商品的优缺点综合起来，最终确定选择哪件商品。

2. 分类

分类是指在头脑中根据事物或现象的共同点和差异点，把它们区分为不同种类的思维过程。通过分类可以揭示事物之间的等级关系，分类以比较为基础，只有通过比较才能找出事物的异同点，将事物归于不同的类别。在幼儿园中，教师通常列出多种物品供幼儿分类，例如，教师拿出苹果、梨子、橙子和彩笔，让幼儿进行分类，这样做可以促进幼儿分类能力的发展。

（三）抽象与概括

抽象和概括是相互依存、相辅相成的。

1. 抽象

抽象是抽出各种事物与现象的共同特征和本质属性，舍弃个别特征和非本质属性的过程。具体地说，抽象就是人们对丰富的感性材料进行去粗存精、去伪存真、由此及彼、由表及里的加工过程，是反映事物的本质和规律的方法。例如，幼儿看到不同种类的鸟，如鸡、鸭、麻雀、鸽子、鹦鹉等，这时候他们脑内并没有关于鸟的概念，但他们把这些鸟和其他动物进行比较后，逐渐分清了

鸟的本质特征（有羽毛、卵生、有翅类结构、多数会飞等）和非本质特征（大小、颜色、喙的形状等），把这些本质特征综合起来，这个过程叫作抽象。

2. 概括

概括是指人脑在比较和抽象的基础上，把抽象事物的共同的本质特征综合起来，并推广到同类事物上去的过程。概括分为初级概括和高级概括。初级概括是在感知觉表象水平上的概括。例如，麻雀会飞、喜鹊会飞、老鹰会飞，就得出初级的概括——鸟是会飞的动物，但殊不知鸵鸟是鸟，但鸵鸟就不会飞。高级概括是根据事物的内在联系和本质特征进行的概括。例如，将鸟概括为鸟是有羽毛、有喙、卵生的动物。高级概括是幼儿比较难掌握的概括方式。

（四）具体化与系统化

1. 具体化

具体化是指在头脑里把抽象概括出来的一般认识同具体事物联系起来的思维过程，也就是用一般原理去解决实际问题、用理论指导实际活动的过程。例如，原理是两点之间直线最短，在走路这个实际活动中就可以选择走直线这个最短的路线。

2. 系统化

系统化是指在头脑中把学到的知识分门别类地按一定顺序组成层次分明的整体系统的过程。例如，幼儿能够把柴犬、柯基和金毛归为狗，把加菲猫、布偶猫和狸花猫归为猫，又把猫和狗归为动物，这种分类揭示了各类事物之间的关系，这就是将动物的知识系统化。

在学习和处理问题的过程中，如果不懂什么是系统，没有建立起系统思维，就不容易抓住实物的本质。反之，如果我们在考虑解决某一问题时，不把它当作一个孤立分割的问题来处理，而是当作一个互相关联、变化的系统来处理，我们就能跳出局限的视野，站得更高、看得更远。

第二课　学前儿童思维的发生发展与培养

一　思维的发生与发展

（一）思维的发生

幼儿的思维发生在感知觉、记忆等过程发生之后，与言语发生的时间相同，即 2 岁左右出现思维。2 岁之前是婴幼儿思维发生的准备时期。幼儿的思维发生的标志是出现最初的语词的概括，幼

儿思维处于人类思维发展的低级阶段。由于思维所凭借的工具不同，幼儿思维所表现出三种不同的方式：直觉行动思维、具体形象思维和抽象逻辑思维。

（二）学前儿童思维发展的趋势

直觉行动思维、具体形象思维和抽象逻辑思维代表幼儿思维发展过程中所经历的由低级向高级发展的三个不同阶段。[①]

1. 婴幼儿的思维以直觉行动思维为主

婴幼儿解决问题的活动就是婴幼儿的思维活动。0～3 岁的婴幼儿的典型思维形式是直觉行动思维。直觉行动思维是指个体在直接感知和行动中所进行的思维。直觉行动思维离不开幼儿自身的行动，思维依赖于一定的情境。这个思维阶段的婴幼儿，其思维只能在动作中进行，也就是离不开动作和活动，常表现为先做后想、边做边想，动作一旦停止，他们的思维活动也就结束了。

案例分析

小刚今年两岁半了，他非常喜欢画画。爸爸看到小刚很认真地在纸上涂涂画画，但是他却看不懂小刚在画什么。爸爸忍不住问道：“小刚，你在画什么呢?”小刚看着图画思考了一会儿，回答爸爸：“花园。”

解析：幼儿早期作画常常没有事先的目的，而是边做边想，只有画出来之后才知道画的是什么。

2. 幼儿的思维以具体形象思维为主

幼儿思维的主要形式是具体形象思维，具体形象思维是指依靠事物在头脑中的具体形象进行的思维，主要是依靠事物的表象并进行联想，而表象正是在婴幼儿期的直觉行动思维中形成的。[②] 随着学习活动范围的扩大、感性经验的增加，以及语言的丰富，表象在思维中所占的成分也越来越大。具体形象思维的特点主要包括具体性、形象性、经验性和自我中心性。

（1）具体性是指幼儿思维的内容是具体的，与抽象相对应。在此阶段，幼儿只能理解具体的概念，如果概念一旦变得抽象起来幼儿就无法理解。例如，相对于鸟类和水果这类抽象概念，幼儿更容易掌握麻雀和苹果这类具体的概念。由此可见，幼儿在理解概念时，常常想的是实际的事物，而不是抽象的事物。

Note

① 薛俊楠，马璐．学前发展儿童心理学［M］．北京：北京理工大学出版社，2018：166．

② 张丽丽，高乐国．学前儿童发展心理学［M］．上海：华东师范大学出版社，2016：129．

案例分析

妈妈给南南出了一道加法题："3+3"等于几？南南想了半天后对妈妈摇摇头，妈妈批评南南笨，南南急得眼泪汪汪。爸爸拍了拍妈妈的肩："别急，让我来试试！"说着笑眯眯地拿来6颗糖，对南南说："爸爸先给你3颗糖，再给你3颗糖，你现在一共有几颗糖？"南南数着手里的糖大声地回答爸爸："我现在有6颗糖！"爸爸说："对了，3颗糖和3颗糖合起来是6颗糖，就是'3+3'，你现在告诉爸爸'3+3'等于多少？"南南高兴地回答："爸爸，我知道了，'3+3'等于6！"

思考：为什么南南不能回答妈妈的提问而能够回答爸爸的提问？试分析南南的思维发展。

(2) 形象性是指幼儿头脑中用于思维的素材基本都是形象的，语言和其他符号表征还没有完全发展起来，幼儿的头脑中充满着各种各样的颜色、形状、人物等生动的形象。例如：理解"爷爷奶奶"概念时，认为爷爷奶奶是有着白头发的人；儿子一定是小孩子，爸爸就不是儿子。

案例分析

在生活中，问幼儿电灯和蜡烛有什么共同点，幼儿的回答往往是"都是白的，长的"。

思考：这反映了幼儿思维的什么特点？

(3) 经验性是指幼儿的思维活动是根据自己生活的经验来进行的，因此也容易受到自己有限的生活经验所限制。例如：幼儿将铅笔埋在沙土里并浇水，以期待能长出铅笔树；幼儿能够理解甜是糖果的味道，苦是药的味道，但是他们难以理解妈妈说"长得甜""心里苦"的意思。

童言童语

儿童1："这是我搭的鸟窝，里面还可以放很多鸟蛋。"

儿童2："但是我觉得你应该把它倒过来。因为如果下雨的话，鸟蛋就都湿了，会感冒的。"

(4) 自我中心性是具体形象思维突出的特征，是指主体在认识事物时从自己的身体动作或观点出发，以自我为认识的起点的倾向，而不能从客观事物本身的内在规律以及他人的角度认识事物。

童言童语

妈妈："宝宝，你看，天上的月亮好大好圆。"

宝宝："妈妈，为什么月亮总是跟着我们走，不跟别人走？"

自我中心性突出表现在思维的不可逆性、泛灵论和中心化三个方面。

不可逆性一方面表现为幼儿在该阶段理解的各种关系基本上是单向的、不可逆向推导的。例如，小红问3岁的小明"小明你有姐姐吗"，小明回答"有"，小红继续问小明"那她有弟弟吗"，小明可能不知道该如何回答。不可逆性的另一个表现是幼儿暂未形成守恒的观念。守恒是指个体对物体的形态、排列方式以及容量等表面上发生改变而实际不变的情况下，对其知觉仍保持不变的心理倾向。如液体守恒：在容量相同、形状不同的杯子里倒入等量的水，幼儿通常认为水位高的杯子中的水要多一些，而不考虑杯子的底面积。

泛灵论是指幼儿在这一阶段通常认为外界一切的事物都是有生命的、有灵性的，他们把自己的行动经验和思想感情加到小动物或小玩具的身上，和他们交谈，把他们当作好朋友。[①] 例如，幼儿常常将太阳称为太阳公公，把月亮叫作月亮姐姐。

中心化是指儿童只注意到一个情景的某个方面，而忽视了其他方面具有片面性、绝对化的特征，缺乏灵活性。皮亚杰在研究儿童思维过程中发现，随着儿童的年龄增长，泛灵观念的范围逐渐缩小。4～6岁的儿童把一切事物都看成和人一样是有生命、有意识、活的东西，常把玩具当作活的伙伴，与它们游戏、交谈；6～8岁的儿童把有生命的范围限制在能活动的事物上；8岁以后的儿童开始把有生命的范围限于自己能活动的东西；更晚些时候的儿童才将动物和植物看成是有生命的。皮亚杰认为，前运算期的儿童处于主观世界与物质宇宙尚未分化的混沌状态，缺乏必要的知识，对事物之间的物理因果关系和逻辑因果关系一无所知。

虽然幼儿的具体形象思维具有一定的局限性，但是与直觉行动思维相比有很大的进步，对于幼儿心理发展具有重要意义。首先，幼儿表象功能的充分发展，使得幼儿的思维从动作中解放出来，脱离直接感知的过程；其次，幼儿思维的概括性也有所增强，灵活性增强；最后，思维由完全依靠动作发展到主要依靠表象，表明了思维由外显到内隐的发展历程，为抽象逻辑思维的发展做好了准备。

3. 幼儿晚期的抽象逻辑思维开始萌芽

抽象逻辑思维是指以抽象的概念或符号来判断推理、解决问题的思维方式。学前儿童的抽象逻

Note

① 周念丽. 学前儿童发展心理学［M］. 上海：华东师范大学出版社，2014：141.

辑思维处于刚刚萌芽的较低水平，幼儿晚期开始能够对事物的一些本质特征及其相关联系有初步的认知，主要表现在概念、判断和推理这些思维形式的发展上。

案例分析

远足活动中，小朋友们发现了几棵非常大的树，树干非常粗，他们想知道树干到底有多粗，这几棵树哪棵最粗。于是孩子们围着一棵树想各种办法进行测量。他们先找到一截树枝来测量，但是树干是圆柱的而树枝是直的，不容易测量准确。于是有小朋友建议围着大树用脚步丈量，试过以后，小朋友们发现每个人的脚步步伐长度不一样，每个人量的结果都不一样。于是他们决定手拉手围着树，看看几个人才能围住这棵大树，第 1 个小朋友伸展双臂抱住大树干，第 2 个小朋友拉着第一个小朋友的手接着抱住树干，一直到第 4 个小朋友加入才将树干完整围住，终于测量成功，这个大树有 4 个小朋友伸展手臂围起来那么粗！于是他们用同样的方法去测量旁边的树，比比看哪棵树最粗。

思考：如何看待幼儿的此种测量方式？试分析幼儿的思维发展特点。

（三）学前儿童思维形式的发展

1. 概念的发展

幼儿对概念的掌握受其概括能力发展水平的制约，一般认为幼儿概括能力的发展分为三个水平：动作概括水平、具体形象概括水平与本质抽象概括水平。幼儿的概括能力主要属于具体形象概括水平，后期向本质抽象概括水平发展。学前儿童概念发展的一般特点有以下两个方面。

（1）内涵不精确，外延不适当。

学前儿童获得概念的过程中，比较突出的特点是熟悉较多概念的名称，但难以真正掌握概念的内涵和外延。[①] 例如，在动物园中，狮子、老虎和大象被称作动物，但是幼儿很难理解人也是动物，所以幼儿掌握的概念基本上是前科学概念。

（2）幼儿由掌握实物概念为主向掌握抽象概念发展。

学前儿童掌握的概念可分为实物概念、社会概念、数概念和初步的抽象概念。实物概念即具体物体的概念。社会概念是指关于人类社会生活中的人和事物的概念。数概念是关于反映事物数量和事物间顺序的概念。抽象概念是指反映事物的某种属性或物间关系的概念。

幼儿更容易掌握那些有适当信息量的、与生活紧密关联的实物概念，因为这类概念的内涵被具体事物清楚地揭示出来，所以幼儿掌握实物概念比较容易。而学前儿童受到思维发展水平的制约，难以达到对事物本质及事物间关系的认知。

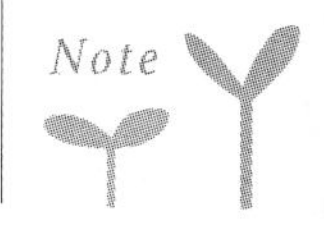

① 刘万伦. 学前儿童发展心理学［M］. 上海：复旦大学出版社，2014：178.

童言童语

教师："我手上的是中国的拼图，你手上的是俄罗斯的拼图。"

儿童："俄罗斯，我听过。那这个里面有人吗？（边问边拿着拼图摇晃）他们有多少人？我这样摇他们会晕吗？"

幼儿掌握数概念需要理解三个方面的内容。

第一，数的实际意义。如 3 是指 3 个物体，当幼儿学会口头数数以后，逐渐学会口手一致地数物体，即按物点数，然后学会说出物体的总数，这时可以说幼儿掌握了数的实际意义。

第二，数的顺序。如儿童知道 2 在 3 之前，3 在 2 之后，3 比 2 大。一般 3 岁幼儿已经学会了口头数 10 以内的数，并记住了数的顺序。

第三，数的组成。如 5 是由 2 和 3 组成的，掌握数的组成是幼儿掌握数概念的关键，幼儿学会数物体并说出物体总数以后，逐渐学会用实物进行 10 以内的加减。在实物加减的过程中，幼儿知道了两个或更多的数可以合并成为一个新的更大的数，一个数又可以分成两个或更多的数，幼儿掌握了数的组成以后，就形成了数的概念。

林崇德（1980）的研究表明，幼儿数概念的形成经历口头数数—给物说数—按数取物—掌握数概念四个阶段。幼儿数概念的形成过程是从感知和动作开始的。[①] 幼儿计数，开始时不但要用眼看，而且要动手去做，然后幼儿逐渐减少用手点数的动作，主要凭借视觉把握物体的数量，用眼看实物，嘴里默默地数数，有时还用点头来帮助数数，似乎以头的动作代替手的动作。当幼儿可以脱离感知而进行口头计数时，他还必须依靠物体数量的表象，这表现在幼儿能够正确地回答 10 以内的数学应用题，却不能正确回答 10 以内的算数题，因为应用题描述的情境成分唤起了儿童关于物体的表象，这些表象帮助幼儿由感知阶段向数概念阶段过渡。幼儿晚期才能逐渐运用数词进行计算，开始进入数概念阶段。

案例分析

齐齐在地上铺上一张毯子，取出 10 的分解组合苹果树的游戏盘。他将 9 棵苹果树整齐地摆在地毯上面，依次在第 1 棵苹果树上摆上 1 个苹果，第 2 棵苹果树上摆上 2 个苹果，一直到第 9 棵上摆上 9 个苹果。然后他从右边第 9 棵苹果树开始放苹果，嘴巴里念着："树上有 9 个苹果，再长

Note

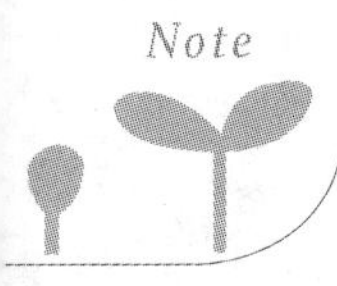

① 莫秀锋，郭敏．学前儿童发展心理学［M］．南京：东南大学出版社，2016：178．

出1个苹果变成10个苹果”“树上有8个苹果，再长出2个苹果变成10个苹果”……等每棵树上都变成10个苹果后，他又从左边第1颗苹果树开始往下取苹果：“树上有10个苹果，掉下1个苹果，树上还有9个苹果”“树上有10个苹果，掉下2个苹果，树上还有8个苹果”……齐齐接着又进行了不同的玩法，先从树上取下1个苹果，然后再取下5个苹果，说：“我先摘1个苹果，再摘5个苹果，我一共摘了6个苹果。”

思考：试分析此案例中齐齐的数概念发展水平。

2. 推理的发展

学前儿童在其经验可及的范围内，已经能进行一些符合事物客观逻辑的抽象推理，但水平比较低，主要表现在以下几个方面。

（1）抽象概括性差。

学前儿童的推理往往建立在直接感知或经验的基础上，认为直接观察到的物体表面现象之间存在因果关系。他们得出的结论也往往与直接感知和经验的事物相联系，而不能将这些事物进行抽象概括。幼儿年龄越小，这一特点越突出。例如，幼儿看到红积木、黄木球、火柴棍漂浮在水面上，不会推断出木头做的东西会浮在水面上的结论，而只会说“红的”“小的”东西浮在水面上。

（2）逻辑性差。

学前儿童，尤其是年龄较小的幼儿，往往很难进行推理。例如，对幼儿说：“别哭了，再哭就不带你找妈妈了。”他会哭得更厉害，因为他不会推理出“不哭就带你去找妈妈”的结论。大点的幼儿似乎有了推理能力，但其思维方式与事物本身的客观规律之间关联性较低，常常不会按照事物本身的客观逻辑和给定的逻辑前提去推理判断，而是以自己的“逻辑”去思考。例如，3～4岁的幼儿看见皮球从斜坡上滚落下来，会认为是“皮球没有脚，站不稳”。

童言童语

妈妈：“等你长大了，妈妈就变老了。”

儿童：：“那你变成老了，我还能叫你妈妈吗？还是叫你奶奶呢？”

（3）自觉性差。

学前儿童的推理往往不能服从一定的目的和任务，以至于在思维过程中时常离开推论的前提和内容。例如，当教师问“一切果实里都有种子，萝卜里面没有种子，所以萝卜……”时，有的幼儿立即回答说“萝卜是根”或“萝卜是长在地上的”。答案完全不受两个前提的制约，说明幼儿的推理缺少目的和自觉性。

3. 理解的发展

学前儿童对事物理解受外部条件的限制，不深刻，水平不高，属于直接理解水平。具体表现为以下三点。[①]

（1）从只能理解个别事物到初步理解事物的关系。

学前儿童往往孤立地理解具体事物，不从事物之间的联系出发。幼儿年龄越小，这个特点就越明显。例如，一个3岁的幼儿看插图故事书《格林童话》，在整本书的每一幅插图中都只能指出一个对象“这里有青蛙”“这里有马”，等等。在成人的引导下，大一些的幼儿开始逐渐理解事物间的关系。到了幼儿晚期，已经能初步把握较简单的图画中各种事物的总体关系。

（2）从依靠动作形象理解到依靠语词理解。

小班幼儿由于言语发展水平与思维的特点，常常是依靠行动来理解事物。幼儿讲故事说到“把大灰狼扔到河里去了”时，也会随之做出“扔”的动作。讲到“小朋友高兴得跳起来”时，自己也会真的“跳”起来。幼儿期主要依靠形象化的语言或图片等辅助手段来进行理解。研究表明，故事中有无插图对幼儿理解文学作品有很大的影响。幼儿年龄越小，对直观形象的依赖性越大。幼儿晚期初步学会依靠词来进行理解，但幼儿理解的总体水平仍然很低。

（3）从表面化、简单化理解到比较复杂、深刻的理解。

学前儿童不能理解事物深刻的内在含义，对语言也只能做表面的理解，不理解气话、反话。例如，活动时有个幼儿弯腰拱背地坐着，教师调侃地说：“你这个样子真好看。”没想到，别的幼儿听到后也跟着弯腰拱背坐起来。他们也不能理解词的转义。妈妈赞扬邻居家的小妹妹：“妹妹长得真甜。”孩子奇怪地问：“妈妈，你怎么知道她很甜？你舔过她吗？”他们对人物的内心活动、比喻词和漫画也不能进行较深刻的理解，学前儿童对事物的喜欢和厌恶常常影响他们对事物的理解。在他们看来，长得漂亮的就是好人，坏人都长得很丑，而且看上去很凶恶。

案例分析

教师在给小班幼儿讲完《孔融让梨》的故事后，问幼儿们：“孔融为什么让梨？”不少幼儿回答道：“因为他年纪小，吃不了大的。”

思考：从以上案例中分析幼儿理解事物的特点。

（4）不理解事物的相对关系。

学前儿童对事物的理解比较刻板、固定，不能理解事物的中间状态或相对关系。在他们看来，

Note

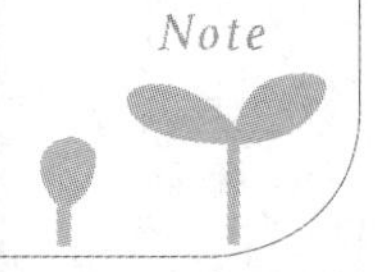

① 薛俊楠，马璐．学前发展儿童心理学［M］．北京：北京理工大学出版社，2018：198．

一个人不是好人就是坏人。学前儿童也不能把握左右方位的相对性。不过，幼儿晚期开始出现辩证思维的萌芽，幼儿开始理解事物的相对关系。

二　学前儿童思维发生发展的重要意义

（一）思维的发生标志着儿童的各种认知过程发展走向完整

儿童的各种认知过程并不是在出生时就已具备，而是在之后的生活中逐渐产生的。思维是复杂的心理活动，在个体心理发展中出现较晚，它是在感觉、知觉、记忆等心理过程的基础上形成的。思维的发生，说明儿童已具备了人类的各种认知过程。

（二）思维的发生发展使其他认知过程产生质变

思维是人类认知活动的核心。思维一旦发生，就不是孤立地进行活动，它参与感知和记忆等较低级的认知过程，而且使这些认知过程发生质的变化。由于思维的参加，知觉已经不只是单纯反映事物的表面特征，而成为在思维指导下的理解的知觉，儿童的知觉也复杂化起来。以空间知觉为例，思维的参加使儿童能够使用空间参照物，如根据一个固定的物体判断其他物体的远近。

（三）思维的发生发展使情感、意志、社会性行为得到发展

情绪情感过程与认知过程有着密切的联系，思维的发生发展使儿童的情绪活动越来越复杂化和深刻化，并出现了高级情感，例如道德感。这些情绪和情感都和对事物的理解紧密关联。比如，随着思维的发展，儿童懂得了关心别人，有了同情心，同时也会根据别人对他的态度做出适当的情绪反应。思维的发生发展使儿童出现了意志行动的萌芽，儿童开始明确自己的行动目的，理解行动的意义，从而能够按一定目的去实现行动。思维的发生发展，也使儿童开始理解人与人之间的关系，理解自己的行为所产生的社会性后果，比如出现了责任感、出现了说谎和诚实的行为等。

（四）思维的发生发展促进了儿童个性的形成

思维的参与使儿童的认知过程、情感过程和意志过程都发生了质的变化，使其在兴趣、爱好、动机、自我意识及能力等方面都得到了发展，促进了儿童个性的形成。儿童通过思维活动，扩展了自己的生活空间，对自己和外部世界都有了更深的认识，正是在这一过程中，儿童逐渐认识了自己和他人，形成了自己最初的个性。

三 学前儿童思维的品质及能力的培养

（一）思维的品质

思维的品质是指人的思维的个性特征。良好的思维品质对幼儿的思维能力的形成起着至关重要的作用。思维的品质也反映了个体智力或思维水平的差异，思维的品质主要包括思维的深刻性、思维的广阔性、思维的灵活性、思维的批判性和思维的敏捷性五个方面。

1. 思维的深刻性

思维的深刻性是指思维活动的抽象程度和逻辑水平，设计思维活动的深度和难度。[①] 思维的深刻性集中表现在智力活动中，如深入思考问题，善于概括归类，逻辑、抽象能力强，善于抓住事物的本质和规律。所以，在幼儿园教育活动中，不仅要引导幼儿知道"是什么""怎么样"，还要引导幼儿知道"为什么"。

2. 思维的广阔性

思维的广阔性是指善于全面地考察问题，从事物的联系和关系中去认知事物，表现在一个人能够全面地看待问题，善于着眼事物之间多方面的联系，从多方面入手发现事物的本质。在幼儿园的教育中，教师应该启发幼儿多思、多想，不满足或局限于问题唯一的答案，如在分类游戏中可以启发幼儿依据不同的标准将物品分类。

3. 思维的灵活性

思维的灵活性是指善于打破陈规，按不同的条件不断地调整思维的方法，灵活运用一般的规则和原理。它的特点包括：①思维的起点灵活，能从不同角度、不同方向和方面运用多种方法来解决问题；②思维的过程灵活，从分析到综合，从综合到分析，全面灵活地做综合的分析；③具有概括迁移能力，运用规律的自觉性强；④思维的结果往往是多种合理且灵活的结果，例如，具体问题具体分析，随机应变，举一反三。

4. 思维的批判性

思维的批判性是指一个人的思维接受客观事物的充分检验以确定正确与否，表现在主体能够根据客观事实和情况冷静地考虑问题，而不至于在受到偶然的暗示或其他影响时就动摇。思维的批判性品质来自对思维活动的各个环节、各个方面进行校准的自我意识，具有分析性、策略性、全面性、独立性和正确性五个特点。在幼儿园的教育活动中，可以通过引导幼儿做改错练习的方式培养幼儿思维的批判性。

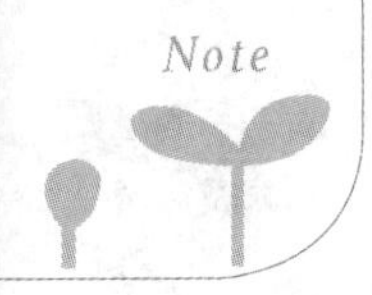

① 余启泉，胡建中．学前儿童心理学［M］．南京：南京大学出版社，2019：201.

5．思维的敏捷性

思维的敏捷性是指能够较快地看出问题的本质，抓住问题的关键，从而比较快地做出正确的判断和决定。它反映智力的敏锐程度，有了思维的敏捷性，在处理问题和解决问题过程中能够适应变化的情况，从而积极地思维、周密地考虑、正确地判断和迅速地得出结论。数学是培养孩子思维敏捷性的好方法，研究表明，超常儿童的运算速度比普通儿童快两到三倍，而培养孩子的思维敏捷性的较好方法之一就是强化运算。

案例分析

小叶子经常“眉头一皱，计上心来”，他不仅深思好学，还喜欢打破砂锅问到底，是班上名副其实的“智多星”。当问题与条件发生变化时，他总能打破常规，想出新办法，解决问题当机立断，毫不犹豫。他也能够找出老师的问题，敢于说“老师，我反对”。随着小叶子慢慢长大，他的思维品质更完善了。他不仅敢于质疑，而且善于创新求异。

思考：结合案例分析小叶子具有的思维品质。

（二）学前儿童思维能力的培养

1．为幼儿提供动手操作的机会

直觉行动思维虽然是3岁前幼儿思维的主要方式和典型特点，但是它可以一直延续到幼儿园小班阶段，甚至整个幼儿期。因此，教师应多为幼儿提供动手操作的机会，提供大量可以直接感知的玩具或活动材料，使幼儿能够更好地感知事物的存在、变化和发展。

2．丰富幼儿的感性知识及其表象

具体形象思维是整个幼儿期思维的最主要方式和典型特点，对事物的具体性和形象性的清晰认知有助于幼儿思维的正确进行，也有助于幼儿思维的发展。幼儿对客观世界正确概括的认知，是通过感知觉获得大量具体生动的材料后，经过头脑的分析、综合、比较、抽象、概括、具体化和系统化等思维过程才达到的，因此，幼儿脑中的表象和感性知识制约着思维的发展。幼儿教师应有计划、有意识地组织各种活动，丰富幼儿的感性知识及其表象。在幼儿园的教育活动中，教师一方面要注意教育内容的具体形象性，所教内容必须是幼儿能够理解的具体事物，并重视在各种活动中积累感性知识，使幼儿在头脑中能够形成清晰的表象；另一方面教师也要结合直观的教学方法，这样相应的知识才能与幼儿的思维结合起来，避免枯燥的理论灌输。

3．发展幼儿的语言

语言是思维的物质载体，思维和语言是人类反映现实的两个相互联系的方式。语言和思维是密

不可分、相互依存的。发展语言，幼儿才得以摆脱实际行动的直接支持，摆脱表象的束缚，抽象和概括出事物之间的关系。家长和教师可以在日常生活中围绕问题情境引导幼儿的语言表达，有意识地激发对话，促进幼儿的思维发展，但要注意的是，整个发展过程是一个螺旋上升的过程。要注意在问题情境中，引导幼儿主动表达，才能在建立起对话的前提下进行语言表达的锻炼。成人在与幼儿对话时，应针对幼儿的语言表达进行适度的诘难，引发幼儿在表达、认知甚至情感上的冲突，激发其进一步思考，例如提出道德两难的问题。

知识链接

道德两难故事法

“道德两难故事法”是指让儿童对道德价值上相互冲突的两难情境故事做出判断的方法。劳伦斯·柯尔伯格（Lawrence Kohlberg）用这种方法来研究儿童的道德发展阶段，为此，他设计了很多个故事，其中最经典的故事就是“汉斯偷药”（也叫“海恩茨偷药”）的故事：汉斯是小镇上的一个钟表匠，生活不算富裕，但和妻子一直过着恩爱的生活。突然有一天，妻子得了一种特殊的癌症，汉斯四处求医，但没有丝毫收获。这时，医生告诉汉斯，镇上的一位药剂师最近发明了一种药，可以治这种病。这种药的成本非常昂贵，但药剂师还要以高出成本10倍的价格出售，一服药竟高达2000美元！汉斯竭尽全力只借到1000美元，他恳求药剂师便宜一些，或者延期付款。但药剂师说：“不行，我发明这种药就是为赚钱。”汉斯在绝望中铤而走险，晚上撬开药库偷走了药。

故事讲完后，教师可以询问儿童：“你觉得，汉斯应该偷药吗？为什么？”“汉斯偷药是对的还是错的？为什么？”“法官应不应该判他的罪？为什么？”通过儿童的回答来判断其道德发展的水平。

4. 教给幼儿思维的方法

感性知识、表象和言语只是思维的基础和工具，掌握思维方法才能利用经验、借助语言来启发正确的思维，发展逻辑思维能力。幼儿并不是一开始就能够掌握思维的方法，而是需要家长和教师的引导。家长和教师可以教幼儿在遇到问题时，如何通过分析综合、比较概括、做出逻辑的判断推理来解决问题。例如，在讲述蚂蚁搬家的故事时，教师可以引导幼儿思考“蚂蚁在什么时候搬家”“为什么蚂蚁会在下雨天搬家”等。又如在分类活动中，教师可以启发幼儿按照一定的标准进行分类，引导幼儿发现分类的规律，培养幼儿的抽象概括能力。在日常生活中还可以有意识地让幼儿比比事物的大小、多少、长短、高低等。

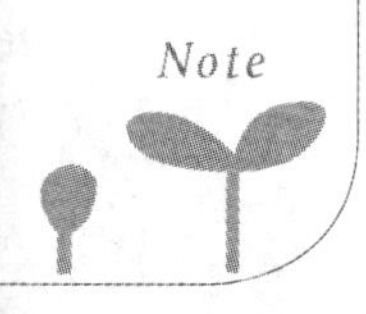

5. 激发幼儿的求知欲，保护幼儿的好奇心

好奇心强是幼儿的特点，他们对周围的环境充满探究的渴望，善于主动发现和探索事物。在不断获取知识和信息的同时，他们的思维能力也得到了发展。成人应保护幼儿的好奇心，不能对幼儿的问题采用冷淡或压制的态度，应鼓励幼儿多问、多动脑。例如，幼儿常常问一些让成人头疼的问题，比如“为什么太阳一直在天上”“小孩是从哪里来的”等，这些问题对于成人来说，很难向幼儿解释清楚，但可以鼓励幼儿自己去探寻答案。

案例分析

一天喝豆浆时，幼儿发现所发的饼干与往常的不一样，有的幼儿说饼干的形状像银钱，有的说饼干有橘子味……他们边吃饼干，边议论纷纷，一时间教室失去了往日的宁静。教师不耐烦地说：“跟你们说，不该讲话的时候不要讲，谁再讲就不给他吃饼干了!”

思考：分析教师的做法是否正确？为什么？教师应如何促进幼儿思维的发展？

6. 游戏活动锻炼幼儿的思维能力

游戏是幼儿的基本活动，也是幼儿期出现频率最高的活动，对幼儿的发展有着巨大的价值。在游戏中，幼儿学会把握事物的联系，解决问题，促进思维的发展。

其中，智力游戏是一种以知识为内容、以发展智力为活动目的的趣味性游戏，为幼儿所喜爱。幼儿可以在活泼轻松的氛围中唤起已有的知识印象，积极动脑去分析比较。

在角色游戏中，幼儿对角色进行分配也是思维的过程。幼儿如果能创设新的角色，或找到新的游戏材料的替代品，或改变游戏的过程，这就是创造性思维了。如“过家家”游戏中，已经分配好了爸爸、妈妈、宝宝的角色，这时又有一个小朋友想参加进来，就可以引导他们尝试增加一个客人的角色，增加游戏的内容。又如在主题游戏“建公园”中，教师提供积木、玩具，让幼儿大胆设计，创造出自己心目中最美的公园。

7. 幼儿的思维品质的培养

培养幼儿思维的敏捷性。当幼儿面临问题时，他们能够想到简单又高效的解决方式，这便是思维的敏捷性。教育者可以结合幼儿已有的知识、经验和生活实际设计思维训练活动，培养幼儿思维的敏捷性。

培养幼儿思维的独创性。开阔幼儿的视野，丰富思维的源泉。表象是幼儿思维的材料，开阔幼儿的视野能够帮助幼儿对表象进行重组、再造，进一步形成新的表象和解决问题的方式。

培养幼儿思维的深刻性。为幼儿创设生动活泼、引人思考的问题情境，使其思维处在激活状态。鼓励幼儿积极思考、多元思考、深度思考，提高幼儿思维的广度和深度。

培养幼儿思维的灵活性。在生活中，鼓励幼儿打破常规的思维方式。《乌鸦喝水》和《司马光砸缸》等故事都在启示我们：解决问题的思路不是唯一的，有时候不走寻常路能够取得更佳的效果。

培养幼儿的思维能力

第一，以引人入胜的故事、有趣的算术去激发满足幼儿的求知欲，引导其探求新知识，培养学习兴趣，促进思维能力的发展。

第二，培养幼儿多动脑、勤思考的习惯，提高其分析问题和解决问题的能力。爱动脑筋分析问题的人，常常思维清晰、反应灵敏，遇事容易成功；懒于思考者则头脑简单，反应迟钝，遇到问题就束手无策。家长和教师要培养幼儿的思维能力和分析能力，鼓励幼儿勤用脑、在思索中寻求答案，对他们提出的幼稚问题，不泼冷水，更不能讽刺讥笑。

第三，引导幼儿掌握分析问题的途径方法和步骤，培养幼儿思维逻辑和推理能力。家长和教师的讲解和示范要有针对性，思路要清晰连贯，分析时观点应该明确，须言之有理、有根有据、有说服力。

第四，培养幼儿全面看待问题的方法。幼儿缺乏经验，看待问题总是有一定的片面性，而事物之间又是相互联系和相互影响的。家长和教师要帮助幼儿从不同的角度多思考，使其认知更加全面，思路更加宽阔，思维更加灵敏。幼儿全面的思维能力主要取决于后天的正确引导和教育。

思考与练习

一、单项选择题

1. （2018 年上半年）**在引导幼儿感知和理解事物“量”的特征时，恰当的做法是（　　）。**

A. 引导幼儿感知常见的大小、高矮、粗细等

B. 引导幼儿识别常见食物的形状

C. 和幼儿一起手口一致点数物体，说出总数

D. 为幼儿提供按数取物的机会

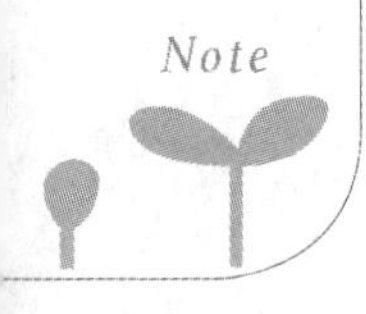

2.（2018 年下半年）下列表述中，与大班幼儿实物概念发展水平最接近的是(　　)。

A. 理解本质特征　　B. 理解功能性特征

C. 理解表面特征　　D. 理解熟悉特征

3.（2019 年上半年）小红知道 9 颗花生吃掉 5 颗还剩 4 颗，却算不出 9－5＝？这说明小红的思维具有(　　)。

A. 具体形象性　　B. 抽象逻辑性　　C. 直观动作性　　D. 不可逆性

4.（2019 年上半年）芳芳在数积木时，花花问她有几块三角形积木，芳芳点数，123456 个三角形积木，花花又给了她 4 块，问她现在有多少块三角形积木。芳芳边点数边说："12345678910，我有 10 块啦。"就数学领域而言，下列哪一条最贴近芳芳的最近发展区？(　　)

A. 认识和命名更多的几何图形

B. 默数、接着数等计数能力

C. 以一一对应的方式数 10 个以内的物体并说出总数

D. 通过实物操作进行 10 以内加减法的运算能力

二、分析题

（2019 年上半年）材料：教师出示饼干盒，问亮亮里面有什么，亮亮说："饼干。"打开饼干盒，亮亮发现里边装的是蜡笔，教师盖上盖子再问："欣欣没有看过这个饼干盒，等一会儿我要问欣欣盒子里装的是什么，你猜她会怎么回答？"亮亮很快说："蜡笔。"

（1）亮亮更可能是哪个年龄段的幼儿？

（2）你判断的依据是什么？

实践与实训

实训：观察幼儿活动，运用幼儿思维发展的特点解释其行为及现象。

目的： 掌握幼儿思维的发展特点，并能在教育实践中利用其发展特点。

要求： 观察幼儿的活动，记录能够体现该年龄段幼儿思维特征的行为，并解释出现该种行为的原因。

形式： 实地观察与分析。

第六节　学前儿童言语的发展

◇学习目标

1. 知识目标：理解幼儿言语的概念、种类及发展作用。

2. 能力目标：掌握培养学前儿童言语发展的规律和特点，并能在学前教育中进行应用，初步掌握培养学前儿童言语发展的方法和解决儿童言语发展问题的措施。

3. 情感目标：激发探究学前儿童言语发展和解决言语发展问题的兴趣。

◇情境导入

妈妈做好了红烧排骨，贝贝闻到食物香味后说："肉？肉肉？"把食物放在餐椅上后，他说："妈妈肉、妈妈肉、肉……"吃到肉后，贝贝又对奶奶说："奶奶肉！"

点睛之笔：幼儿言语的发展会经历不同的阶段，不同阶段有不同的特点。贝贝所处言语发展阶段为不完整句阶段，能说出一定意义的词，但是往往以词代句，多是不完整的句子。贝贝三次说"肉"表达了不同的含义：第一次"肉"表达的意思是"确认食物是肉"，第二次"肉"表达的是"想要吃肉"，第三次"肉"表达的是"希望奶奶吃肉，肉好吃"的意思。

第一课　言语的概述

一　言语的概念

（一）言语和语言的定义

在日常生活中，人们常常把“言语”和“语言”不加区别地随意使用，虽然在生活中不影响语义的表达，但实际上两个词既有区别又有联系。

1. 言语

言语是借助语言符号传递信息、进行交际的过程，是一种心理活动。通俗来讲，就是运用一定的语言，用说或者写的方式进行各种形式的交际；对方或者聆听，或者阅读，这种说、写、听、读，就是不同形式的言语活动。通过言语活动，人们可以表达思想、传达意思、交流感情。

2. 语言

语言是人类在社会实践中逐渐形成和发展起来的交际工具，是社会上约定俗成的一种符号系统，是一种社会现象，社会性是它的本质属性。语言处于长期相对静止的状态，具有稳固性。语言以字词为基础，以语法为规则，包括音、形、义、词汇和俚语等要素。例如，上课时教师使用的语言是汉语，教师授课的过程是言语。

童言童语

小宝：“妈妈，植物要吃饭吗？”

妈妈：“不用。”

小宝：“那植物怎么成长”？

妈妈：“植物吸点阳光，吸点能量，就能成长。”

小宝：“哇不用吃饭也能成长，那我要做植物人！”

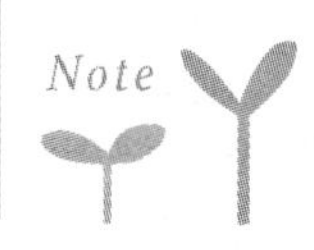

（二）言语和语言的区别与联系

语言和言语互相影响、相互依存，但是两者有本质的区别。

1. 区别

第一，语言具有全民性，言语具有个人性。语言对于社会成员来说是全民的，无论是语言的创造者、使用者，还是语言本身，语言都具有全民性。而言语则具有个人性，每个人在说话时都带有许多个人的特点，受地域、性别、年龄、文化素养、社会地位等方面的影响，言语是个人对语言形式和规则的具体运用。

第二，语言是抽象的，言语是具体的。语言是对同一集体所有人所说的话的抽象，它排除了一切个体差异，只有作为语言而存在的共性。言语是运用语言的过程和结果。

第三，语言是有限的，言语是无限的。不同的人有不同的交流方式，但是都要遵循一定的语言规则进行交流。

第四，语言是静态的，言语是动态的。语言在一定时期内处于相对静止的状态。而言语就不同了，言语活动总是在听和说之间展开，从说到听是一个动态的过程。

2. 联系

语言和言语是静态和动态的联系、概括和具体的联系、系统和形式的联系，就像“人”和“张三”“李四”的联系一样。语言存在于言语之中，存在于人们的交际过程之中，存在于言语行为和言语作品之中。言语依靠语言进行，离开了语言，人就不能通过言语进行交际。

对于成长中的幼儿，只有在具体的语言环境中，通过对具体的词和句子的学习，才能具备一定的言语能力，学会与他人交流，逐步掌握语言的一般规则。

二 言语的种类

根据言语活动的不同特征将其分为外部言语和内部言语。

（一）外部言语

外部言语指的是具有一定社会性的、用来进行交际的、能被感知的言语，其目的是传递信息、正确表达。外部言语一般在结构上比较严谨，要求前后连贯、完整，遵守一定的语法规则，用词准确。外部言语一般出现在幼儿 4 岁左右。

外部言语分为口头言语和书面言语两种。

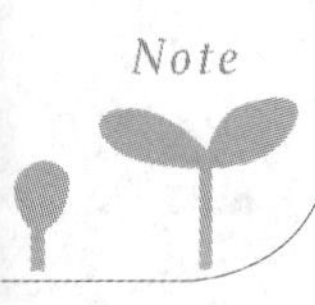

1. 口头言语

口头言语是指以听、说为传播方式的有声言语。例如，两人或者两人以上的聊天、教师的讲

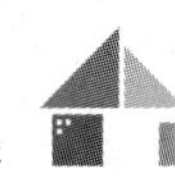

座、小朋友讲故事等。它通常以对话和独白的形式来传播，分为独白言语和对话言语。独白言语是个体独自进行的，一般是主动的、有组织形式的言语，如演讲、报告、讲课等。对话言语是指两人或两人以上进行直接交际时发生的言语活动，是一种情景式的、简单的、反应性的言语，如聊天、座谈、辩论等。一般认为，对话言语是一种最基本的言语形式。

幼儿期往往不能控制和调节自己的发音系统，所以经常会出现小朋友在妈妈耳边说“悄悄话”时，旁边的人也听见了，这是因为幼儿还不能控制自己，不会小声地说话。

知识链接

自言自语又称自我中心言语。自我中心言语是皮亚杰在瑞士卢梭学院“幼儿之家”进行儿童语言研究之后首次提出的概念。他把儿童的自我中心言语分为重复、独白和集体独白三部分，采用临床法对儿童的自我中心言语现象进行了大量的跟踪调查研究。

继皮亚杰之后，维果斯基也对儿童的自我中心言语理论进行了详细研究。维果斯基认为，语言的发展图式，首先是社会的，其次是自我中心的，最后是内部言语。他指出，当自我中心言语消失时，它并没有简单地隐退，而是“转入地下”，即变成了内部言语。

2. 书面言语

书面言语是人们在文本交流的时候使用的语言，是人们借助某种语言的字形表达思想与情感的言语，是独白言语的一种变式。书面言语更具有计划性和规范性。幼儿首先要掌握口头言语，然后才能逐渐掌握书面言语（见图 2-13）。

（二）内部言语

内部言语是个体内心“无声的言语”，是个体在进行思维时所伴随的言语活动。内部言语往往不连贯、不完整，不一定遵守语法规则，只要言语者本人理解就可以了。

内部言语是非社会性的、不能被别人感知的、比较高级的言语。一般表现在幼儿 4～5 岁时。例如，幼儿随着年龄的增长，他们会把自己想说的话在心里想出来，但并不表达出来。

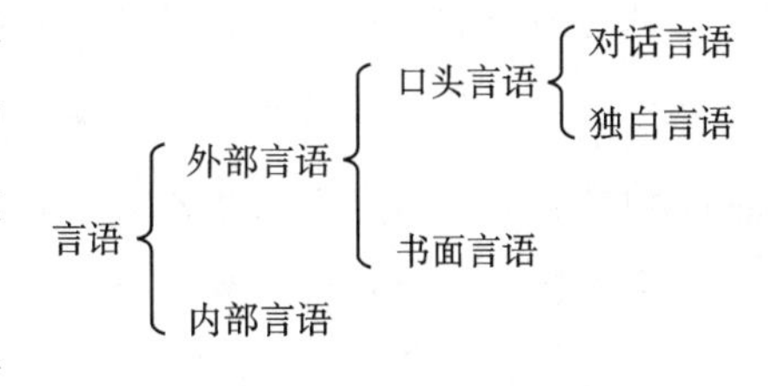

图 2-13　言语的分类

幼儿在外部言语和内部言语之间还有一个比较特殊的言语，就是出声的自言自语，它是指非社会性的、能被感知的

言语。幼儿出声的自言自语分为两类：一类是游戏言语，例如幼儿在玩“搭积木”游戏的时候，经常边搭边自说自话，如“这个积木我应该先放在底下，然后这块放在上面，最后再放就能搭成一座小房子啦”；另外一类就是问题言语，还是一样的“搭积木”游戏，幼儿会在过程中说：“哎！这块积木应该放在哪里呢？我是放在这个底下，还是放到这个上面呢？”这种就是问题言语。[①]

案例分析

针对孩子出声自言自语，我们应该怎么进行引导（　　）。

A. 把它发展成外部言语　　B. 把它发展成内部言语

C. 继续发展出声的自言自语　　D. 什么都不做

答案：B。因为在幼儿的言语发展过程中内部言语比外部言语更高级一些。

知识链接

几种言语获得理论

1. 模仿说

模仿说是以行为主义为理论背景的后天环境论中的一种理论。模仿说认为儿童是通过对成人言语的模仿而学会言语的。成人的言语是刺激（S），儿童的模仿是反应（R）。儿童掌握的语言是在后天环境中通过学习获得的语言习惯，是其父母语言的翻版。

2. 强化说

强化说是美国的心理学家和行为科学家斯金纳、赫西、布兰查德等人提出的一种理论，也称为行为修正理论、操作条件反射理论及行为矫正理论。该理论认为言语的发展是一系列刺激-反应的连锁和结合，儿童通过自我强化和强化依随形成言语能力。

3. 先天语言能力说

先天语言能力说一经20世纪60年代提出后，一时震撼了美国语言学和心理学界，被称为语言学的革命，掀起了研究儿童语言获得的热潮。这一理论从根本上改变了行为主义认为的儿童被动模仿的看法，注意到了儿童语言获得的先天因素和儿童的主动性、创造性。乔姆斯基提出的先天语言能力说，认为人类具有先天的语言能力，即先天的、内在的规则的语法系统。这种规则的语法系统是在有限的基本语言素材的基础上，通过

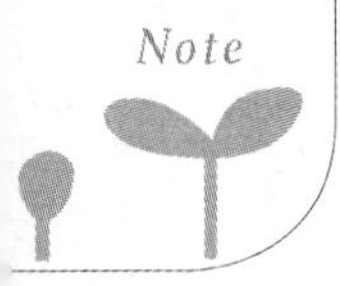

① 姚梅林，郭芳芳. 幼儿教育心理学 [M]. 北京：高等教育出版社，2021：254.

先天语言获得装置的复杂加工而得到，不是后天学习的结果。儿童根据这些规则就能产生和理解大量的语句，包括他们从未听到过的语句。

4. 中介说

中介说又称传递说，是为解决传统的刺激-反应论的简单化缺陷而提出的一种改良主张。中介说在刺激与反应之间加上了传递性刺激和传递性反应的中介，以此来解释客观环境怎样通过语言作用于人、语言怎样表现当时当地的事物、新的语言怎样创造出来并被理解等，这些都是传统的刺激-反应论不能解释的问题，并利用它进而解释儿童是怎样通过一系列的刺激-反应链条学会语言的。

5. 自然成熟说

自然成熟说是埃里克·勒纳伯格（Eric Heinz Lenneberg）提出来的，他认为生物的遗传素质是人类获得语言的决定因素，人类语言以大脑的基本认知功能为基础。语言是大脑功能成熟的产物，言语的获得必然有关键期，约从2岁开始到青春期（11～12岁）为止。过了关键期，即使给人以训练，也难以获得语言。

三 言语发展的作用

（一）言语的发展促进儿童社会化的进程

学前儿童掌握言语的过程是其社会化的过程。幼儿的言语是为交际而产生的，也是在交际过程中发展的。通过言语，学前儿童与他人交际和交流，以表达自己的愿望、不满和请求，与周围的人们保持联系等。儿童在交际中不仅促进了身心的健康发展，而且还逐步向成人学到一些社会化的行为经验，这些经验的获得，既有助于其活泼开朗性格的形成，又促进其言语交际能力的发展。

（二）言语的发展参与儿童认知、思维的发展

言语是思维的工具，个体言语水平影响其思维的过程。由于言语的参与，儿童的认知过程发生了质的变化。儿童在掌握言语之前，要认识一个物体的特征，必须对该物体的各个部分和各个特征逐一进行详细的感知。一旦儿童掌握了言语，成人就可以借助言语帮助儿童直接观察、认知事物的名称、形态、特性、特征。随着儿童认知范围的不断扩大，认知内容的不断加深，其言语就更加丰富。儿童言语的飞速发展，又会促进其认知能力的发展。

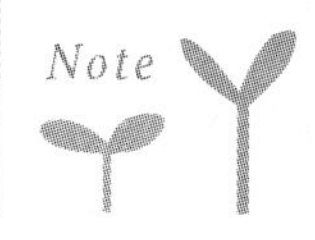

（三）言语的发展对儿童的心理活动和行为有调节作用

言语的发展对儿童的心理活动和行为有调节功能，即自我调节功能。当幼儿能对自己认知过程中的种种因素进行分析和综合时，才能对认知过程进行调节。例如：5～6岁的儿童常常会用自己的言语来组织自己的注意，即较自觉地产生了有意注意；儿童的情绪和行为也会由执行他人的指示逐渐过渡到能用自己的言语来提出要求。

第二课　学前儿童言语的发生与发展

案例导入

毛毛1岁多，从只会说“狗狗”“爸爸”“妈妈”这样的叠字词，到“妈妈拿”这样的电报句，经历了至少1年的时间。直到毛毛两岁半，才会说比较长的句子，而且，这个时期毛毛的言语和词汇量突飞猛进。

思考：幼儿言语的发生与发展，需要经过较长的时间，也存在着独特的规律。成人需要耐心，才能够在了解幼儿言语发生与发展的基础上为其创造出丰富的语言环境，让其多听、多练。同时，成人需要学会倾听幼儿的声音，帮助其不断地进步，更好地表达自己。

一　0～3岁儿童言语的发生与发展

人类可以发出各种声音，但只有其中一部分能够作为言语使用。人们通常把婴幼儿说出第一批能够理解的词语作为其言语发生的标志，以此为界，婴幼儿言语发展的过程分为言语准备期（0～1岁）和言语形成期（1～3岁）。

（一）言语准备期（0～1岁）

言语发生的准备包括两个方面：说出词的准备，包括发出语音和说出最初的词；理解词的准备，包括语言辨别和对语词的理解。

1. 简单发音阶段（初生～3 个月）

新生儿因呼吸而发声，哭是婴儿最初的发音。在婴儿停止哭泣后，会发出“ei”“ou”的声音，这是嗓音的一种发音反射。2 个月后，婴儿即便不哭也开始发音，当成人引逗时，婴儿的发音现象更明显，已经能够发出“ai”“a”“ei”等音，这已经不是嗓音而是一定的声音了。发出这些声音不需要太多的唇舌运动，只要一张口，口腔中冲出气流，就发出声音。这个阶段的声音是无意识发音，发出的是无意义的、模糊的音。

例如，刚出生的婴儿总是哭，饥饿、排泄时都会哭。当婴儿长到 5 周时，在他不哭的时候，会发出一些凌乱的声音。这些声音像是在自言自语，发音像是汉语里的某些单元音字母，有的又有点像辅音字母。这个阶段的发音是一种本能行为，天生聋哑的婴儿也能发出这种声音。

2. 连续发音阶段（4～8 个月）

这个阶段的婴儿在吃饱、睡足、感到舒适时，常常会自动发音。这些声音中，出现了元音和辅音相结合的音节，如 ba、ma 等，像在叫“爸爸”“妈妈”，其实并不是真正意义上的“爸爸”“妈妈”，只是言语准备期的发音现象而已。如果成人能将这些声音和具体的事物相联系，就可以使婴儿形成条件反射，使其发出的音节具有意义。①

3. 模仿发音阶段（9～12 个月）

在这个阶段中，婴儿明显连续音节增多，声调也有了变化，能说出一串类似句子的音节，发音具有了一定的意义。例如在发出 ba-ba，或 wa-wa 等音节时能转头找爸爸或玩具娃娃。这一阶段的婴儿能将特定的声音和具体的事物相结合，使这个声音具有一定的意义。虽然这还不是真正意义上的说话，却为幼儿学会说话做了发音上的准备。

（二）言语形成期（1～3 岁）

从 1 岁起，幼儿正式进入学习言语的阶段，也就是学说话期。这个时候幼儿说话的特点是能清晰地发出元音和辅音，出现了更多的单音节和多音节。之后，在短短的 2～3 年内，幼儿便能初步掌握周围环境中常用的基本语言。

幼儿言语发展的基本规律是：先听懂，后会说。根据其言语发展的基本规律，此时期可分为两个阶段：不完整句阶段和完整句阶段。1～1.5 岁的幼儿理解言语的能力发展很快，能够开始主动说一些词，2 岁以后的幼儿表达能力迅速发展，能够逐渐用较完整的句子表达自己的思想。

1. 不完整句阶段

学前儿童在这一阶段突出的表现是从单词句阶段（1～1.5 岁）发展到双词句阶段（1.5～2 岁）。幼儿能够说出有一定意义的词，但往往是以词代句，都是不完整的句子。单词句阶段的特点是单音重叠、一词多义、以词代句。例如幼儿指着米饭说“饭饭”，抱着玩偶说“娃娃”，这是单音重叠。幼儿见到猫叫“毛毛”，之后在见到带毛的东西时，如毛衣、毛领等，可能都会叫“毛毛”，

① 周念丽. 0～3 岁儿童心理发展［M］. 上海：复旦大学出版社，2017：199.

这是一词多义。幼儿想要某样东西时，会指着某样东西，发出“要”“要”的声音，这是以词代句。

双词句阶段的幼儿开始说由双词或三词组合在一起的句子，这种句子的表意功能比单词句明确，但其表现形式还是断续的、简略的、结构不完整的，像成人发的电报，所以也被称为“电报句”。同时，这个阶段幼儿的词汇量大量增加，2 岁时可以达到 200 多个。例如，幼儿想要某样东西的时候会说“宝宝要”，想要奶奶抱时会说“奶奶抱”。

2. 完整句阶段

2 岁以后的幼儿开始学习运用合乎语法规则的完整句，以便更准确地表达自己的思想。如果在良好的语言环境下，2～3 岁是幼儿学说话的关键时期。这个阶段，幼儿言语的发展将最为迅速，主要表现在以下几个方面。

(1) 词汇量迅速增加。

此阶段幼儿的词汇量增加非常迅速，已经能够掌握 1000 个左右的词，丰富的词汇量为幼儿表达完整句奠定了良好的基础。

(2) 能说完整的简单句，并出现复合句。

幼儿能够用简单句表达自己的想法，并逐渐说出结构松散、缺乏连词、由几个简单句并列组成的复合句。如由单词句“糖”到完整的简单句“我要吃糖”，再到“我现在要吃糖”等复合句。

这个阶段的幼儿可以用句子表达事物之间比较简单的关系，已经初步理解事物之间的因果联系，虽然这种逻辑性还并不强。至此，幼儿的言语活动已基本形成。

二 3～6 岁儿童言语的发展

3 岁左右的学前儿童已经初步掌握了基本口语。这个时期是儿童言语不断丰富、完善的时期，这将为他们今后进入小学进一步学习书面言语打下基础。这个阶段儿童言语的发展主要表现在口头言语的发展、内部言语的出现、书面言语掌握的可能性等方面。

(一) 口头言语的发展

随着大脑皮层机能不断完善，言语器官、神经系统不断成熟，在社会环境和成人教育的影响下，学前儿童的言语进入丰富化的时期，口头言语在各方面都得到发展，主要表现在语音、词汇、语法和口语表达能力等方面的发展。

1. 语音的发展

(1) 逐渐掌握本民族的全部语音。

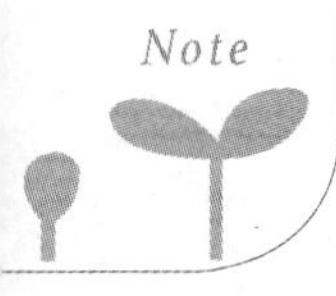

随着学前儿童发音器官的成熟、大脑皮质机能的发展及语音听觉系统的发展，他们的发音能力

迅速增强。3～4岁的儿童开始进入语音发展的关键期，他们已能分辨外界差别微小的语音，也能支配自己的发音器官，这就使他们具备了掌握本民族语言全部语音的基本条件。

有学者对我国10个省市的5000多名3～6岁的学前儿童的语音发展做了调查，得到以下数据，如表2-7所示。

表2-7 3～6岁学前儿童声韵母因素发音正确率

年龄/岁	儿童数/人	发音全部正确的儿童数/人	正确率/%
3	1203	122	10.1
4	1400	448	32.0
5	1450	830	57.2
6	1447	1002	69.2

到6岁时，学前儿童的发音机制开始稳定和完善，已经能够辨别绝大部分母语中的发音，也基本上能够准确发出母语中的绝大部分语音。

（2）韵母的正确率高于声母。

在儿童的发音中，韵母的发音正确率较高。只有“e”和“o”容易混淆。儿童对声母的发音正确率稍低，例如“zhi”“chi”“shi”容易发成“zi”“ci”“si”或“j”“q”“x”，幼儿常常把“老师”叫成“老西”等。4岁后，幼儿发音的正确率显著提高。

（3）语音的发展受教育和环境的影响大。

学前儿童的发音问题受教育和环境影响较大。城市的儿童发音要好于农村的儿童。另外，方言对学前儿童的发音也有很大影响。4岁以后，儿童发音逐渐稳定，逐渐表现出方言化。因此，家长和教师必须重视学前儿童的语音，指导其正确地发音，这为儿童未来的语言学习奠定了坚实的基础。

案例分析

西西是班上新来的小朋友，小朋友们发现西西说话大家都听不懂，原来西西从出生起，就一直在老家浠水和爷爷奶奶生活在一起，所以西西只会说和爷爷奶奶一样的浠水方言。爸爸妈妈担心西西说方言会被小朋友们取笑，可是教师说：“不用担心，西西在幼儿园很快就能学会普通话。”果然，不到1个月，西西就能说大家都听得懂的普通话了。

思考：西西从不会说普通话到学会说普通话，说明儿童言语的发展受什么因素的影响？

（4）对语音的意识开始形成。

语音意识是指语音的自我调节机制，当学前儿童开始能够自觉地辨别发音是否正确，主动模仿正确发音时，说明儿童的语音意识已经形成了。一般在4岁左右，儿童的语音意识明显发展起来。

学前儿童要学会正确的发音，就必须建立语音的自我调节机制。它使学前儿童学习语言的活动成为自觉、主动的活动，无论是对于学习母语还是学习外语，这都是很重要的。

2. 词汇的发展

言语是由词汇以一定的方式组成的，词汇是否丰富、是否正确使用直接影响了言语的表达。词汇的发展也是言语发展的一个重要标志，同时也是学前儿童智力发展的重要标志之一。词汇的发展从以下几个方面表现出来：

（1）词汇数量迅速增加。

幼儿期是人的一生中词汇量增加最快的时期，几乎每年增长一倍，具有直线上升的趋势。学前儿童6岁时的词汇量大约增长到3岁时的4倍。关于学前儿童词汇量的增长，国内外都进行了大量的研究。有资料表明，3岁儿童的词汇量为800～1100个，4岁为1600～2000个，5岁增加至2200～3000个，6岁的词汇量可以达到3000～4000个。同时，词汇的掌握还受时代差异、民族语言、方言差异、生活条件和教育条件的影响，具体到每个儿童身上，个体差异也比较大。

（2）词类范围扩大。

学前儿童先掌握实词，再掌握虚词。实词中首先掌握名词、动词、形容词，其次掌握副词、代词、数词，最后掌握虚词中的连词、分词、助词和语气词。例如人的名称、生活用品、交通工具等名词是最好掌握的，之后掌握的是描绘这些事物的动词、形容词。学前儿童使用频率最高的是名词、代词和形容词（见表2-8）。

表2-8　幼儿各个年龄阶段名词内容比较

词类项目 \ 年龄/岁		3～4		4～5		5～6	
		词量	比例（%）	词量	比例（%）	词量	比例（%）
具体名词	日常生活用品	348	35.3	502	32.6	695	31.8
	日常生活环境	218	22.1	345	22.4	459	21.0
	人物称呼	92	9.3	166	10.8	243	11.1
	动物	73	7.4	99	6.4	129	5.9
	交通工具、武器	72	7.3	100	6.5	134	6.1
	身体	65	6.6	98	6.4	144	6.6
	植物	27	2.7	49	3.2	68	3.1
	自然现象	11	1.1	29	1.9	47	2.2
抽象名词	学习等日常活动	32	3.2	54	3.5	96	4.4
	社交、个性	13	1.3	33	2.1	49	2.2
	政治、军事	12	1.2	20	1.3	44	2.0
	其他	22	2.2	43	2.8	75	3.4
总计		985	99.7	1538	99.9	2183	99.8

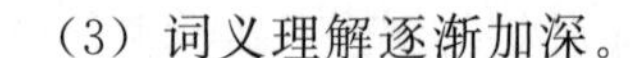

（3）词义理解逐渐加深。

学前儿童对词义的掌握受其心理发展水平，特别是思维水平的制约，随着年龄的增长，学前儿

童对词义的理解也逐渐加深。主要表现在这样几个方面。

第一，对词义的过度泛化和扩展不足。过度泛化是指与成人相比，学前儿童用相对特殊的单词指代更为广泛的范围内的物体、动作或事物。例如幼儿用“狗狗”来称呼所有长毛的动物，见到猫也会称呼其为“狗狗”。扩展不足指学前儿童用一般化单词代表较小范围内的物体、动作或事件。例如幼儿用“兔子”一词，可能不仅意味着某只兔子，还包括这只兔子的大小、颜色和种类。发生这种现象的原因是学前儿童思维过程的发展不足和缺乏经验。

童言童语

小宝在看书时，看到了老虎，他非常高兴！小宝说：“妈妈，妈妈，你看，这个戴帽子的是男老虎，这个扎蝴蝶结的是个女老虎！”妈妈：“老虎不说男女，这是个公老虎，那是个母老虎！”小宝：“妈妈，我是老虎小宝，你是老虎妈妈！我是公老虎，你是母老虎！”妈妈：“……”

第二，初步掌握词时对词义的理解不确切，或者不能够正确地使用，出现乱用词或乱造词的现象，如“一件衣服”说成“一个衣服”。对于多义词，学前儿童通常不能掌握它的全部意义，只能掌握最基本和最常用的意义。例如，妈妈说小孩子要能吃苦，孩子赶紧说“我能吃苦，苦瓜那么苦我也能吃，我就是不吃辣”。

童言童语

到了夜晚，妈妈祝儿子做个香甜的梦，儿子便爬起来从抽屉里拿出点心吃了起来。妈妈：“儿子，睡前吃东西不好！”儿子：“你不是希望我做个香甜的梦吗？”

第三，积极词汇和消极词汇的转化。积极词汇是指学前儿童既能理解又能正确使用的词汇，而消极词汇是指学前儿童不能理解，或者虽然能够理解，但是却不能正确使用的词汇。学前儿童使用词汇时，经常发生用语不当的现象。随着年龄的增长及知识水平和认知水平的提高，学前儿童对词的理解逐渐深入，他们不仅能掌握词的一种意义，而且能够掌握词的多种意义，不仅能够掌握词的

表面意思，还能掌握词的转义。随着掌握的词语越来越丰富和深刻，学前儿童应用词的积极性就越来越高，从而促进了消极词汇向积极词汇的转化。

案例分析

中班活动区里医院开门了，小医生们各自来到自己的岗位，“内科医生”真真正在用听诊器给一位“建筑工人”晨晨做检查，“护士”宁宁在一旁打扫清洁卫生。

真真：“你哪里不舒服呀?”

晨晨：“我头晕，不舒服。”

真真：“哎呀，发烧了，80度！宁宁给我一个粘贴（退热贴），你还要注意休息。”

宁宁：“你说的是退热贴吧。”

真真：“对对对，就是退热贴。”

晨晨：“我还要去工地上班，不能休息。”

真真：“跟你的领导说，让你的同学（同事）做事。”

晨晨：“我的手还受了点伤，正在流血。”

真真：“你去护士那儿擦点消毒的（碘酒），再打上封带（绷带），就离开吧。”

思考：在儿童的对话中，使用了一些不恰当的词汇，这是一种正常现象吗？作为教师，我们应该怎么做呢？

第四，对形容词、指示代词、人称代词、量词等的掌握，逐渐由模糊向清晰、由部分到完整发展。例如：2岁前的儿童，分不清“你”和“我”，他们的自我意识还没有确立；3岁的儿童能够较好地理解“我”，但是很少能够正确地理解“你”和“他”；4岁的儿童能够较好地理解“你”和“我”，有大约一半的儿童能够理解“他”。

3. 语法的掌握

词汇是语言的基础材料。在交际中，需要按照一定的语法规则把词汇组成句子。学前儿童主要通过日常生活中的言语交流和成人进行对话掌握语法结构。儿童在4岁时，真正的语法意识开始出现，主要表现为提出有关语法结构的问题，逐渐发现他人说话中的语法错误。这一阶段学前儿童在掌握句子发展上有以下几个主要特点。

（1）从不完整句到完整句。

根据语法结构是否完整，可以把句子分为不完整句和完整句。不完整句包括单词句和双词句（电报句）。2岁以前，儿童主要使用不完整句。这一阶段学前儿童的语法结构松散且不严谨，往往缺词漏字，或者语序紊乱，如果不结合他们说话的场景，就很难理解他们所要表达的意思。比如儿童常常将“你用筷子吃饭，我用勺子吃饭”说成“你吃筷子，我吃勺子”等。2岁以后，儿童的完

整句开始出现，出现的数量和比例随着年龄的增长而增长，到了6岁时，98%以上的儿童使用的句子绝大多数为完整句。

(2) 从简单句到复合句。

简单句是指句法结构完整的单句，复合句是指由两个或两个以上的单句组合而成的句子。2岁左右的学前儿童开始使用简单句，主要包括主谓、谓宾和主谓宾结构的句型，例如“妈妈，我要吃苹果”“爸爸上班了”等。随着年龄的增长，学前儿童使用简单句的比例逐渐减少，复合句逐渐发展(见表2-9)。4岁以后的儿童逐渐使用各种从属复合句，还会使用适当的连接词来连接句子，反映各种关系。例如“还”“又”“也”，以及“小猫的耳朵上是毛，肚子上也是毛，尾巴上也是毛”等。而“如果……就……”“只有……才……”“虽然……但是……”等连接词出现的时间则稍微晚一些。

表2-9　幼儿简单句和复合句的比例

年龄/岁	简单句/%	复合句/%
3	96.2	3.8
4	88.5	11.5
5	87.6	12.4
6	80.9	19.1

(3) 从陈述句到非陈述句。

在整个幼儿期，陈述句是最基本的句型，占全部语句的2/3左右，其他句型如疑问句、感叹句、祈使句、否定句等逐渐发展。学前儿童最初掌握的是陈述句，它是用来说明事物或现象的句型。非陈述句中疑问句产生得较早，例如“这是什么”“干什么”等。

(4) 从无修饰句到修饰句。

儿童最初使用的句子是无修饰语的，如“宝宝走了”“汽车走了”。到2～3岁时，有的句子中偶尔会出现一些类似修饰语的形式，如“大灰狼”“小白兔”等。但实际上，这时的修饰词仅仅是和被修饰词组成一个整体，当作一个词组来使用。3岁以后的学前儿童词汇量猛增，句子中的修饰语也显著增加。

4. 口头言语表达能力的提高

随着掌握的词汇和语法结构的不断丰富，学前儿童口头言语的表达能力也逐渐发展起来。

(1) 对话言语逐渐过渡到独白言语。

儿童的言语最初是对话形式的，只有在与他人交往中才能进行，例如和成人的对话或问答，这些都是对话言语。随着年龄的增长，儿童不仅能提出问题、回答问题，还能提出要求、做出指示，到了幼儿晚期，还会出现言语争论的现象。

儿童独立性的发展促进了独白言语的产生和发展。3～4岁的儿童能主动讲述自己生活中的事情，但表达不够流畅，还会用无意义的词来缓解表达上的困难。5～6岁的儿童就能够比较系统地讲述了，并且还能做到描述得有声有色。

（2）从情境性言语过渡到连贯性言语。

对话言语最大的特点就是情境性，所以儿童早期的言语基本上都是情境性言语。例如，佳佳一边说话，一边重复之前听到姐姐说这句话的情境和动作。儿童在讲故事时，容易只讲述故事中一些突出的情节内容，并且时断时续、前后不连贯，还会加上各种手势动作和表情，需要他人结合当时的情境边听边猜。

6～7 岁言语能力发展较好的学前儿童，开始能把整个事情的前因后果连贯地表述，能用完整的句子说明上下文的逻辑关系。但即使这一阶段的儿童能够比较连贯地进行叙述，言语发展水平也并不高（见表 2-10）。

表 2-10　各年龄幼儿情境性言语和连贯性言语的比例

年龄/岁	不同类型言语占比/%	
	情境性言语	连贯性言语
4	66.5	33.5
5	60.5	39.5
6	51	49
7	42	58

（二）内部言语的出现

内部言语是言语的高级形式，是在外部言语的基础上产生的。学前儿童最初受到成人言语的影响，后逐步用自己的言语活动进行自我调节，调节自身的心理活动和行为。在进行自我调节时，幼儿最先用的是出声的言语即自言自语，这是一种介于有声的外部言语和无声的内部言语之间的言语形式。这种过渡形式的自言自语可以分为游戏言语和问题言语。

1. 游戏言语

游戏言语是一种在游戏、绘画等活动中出现的言语。儿童会一边做动作一边说话，用言语补充和丰富自己的行动。这种言语比较完整详细，有丰富的情感和表现力。例如，一个小班幼儿独自抱着娃娃玩耍，他会把娃娃放在床上，给娃娃盖上被子，并说："睡觉啦，宝宝要睡觉啦，乖乖睡觉身体好。"

2. 问题言语

问题言语是在活动中遇到困难、问题、惊喜时候产生的言语，通常比较简短零碎。儿童在提出问题时不要求别人回答，只是在展现他们的思维过程。例如，儿童在搭积木的过程中，会自言自语地说："这个放在哪里呢？不对，不是这里。对啦，就是这里！"

案例分析

糖宝是一个3岁半的女孩子。她一边玩耍一边小嘴里不停地说着话。她抱着娃娃给娃娃喂饭，边喂边说："快吃快吃，多嚼嚼，别含在嘴里！"喂完饭，糖宝把娃娃放在桌上，取出一张纸巾给娃娃擦嘴巴，边擦边说："擦嘴吧，宝宝爱干净！"然后她又把娃娃放在床上说："宝宝睡，盖被子，别着凉，妈妈陪！"

思考：这是儿童的什么言语，具有什么特点？

学前儿童的自言自语最开始是伴随着活动进行的，反映着他们的活动中的行为或者思维。慢慢地，自言自语出现在儿童的行为的开端，具有计划和引导活动的性质。4～5岁后，儿童的内部言语逐渐在自言自语的基础上形成，随着年龄的增长，原来由自言自语所承担的自我调节功能逐渐由内部言语所代替实现。

（三）书面言语掌握的可能性

书面言语产生的基础是口头言语。儿童掌握书面言语一般要经过识字、阅读、写作三个阶段，3～6岁学前儿童的口头言语有了一定的水平，并且已经掌握了一些基本的语法规则，为其书面言语的学习奠定了基础。具体表现在以下几个方面。

（1）学前儿童形状知觉的发展为他们学习汉语拼音、辨认字形提供了可能性。视觉记忆和手眼协调的发展也为他们握笔写字创造了条件。认识形状才能认识不同的文字，视觉和手部动作的配合，才能完成书写，这是生理机能的发育为书面言语的学习提供了基础。

（2）学前儿童掌握了一定的口语词汇。在掌握口语词汇后，儿童只要把语词和它的字形相结合，就可以懂得字词的实际意义。他们还掌握了语音，其中汉语拼音是儿童识字阅读的重要辅助手段，4岁的儿童基本具备了正确发音的能力。同时，他们还掌握了一定的口头言语表达能力和基本语法，虽然口头言语和书面言语的表达方式有所不同，但两者都遵循基本的语法规则。6岁的儿童已经掌握了基本语法，具有初步的口头言语表达能力，这为其进入小学后的阅读和写作打下了良好的基础。

（3）幼儿期的儿童处于书面言语的准备阶段，早期阅读是学前儿童凭色彩、图像和成人的言语及文字来理解以图为主的读物的活动。实际生活中，成人看书、讲故事、写字都会激起学前儿童的新奇感，使他们产生阅读、写字的兴趣和愿望，这都会使学前儿童学习书面言语成为可能。因此，学前儿童到了幼儿园大班阶段，如有条件，成人可因势利导地指导他们学习书面言语。

早期阅读的儿童处于前阅读阶段。儿童前阅读能力的发展主要分为三个阶段：第一，分析阶段，这一阶段的儿童由于生活经验的不足和理解能力的限制，他们对图画的理解常常是单个的、局部的，对图画内容的表达常常处在"给事物命名"的阶段，即说出"这是什么，那是什么"；第二，综合阶段，这一阶段的儿童表达图画内容时能够表达出其中事物之间的联系，且表达开始带有情境

性，但表达还不够连贯，他们对看到的事物还不能准确而迅速地表达出来；第三，分析综合阶段，儿童在阅读画报时，开始完整地理解画面的内容，能够把看到的和说出的内容统一起来，表达不仅具有情境性，而且具有连贯性。

学前儿童毕竟生活经验和理解能力有限，小肌肉群发育还不太成熟，系统认字和书写对他们来说还是很重的负担。在这个时候对学前儿童进行书面言语的教育并不是要系统地教他们识字、书写，而是要激发他们对书面言语的学习兴趣，培养良好的学习习惯和阅读习惯，让他们懂得书面言语的重要性，增强对书面言语的敏感性，为下一阶段正式的书面言语学习做好准备。

第三课　学前儿童言语能力的培养

案例导入

我该怎么办？

一位父亲描述他的孩子口吃的烦恼，说孩子出于好奇而模仿班上一位说话结巴的小朋友，结果也变得口吃起来。于是这位父亲制止他们接触，但情况仍越来越糟。

思考：幼儿口吃是怎么形成的呢？这位父亲又该怎么做呢？幼儿在言语发展的过程中，并不是一帆风顺、自然而然就能达到预定目标的，总会受到外界各种各样的因素干扰。成人要以正确的心态和方法面对这些问题，帮助幼儿度过言语发展的瓶颈。

一　学前儿童言语发展中的常见问题

在学前儿童言语发展的过程中，由于各种原因会出现音准差、不能掌握言语表情技巧、口吃等问题，成人应仔细观察、及早发现，分析原因，并采取相应的措施。

（一）音准差

音准差是指不能准确发出某个单音节的读音。3～6 岁是幼儿语音发展最重要、最迅速的时期，幼儿发音的准确性随着年龄增长而不断提高。3 岁幼儿有不少语音发音不准，3～4 岁的幼儿随着发音器官的成熟，听觉系统及大脑机能的发展，发音能力迅速提高；4 岁幼儿基本能掌握全部语音，只有少数幼儿对个别较难发出的语音感到困难；4 岁以上的幼儿一般能够掌握本民族语言的全部语

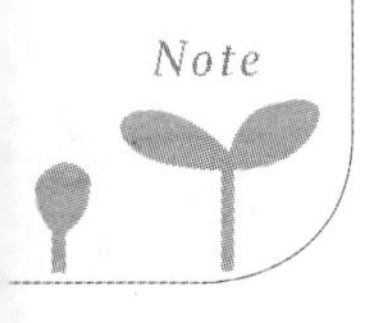

音，但由于自身发音系统的异常或方言的影响，会出现音准差的问题；6 岁幼儿的发音一般没有什么问题，他们不仅能调节自己的音调，还能清楚地发出四声调。

为了帮助儿童准确发音，成人应该充分发挥成人言语的榜样作用，尽量做到发音正确、吐字清晰、语言规范。对于儿童在发音中出现的错误和缺点，不要嘲笑，更不要故意重复他的错误和缺点，而要以正确的发音进行示范。除了直接发音给儿童听之外，还可以解释怎么做才发出这些音。发音的时候可以故意说得夸张一点，可以让儿童注意成人发音时的动作。如果是因为生理方面的原因导致发音不准确，要请教专科医生根据病情给予相应的处理。

案例分析

把“飞机”说成“灰机”，把“公公”喊成“冬冬”，“哥哥”念成“的的”……当孩子这样奶声奶气地说话时，是不是觉得孩子在“卖萌”？但事实是如果孩子一直存在“g”“k”“t”“d”无法区分的情况，可能是先天性的“构音障碍”所致。一般情况下，这一问题会随着年龄的增长而逐渐改善。

（二）不能掌握言语表情技巧

言语表情技巧是指恰当地运用声音的高低、强弱、大小、快慢和停顿等语气和声调的变化，使言语更生动，更有感染力。儿童由于理解力差会难以掌握语气和语调的变化。

教师应该多给儿童言语交际的机会，如谈话、唱歌、朗读、讲故事、演讲、戏剧表演等，使其言语能力在反复地练习中得到提高。在平时与儿童的交流中，要加强他们对语言、修辞、思维及反应能力的锻炼，在儿童已有的词汇和经验的基础上，不断扩大和丰富儿童的言语。每次活动后，教师要进行概括性的总结，把最佳表达方式潜移默化地映入儿童的脑海中。

（三）口吃

口吃是一种常见的言语节律障碍，表现为说话时声音不自主地重复、延长，或语流中断、阻滞而不流利。口吃是儿童比较常见的言语障碍，多发生在 2～5 岁阶段。根据临床表现主要分为三大类。

1. 发育性口吃

儿童在 2～3 岁学习说话时，由于言语功能发育不成熟，掌握的词汇有限，说话太过紧张，想得比说得快，不能迅速选择词汇，从而造成口吃，这是言语发育的正常现象。这时，家长和教师不要指责、训斥或纠正儿童，以免加重儿童的心理紧张，应该耐心地倾听儿童讲话，并带着他慢慢地说。随着年龄的增长，这种发育性口吃会逐渐消失。

2. 模仿性口吃

有的儿童模仿说话口吃的儿童，不自觉地养成了习惯，形成口吃。这时，要避免嘲笑或模仿、

惩罚或歧视，不要强行纠正，否则会使儿童心理紧张，导致口吃更为严重。家长和教师应采取“忽略”的方法，儿童口吃的情形会渐渐好转。

3. 社会性口吃

社会性口吃主要是精神刺激（如家庭不和、父母离异、受到了强烈的惊吓或学习负担过重等）引起恐惧、焦虑、愤怒等紧张情绪的结果。这时，家长和教师要多给儿童温暖和关怀，不要提出过高的要求和期望，尽量减少和消除引起其精神紧张的因素，消除其自卑的情绪，鼓励其树立信心、多接触他人，为其创造与他人言语交流的机会，还可以对儿童进行言语训练，让其逐字逐句地进行模仿，由易到难，逐渐掌握讲话流利的规律。

言语的发展对儿童的智能和人格的发展有着极其重要的意义。培养儿童的言语能力是一项非常艰巨和细致的工作，需要家长及教师具有极大的耐心和爱心，为儿童创设轻松愉快的语言环境，多与其进行言语交流，做他的忠实听众。反之，如果家长过于紧张或严厉，只会对儿童的言语学习产生阻力，甚至出现不愿意开口说话的现象。

童言童语

有一天，妈妈问逗逗：“等你长大了，要不要养爸爸妈妈？”

逗逗说：“我要养爸爸妈妈。”

妈妈说：“那怎么养呢？”

逗逗说：“放在鱼缸里养。”

二 学前儿童言语发展中的教育措施

（一）发展幼儿的口头言语表达能力

发展幼儿的口头言语表达能力，就是培养幼儿复述别人说话的主要内容的能力、幼儿进行对话的能力、幼儿独自讲述的能力、幼儿在人前大胆地表达自己想法的能力等。幼儿的口头言语表达能力对他未来的成长非常重要，因此要着重培养幼儿的口头言语表达能力。

1. 通过“引导”，让幼儿进行有主题的“话题”讲述，发展幼儿的口头言语表达能力

幼儿的讲述是一种比谈话复杂、周密的口头言语表达方式，它要求幼儿用比较完整连贯的语言详细地表达自己的思想。

知识链接

选择有主题的“话题”可以从这样做

1. 根据幼儿的知识经验来确定谈话的主题

幼儿的知识经验越多，谈话的内容便越丰富。比如进行关于"春天的特征"的谈话，就必须在春天的特征明显的时候，在幼儿对春天的特征进行了长期的观察和充分了解后才能进行。谈话时可从气候、植物、动物及人的服饰和活动等方面的变化着手，将春天的特征准确地描述出来，将春天的知识系统化。这样既有利于培养幼儿的观察力、概括力、记忆力，又发展了幼儿的口头言语表达能力。

2. 围绕观察对象的主要特征确定谈话的主题

如参观旅行后的谈话，教师可以围绕参观对象的主要特征有顺序地提问，让幼儿按照参观顺序讲参观的印象。教师的提问要尽量明确、具体，富于启发性和兴趣性。在主题谈话活动中发展幼儿的口头言语表达能力，还可以充分发展幼儿的概括能力和分析问题能力。

（1）看图讲述。

看图讲述是培养幼儿口头言语表达能力的一种好方法，它容易引起幼儿讲述的兴趣，同时有利于发展幼儿的观察力和描述能力。教师可以从以下两个方面进行引导。教师通过提问引导幼儿观察图片，帮助幼儿理解图片，让其用恰当的词语讲述出图片的内容。教师事前要有充分的准备，想好先问什么、后问什么，以及怎么问。提问要注意三点：第一要围绕图片的主题；第二要有顺序，从整体到局部，从主要情节到次要情节，从具体到抽象等；第三要有启发性，促使幼儿积极思维。例如，教师做好个别词句和部分段落发音方面的示范，让幼儿模仿着说。幼儿说完后教师再用简单、扼要、完整、生动的语言讲述图片内容，讲述后并不要求幼儿一字不差地模仿，只要幼儿理解内容，并会用自己的话连贯、完整地讲述就达到了教学效果。看图讲述结束后，可以让幼儿给图片取名，培养幼儿的言语概括能力。

（2）拼图讲述。

教师提供各种拼图材料，如各种动物、几何形体的卡片，以及拼板积木、雪花积木、小太阳设计师积木等结构型玩具，让幼儿自己拼插成各种结构的物体或画面，然后对比进行讲述。由于拼图讲述的内容是由幼儿自己创作设计出来的，让其用言语表达出来，既相对容易，其又具有浓厚的兴趣。拼图讲述是以玩具做教具，幼儿边玩边讲，动静自然结合。这样的方法符合幼儿好奇、好问、

好动手的心理特点，不仅培养了幼儿的口头言语表达能力，而且手、脑、口同时并用，能使幼儿得到全面发展。

（3）绘画讲述。

美术活动能充分发挥幼儿的想象力、创造力和思维能力。由于画面的内容是幼儿自己构思的，让幼儿讲述自己创作的画面，能充分发展幼儿口头言语表达能力。同时还可以利用捏泥、手工制作、剪贴画等多种方式让幼儿进行讲述，发展幼儿的口头言语表达能力。

除以上三种方法外，听音乐讲述、排列图片讲述、看展览讲述等都是发展幼儿口头言语表达能力的好方法。

2. 运用儿童文学作品和音乐作品，发展幼儿的口头言语表达能力

故事、儿歌、绕口令等文学、音乐作品的语言简练、生动而富于情感，教师通过讲述这些文学作品和音乐作品，可以让幼儿从中掌握描述自然现象、动植物特征、人的外貌的形容词，可以学习一些描写行为、动作及描写人的心理活动状态的动词等。儿童文学作品和音乐作品中生动的情节和形象的描述，能很好地帮助幼儿发展口头言语表达能力。

3. 激发言语交往的需要

学前儿童的交往需要对其言语发展非常重要，创造言语交往的类型包括：亲子间的言语交往、同伴间的言语交往、师生间的言语交往。

在家长照料幼儿的过程中，应及早对幼儿说话，使幼儿养成对言语的敏感性，用不同类别的词汇跟幼儿说话，并且注意多倾听。

在幼儿的共同活动中，让幼儿积极与同伴交往，他们会自然地用言语交往。与和成人的沟通相比，同伴间的言语沟通和互相学习更加容易一些。

教师要特别注意创造言语交往条件，在日常生活中有意识地与幼儿交谈。教师应创设丰富的教学活动，尽量创造条件给幼儿提供丰富多彩的生活，丰富幼儿的感受和见闻。在活动中，教师应使用对话、谈话、讲述等多种方式，组织训练幼儿言语的教学活动。

总之，幼儿期是口头言语发展的关键期。幼儿阶段是人一生中掌握口头言语最迅速的时期。在这个时期，正确地教育和引导，会让幼儿的言语，尤其是口头言语表达能力有惊人地发展，词汇量增加极快。发展幼儿的口头言语表达能力是幼儿园教育的基本任务，也是对幼儿进行言语教育的最终目标。

（二）创设适宜的语言环境

丰富幼儿的生活，为幼儿创设一个自由宽松的语言环境，是《幼儿园教育指导纲要（试行）》中提出的一项重要要求，也是当前幼儿教育中的一个重要环节。幼儿对言语的学习和运用与幼儿园语言环境和家庭语言环境分不开，因此，我们要重视对幼儿园语言环境和家庭语言环境的创设，从幼儿园、家庭两方面共同营造一个使幼儿心情舒畅，想说、敢说、喜欢说、有机会说并能够得到积极应答的语音环境。

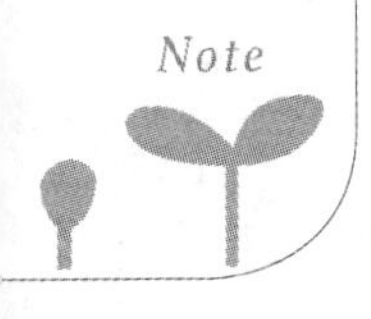

1．丰富多彩的幼儿园环境

无论幼儿的表达水平怎样，教师都应抱着积极、鼓励的态度，增强幼儿说话的信心和勇气。尤其是对少言寡语的幼儿，教师更应给予关心和帮助。同时应丰富幼儿的生活，为幼儿创造说话的机会和条件。例如，晨间接待幼儿入园时，教师可以观察每个幼儿的表现及情绪变化，寻找话题与幼儿进行一次简单的对话。又如，游戏活动中，让幼儿："做前说"——先说说自己的计划、打算，然后按自己的构想去做；"做中说"——边做边说，借助说，推动游戏情节展开，丰富游戏内容；"做后说"——活动结束后，让幼儿说说自己是怎样做的，对自己的活动做一个简单的评价。

《幼儿园教育指导纲要（试行）》中明确要求"创造一个自由、宽松的语言交往环境，支持、鼓励、吸引幼儿与教师、同伴或其他人交谈，体验语言交流的乐趣"。这样，教师或同伴与幼儿一起分享协作过程，让幼儿真正发挥"主体性"地位。这样生动丰富的主题活动，不仅是提升幼儿口头言语能力的过程，还真正成为一个充满兴趣的探索和提高的过程。

2．家庭语言环境

家庭语言环境的创设是发展幼儿言语能力不可缺少的途径，良好的家庭语言环境能激发幼儿对周围事物的好奇、兴趣和爱好，能使幼儿产生积极、好学、求知的心理。①

家长应注重与幼儿间的谈话交流。幼儿喜欢模仿，也善于模仿，模仿是他们学习口头言语的重要方法。幼儿在学习言语的过程中，模仿最多的就是父母及其他长辈，谁与幼儿接触时间越长，谁的言语和说话方式就越容易被幼儿所模仿。在日常生活中成人的言语对幼儿产生着潜移默化的影响，所以家长必须给幼儿树立良好的榜样。在平时与幼儿交流时，家长要注意和幼儿说普通话、规范话、文明话，说话应完整流畅、吐字清晰，时刻注意自己的发音是否正确，用词是否准确，语法是否规范，表达是否合理，为幼儿提供规范性的言语示范。同时，有意识地引导幼儿模仿自己的言语，耐心纠正幼儿的错误。特别注意的是，成人不要讥笑、重复幼儿的错误发音和错误语句，以免让幼儿产生自卑心理，这样才能给幼儿营造一个良好的语言环境。例如，在每天离园后，家长和幼儿交流幼儿园生活中有趣的事情，引导幼儿有意识地去讲述一件事情，提高其口头言语能力。

案例分析

圆圆有一天突然和她妈妈说"小姨，你看小狗"，这句话是她的堂姐在某个时候对她妈妈所说的，圆圆就学会了使用同样的语言。我们从中可以看出，幼儿的言语发展来源于生活，来自对身边人的模仿。

在众多的生活言语中，圆圆此时说出来的句子，是源于她对快乐和喜好事件的记忆，她非常喜欢和堂姐玩，所以，圆圆对堂姐的动作和言语模仿会多次出现。

① 陈雅芳．0～3岁儿童心理发展与潜能开发［M］．上海：复旦大学出版社，2014：231．

（三）提高阅读能力和前书写能力

幼儿一边欣赏图画书一边倾听成人有趣的讲解，这不仅是一种情感的交流，也能让幼儿感受到被关注、被重视，从而内心感到满足，这种做法能够促进幼儿言语能力的发展。在幼儿活动的场所，可以为其提供随手可取的书籍或其他文字游戏材料，使幼儿能够随时随地接触书和文字，并且使用正确的指导方法帮助幼儿进行阅读。

提高幼儿的阅读能力，可以有以下方式：首先，成人应经常为幼儿朗读故事，培养其良好的阅读习惯；其次，成人与幼儿一起看书时，不仅要引导幼儿认真听讲，还应引导其认真看书上的图画，通过图画帮助幼儿理解故事内容，培养其观察力；第三，在给幼儿讲完一个故事后，成人应就故事和幼儿进行有目的的交谈，以此了解幼儿对故事内容的理解程度，同时可以培养幼儿的概括、辨别和分析的能力，更好地促进其言语能力的发展。

幼儿期的学前儿童处于书面言语的准备期，此时正在为读写做准备，这一时期要以培养学前儿童的读写兴趣为重点，不能对其要求过于严格，要多进行肯定，激发他们学习的积极性。

案例分析

儿童的言语获得主要来源于日常生活交流和绘本故事等。丽丽妈妈在生活中看到什么都要和丽丽去重复表达，比如“看到红灯要停下来”，丽丽就慢慢学会了这句话。丽丽妈妈也经常给丽丽讲绘本，每天给丽丽听音频讲故事。慢慢的，丽丽已经做到拿起任何一个看过的绘本都可以自己讲述出来，她所表达出来的言语也都是对故事中句子的模仿。

（四）注重幼儿的个别教育

幼儿的生理和心理发展的个别差异，导致幼儿的言语发展水平也各有不同。在日常生活、教育活动中，要重视对幼儿的言语发展进行个别教育。对发音不太准确的幼儿，应重点训练他们的发音技巧；对词汇贫乏的幼儿，应引导他们丰富感性知识，扩大词汇量；对语言表达能力较差的幼儿，应主动关心他们，有意识地和他们交谈，鼓励他们大胆说话，给他们更多言语实践的机会，并对他们的进步给予肯定；对语言表达能力较强的幼儿可以向他们提出更高一级的要求，让他们完成一些有一定难度的言语任务，促进他们言语的进一步发展和提升。

Note

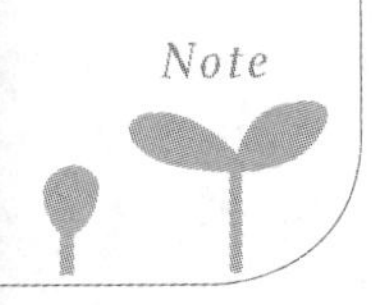

◇ 单元小结

- 学前儿童的认知发展
  - 学前儿童注意的发展
    - 注意的概述
      - 注意的概念
      - 注意的分类
      - 注意的作用
    - 学前儿童注意的发展与特点
      - 学前儿童注意发展的一般特点
      - 学前儿童注意的发展
    - 学前儿童注意力的品质与培养
      - 注意的品质
      - 学前儿童注意分散的原因
      - 学前儿童注意力的培养
  - 学前儿童感知觉的发展
    - 感知觉的概述
      - 感知觉的概念与分类
      - 感知觉的特性
      - 学前儿童感知觉的发展的特性
    - 学前儿童观察力的发展与培养
      - 观察的概念及品质
      - 学前儿童观察的发展特点
      - 学前儿童观察力的培养
  - 学前儿童记忆的发展
    - 记忆的概述
      - 记忆的概念
      - 记忆的分类
      - 记忆的过程
      - 记忆对学前儿童心理发展的作用
    - 学前儿童记忆的发展与记忆能力的培养
      - 学前儿童记忆的发生
      - 学前儿童记忆的发展特点
      - 影响学前儿童记忆能力的因素
      - 学前儿童记忆能力的培养方法
  - 学前儿童想象的发展
    - 想象的概述
      - 想象的概念
      - 想象的分类
      - 想象的过程
      - 想象对学前儿童心理发展的作用
    - 学前儿童想象的发展与培养
      - 学前儿童想象的发展过程
      - 学前儿童想象的发展特点
      - 学前儿童想象能力的培养
  - 学前儿童思维的发展
    - 思维的概述
      - 思维的概念和特点
      - 思维的分类与形式
      - 思维的过程
    - 学前儿童思维的发生发展与培养
      - 思维的发生与发展
      - 学前儿童思维发生发展的重要意义
      - 学前儿童思维的品质及能力的培养
  - 学前儿童言语的发展
    - 言语的概述
      - 言语的概念
      - 言语的种类
      - 言语发展的作用
    - 学前儿童言语的发生与发展
      - 0～3岁儿童言语的发生与发展
      - 3～6岁儿童言语的发展
    - 学前儿童言语能力的培养
      - 学前儿童言语发展中的常见问题
      - 学前儿童言语发展中的教育措施

思考与练习

一、单项选择题

1. （2022 年上半年）关于幼儿言语的发展顺序，正确的表述是（　　）。

A. 言语理解先于言语表达

B. 言语表达先于言语理解

C. 言语理解与言语表达平行发展

D. 言语理解与言语表达独立发展

2. （2016 年上半年）1 岁半的儿童想给妈妈吃饼干时，会说“妈妈”“饼”“吃”，并把饼干递过去，这表明该阶段儿童言语发展的一个主要特点是（　　）。

A. 电报句　　B. 完整句　　C. 单词句　　D. 简单句

3. （2014 年下半年）1.5～2 岁的儿童使用的句子主要是（　　）。

A. 单词句　　B. 电报句　　C. 完整句　　D. 复合句

二、论述题

1. （2019 年下半年）简述幼儿口语表达能力的发展趋势。

2. 设计 1～2 个促进学前儿童言语发展的活动方案。

三、分析题

材料： 小班语言故事《不怕冷的大衣》

活动目标一：

（1）知道冬天多运动就不怕冷；

（2）通过体育运动进一步体验“不怕冷的大衣”。

活动目标二：

（1）能认真地倾听故事，了解故事内容；

（2）能响亮地说出故事中的主要任务，读准动词“躲”“跑”“跳”；

（3）通过运动感受到“不怕冷的大衣”就是运动。

请对前后的“活动目标”进行对比，做出评价，并阐述学前儿童言语教育的目标。

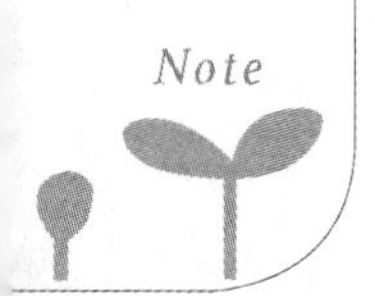

实践与实训

实训：结合对幼儿言语的观察，分析3岁幼儿在发音、词汇、句子掌握、对言语的理解等方面的发展，并有何特点。

目的：了解3岁幼儿言语发展的特点。

要求：通过不同方式引起3岁幼儿发音或说话，并观察他们对言语的反应。

形式：

1. 看图说话。将图片给幼儿看，并提出问题。如果幼儿不能作答，可以做出进一步的启发，或教幼儿模仿成人回答。

2. 执行指示。让幼儿用积木排队、搭房子等，搭完后问其搭的是什么，记录幼儿对言语指示的反应。

第三单元

学前儿童情绪与情感、人格和社会性的发展

第一节　学前儿童情绪与情感的发展

◇学习目标

1. 知识目标：识记情绪、情感的概念与分类，了解情绪、情感对学前儿童心理发展的影响。

2. 能力目标：掌握学前儿童情绪、情感的发生与发展规律，灵活运用恰当方法帮助学前儿童调节消极情绪。

3. 情感目标：认同情绪在学前儿童发展中的重要地位，愿意积极探索、科学观察与引导学前儿童积极情绪的发展。

◇情境导入

程程是幼儿园出了名的“小哭包”，因为调皮受到老师的批评时她会哭，在游戏和活动中受到挫折时她会哭，即使是在家里，爸爸妈妈对她说话时的声音高、语气重了她也会哭，而且她很难从悲伤的情绪中恢复平静。为此，程程的老师很是苦恼，认为她太脆弱了，但是又不知道该如何教育她。

思考：在上述案例中，哭是程程表达自身消极的情绪与情感的方式。那么幼儿的情绪与情感的发展有什么特点？如何引导幼儿表达积极的情绪与情感？这些问题将在本节进行讨论。

第一课　情绪与情感的概述

情绪与情感是什么？情绪与情感如何分类？学前儿童的情绪与情感具有什么样的特点？它如何影响幼儿的发展？我们将在本课一起探究。

一 情绪与情感的概念

（一）情绪与情感的概念

情绪与情感是个体对于客观事物能否满足自身需要而产生的主观体验。当个体的需要得到满足时，会产生满意、愉快、高兴等积极的情感体验；当个体的需要得不到满足时，则会产生不满、愤怒、悲伤等消极的情感体验。同时，个体的认知与客观条件的差异也会导致情感体验产生差别，如对于生活水平和需求缓急不同的人，对买同样一件衣服的情感体验程度不同。

（二）情绪与情感的关系

1. 情绪与情感的联系

情绪与情感相互依存、相互制约，情绪是情感的外在表现，情感是情绪的深化。一方面，个人的情感通过喜怒哀乐等情绪形式得以体现，并不断对情绪的表现起着制约与调节的作用；另一方面，情绪的不断变化影响着情感的形成，情绪经过多次的积累而无法形成稳固的情感，两者关系紧密，不可分离。

2. 情绪与情感的区别

情绪与情感在受众群体、需要类型、产生时间、表现形式上均有所不同。

在受众群体方面，情绪是人类和动物所共有的；而情感与人类较高级的社会性相关，为人类所特有，如美感、道德感等。

在需要类型方面，情绪是指人的生理需要是否得到满足所产生的体验，如因环境不安全产生的恐惧感、因饥饿产生的痛苦感等；情感则是与人的社会性需要是否得到满足紧密相连，如与喜欢的人在一起会产生幸福感、尊重社会规则会产生道德感等。

在产生时间方面，情绪发生得较早，刚出生的婴儿已经开始会通过哭泣表达自我情绪；而情感的发生晚于情绪，它在幼儿通过语言、肢体行为等与他人的社会性交往的过程中获得发展，伴随个体社会化的发展逐渐形成。

在表现形式方面，当个体产生情绪反应时，在身体动作、姿态上会产生明显的外部表现，情绪发生得较为迅速，且在需求得到满足后减弱或消退，具有情境性、暂时性和不稳定性；而情感相对于情绪来说更为稳定，它是经过长时的情绪积累产生的概括化结果，不因情境的变化而改变，具有稳定性、持久性与深刻性。

二 情绪与情感的分类

（一）情绪的种类

1．心境

心境是一种持久、稳定的情绪状态。心境具有弥漫性，它使个体以同样的态度对待客观事物，正所谓“情哀则景哀，情乐则景乐”。积极、乐观的心境可以提高个体学习与工作的效率，使生活充满积极的体验；而消极、悲观的心境则会使人陷入焦虑、困顿的情绪，降低生活质量，影响身心的健康发展。

2．激情

激情是一种爆发快、强烈但短暂的情绪状态，如狂喜、愤怒、悲痛等。激情通常是由突发的刺激引起的，持续性较短，分为积极与消极两种。积极的激情具有强大的内部激励作用，如科学家攻克了某一领域的难题、学生赢得了某项比赛的冠军而产生的兴奋感，会催生个人不断努力的动力，向着目标前进；而消极的激情容易使个体踌躇不前，抑制自身行为或产生冲动、危害自身或社会规范的行为。

3．应激

应激是个体在紧急情况下产生的强烈的情绪状态，如出现自然灾害时需要立即采取紧急措施情况下的情绪反应。应激状态下的个体常会出现两种表现：一种是手足无措，大脑放空；另一种则是头脑清醒，沉着应对，摆脱困境。个体采取何种表现往往和其适应能力、知识经验相关，积极的应激反应可以通过训练提升。

（二）情感的种类

1．道德感

道德感是个体评价自身和他人的行为是否符合社会道德规范时产生的内心体验。当他人行为符合社会道德规范则会产生欣赏、赞美、荣誉等积极的情感体验，反之则会产生憎恨、厌恶等负面的情感体验。不同时代、不同民族的道德标准不同，道德隶属于社会历史范畴。

2．理智感

理智感是与个体的认知活动和认知行为相联系的内心体验。在个体参与智力活动的过程中产生的好奇心、求知欲、解决问题等需求都属于理智感。理智感是推动个体主动探索与认知世界的重要动力，人们在智力活动中的探索性越强，理智感也越强。

3. 美感

美感是指个体根据一定的审美标准对客观事物产生的内心体验。个体会以自身的审美观点为标准，对美的事物进行评价，从而产生喜悦、肯定等主观性情感，不仅文艺作品、风景等事物可以引发个体对美的感受与体验，符合社会行为道德规范的行为同样可以引发。

三　学前儿童情绪的特点

（一）社会性

学前儿童情绪中的社会性成分会随着年龄的增长而不断增加。这一方面表现在幼儿情绪会受到社会性交往的影响。3岁开始，幼儿的情绪会随着社会性需要是否得到满足而产生变化，幼儿渴望参与到社会活动中，与成人和同伴的互动可以调动起幼儿积极的情绪，人际关系的好坏也会影响着幼儿情绪的波动。如当幼儿难过时，成人的一个拥抱就能使幼儿变得开心；但如果成人不予理睬，会使其变得更加苦恼，更加痛苦。另一方面表现在幼儿的情绪表达逐渐社会化。幼儿开始能够理解他人的面部表情，并且开始运用多种表情向他人传递情绪，如通过皱眉、睁大眼睛表达自己很惊讶。

（二）冲动性

由于幼儿的认知神经发育不足，自我控制能力不强，当突然经历了新异刺激后，会表现得十分兴奋，情绪强烈且易冲动，甚至使用过激的行为来表达情绪。如我们常见幼儿在某种需求得不到满足后，趴在地上大哭大叫，甚至挥动手臂来表达自己的不满，即使成人和其沟通也无济于事；还有的幼儿会在做游戏感到开心时，大声叫喊，疯狂地跑来跑去。到了幼儿晚期，随着幼儿心理活动的有意性的发展，情绪的冲动性特征会逐渐减弱，幼儿开始在成人的语言引导及行为指示下有意识地控制自我情绪。

（三）外显性

幼儿通常不会掩饰自我的情绪，当感到开心或者难过时，会借助行为动作、语气神态完全将自身情绪表露于外。如当幼儿听到了大灰狼的故事后，可能立马被吓得哇哇大哭，说自己讨厌大灰狼；当看到了自己喜欢的事物，会立刻哈哈大笑起来，丝毫不加掩饰。随着年龄的增长，幼儿情绪表现出内隐的倾向，但是仍以外显性为主，尤其在熟悉的人面前还是会直接地表达情绪感受，在陌生人面前可能会相对隐藏情绪。

案例分析

周末，佳佳和妈妈一起去超市购买日用品，走到玩具专柜，佳佳开心地跑过去，抓起各种玩具开始模仿角色，兴致勃勃地玩起了游戏。妈妈提出该回家时，佳佳抓着一个汽车模型大声对妈妈说："我要买这个汽车。"妈妈蹲下身说："你不是前几天刚买了一个汽车模型吗？而且家里的汽车模型太多了！"妈妈的话还没说完，佳佳开始大声抗议："我要买！就是要买！"紧接着躺到地上大声哭闹，妈妈皱着眉头无可奈何。

思考：请分析以上案例体现了幼儿情绪情感发展的什么特点？

四 情绪与情感对学前儿童发展的影响

（一）对幼儿心理与人格养成的影响

学前期是个体性格与心理发展的关键时期，幼儿积极的情绪与情感有利于其心理健康的发展并形成健全的人格。具有积极的情绪与情感的幼儿在情感表达上是乐观向上的，这有利于获得外界的认可与接纳，使幼儿获得积极的体验，形成活泼、开朗的性格，如幼儿以友爱、体贴、温和的态度与同伴交往，更容易受到同伴的喜爱，从而变得开朗乐观。此外，具有积极的情绪与情感的幼儿在自我成长与发展中会伴随着良好的自我认知，这有利于幼儿形成主动、进取、自信的人格。如乐观的幼儿在面对困难时会从容不迫，积极地寻求解决问题的办法，当问题得以解决，会让其形成良好的自我认知，更加自信、勇敢；反之，具有消极心态的幼儿可能会在面对问题时犹豫不前，觉得自己难以完成各项任务，从而对自己感到失望，形成自卑、自我否定等消极的心态，不利于其人格的健全发展。

（二）对幼儿社会交往活动的影响

情绪与情感在幼儿的人际交往过程中具有指引与调节的作用，积极的情绪会激发幼儿与他人交往的意愿，调动起幼儿与同伴、教师互动的主动性。如当幼儿喜欢某一同伴，会经常与其玩耍，分享自己的玩具；喜欢某个教师，会愿意做教师的小帮手，听教师的话，上课积极回答问题。

另外，情绪与情感理解能力强的幼儿能够快速地捕捉到他人的情绪，及时地对他人进行情感回应。如在游戏活动中，幼儿察觉到自己的同伴表现出了伤心或者生气的情绪，会及时地进行安慰或询问他人为何生气，进而调节自己的游戏行为。总之，情绪与情感理解能力强的小朋友更易获得同伴的接纳，形成积极的同伴关系。

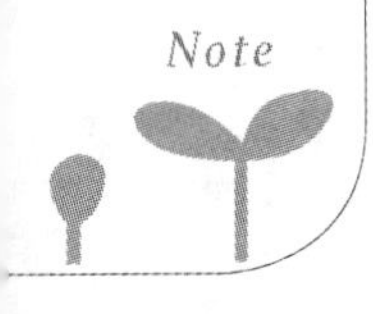

案例导入

中班的丫丫是一个活泼开朗的小朋友，她总是积极地帮助班里的其他小朋友。午睡后有小朋友不知道怎么穿裤子，她会主动和教师说："我会我会，我能帮他。"班上来了个新小朋友抹着眼泪想妈妈，丫丫会牵着新朋友细心安慰，带着她一起游戏。因此，老师和小朋友们都很喜欢她，每次开展游戏大家都抢着和她一组。

（三）对幼儿产生心理活动与行为的影响

幼儿的情绪与情感影响幼儿参与并从事心理活动的积极性。积极的情绪与情感会调动幼儿参与认知活动的情绪，如喜欢小汽车的幼儿会主动了解、学习各种小汽车的名称，对车的内部构造充满好奇心，积极地探究车的结构与功能；消极的情绪与情感会让幼儿产生退缩或抗拒行为，如生病的幼儿可能因为害怕医生，而看到医院或医生的图片就会立刻哭闹不止，拒绝治疗。由此可见，情绪与情感对幼儿的心理活动与行为的操控性极强，它直接驱使幼儿参与或拒绝某项行为，幼儿的情绪与情感越强烈，心理活动动机越强。因此，要积极催发幼儿积极的情绪与情感，促使幼儿乐于参与各项活动，产生积极行为。

第二课　学前儿童情绪与情感的发展

一　学前儿童情绪与情感的发生

（一）情绪的发生

婴儿具有先天的情绪反应，刚出生的婴儿就会通过声音、表情与动作来表达自我的生理需要，这是与生俱来的本能。行为主义的创始人华生指出，新生儿的原始情绪有怕、怒、爱三种。

（二）情感的发生

情感发生得较晚，幼儿 2 岁情感才开始萌芽。随着幼儿社会性需要的发展，在成人的引导与教

育下，幼儿的高级情感——理智感、道德感、美感开始逐步形成。幼儿的高级情感是由多种情感组成的复合情感，兼具稳定与复杂的特征。

学前儿童情绪与情感的发展趋势

（一）学前儿童基本情绪的发展

1. 高兴

高兴是个体在某种需求得到满足后所产生的愉快体验。幼儿的高兴往往通过面部表情与行为动作来实现，如微笑或手舞足蹈。高兴的情绪反应是婴儿最初进行亲子交往的重要手段。

婴儿从出生 1 个月开始就会微笑，即自发性微笑，这是一种生理行为，并不具备社会性意义，即使在没有外界刺激的情况下也可以发生，自发性微笑会在婴儿出生 3 个月后逐渐减少。

从出生第 6 周开始，婴儿开始出现无选择性地社会性微笑。这时婴儿还不能对他人进行区分，因此不管是面对陌生人还是抚养者，只要出现外部刺激都会产生微笑行为。从出生第 14 周以后，婴儿开始出现有选择地社会性微笑，面对熟人更容易产生微笑行为，这时的高兴情绪偶尔还会伴随着身体上的手舞足蹈。

2. 痛苦

痛苦是由负面刺激引起的消极体验。幼儿的痛苦情绪通常是以哭的方式来表现。

新生儿的哭泣一般是由饥饿或身体不适引发的。从出生第 4 周开始，婴儿的哭泣会产生明显的分化，为引起他人的注意会出现“假哭”，当需求得到满足即会停止哭泣。从出生第 8 周开始，婴儿的哭泣带有明显的社会性，对不同人产生的哭泣行为有所区别。在面对依恋对象的安抚时，婴儿的哭泣行为可以有效得到缓解或者立即停止。随着年龄的增长，幼儿的适应性逐渐增强，情绪表达方式也逐渐多样，诸如动作、语言等，因此哭泣行为的情绪会逐渐减少。

3. 恐惧

恐惧是因为受到威胁而产生的一种逃避情绪。婴儿的恐惧情绪是先天的、反射性的反应，如疼痛、巨大的声响都会使婴儿害怕。从出生 4 个月开始，随着婴儿感知觉的发展，婴儿会对使自己出现害怕情绪的外部刺激产生记忆。从出生 6 个月开始，随着婴儿肢体动作的发展，视觉逐渐开始对恐惧产生作用。视崖实验表明，婴幼儿对深度会产生恐惧。从出生 6 个月开始，伴随婴幼儿依恋的发展，婴幼儿会对陌生人产生明显的抵触反应，出现怕生情绪。1.5～2 岁的幼儿，随着认知逐渐成熟，想象能力逐渐增强，容易混淆现实和想象，开始对黑暗和坏人产生恐惧情绪。

作为一种消极情绪，害怕会对幼儿的心理与个性发展产生很大的影响，会使幼儿变得胆小、怯懦、回避、退缩。此外，生理上由于害怕而产生的肌肉紧张、心慌、呼吸急促等反应也影响着幼儿

Note

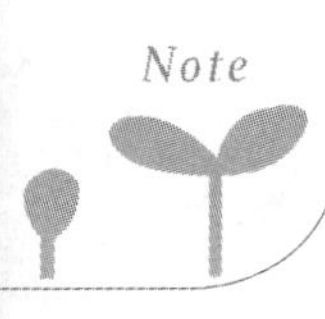

的认知发展，因此对使幼儿产生恐惧的事物一定要及时规避、积极引导，以免对幼儿的心理和个性发展产生不良影响。

（二）学前儿童情绪理解能力的发展

3岁开始，幼儿对于情绪的词汇量储备增加，他们能够在人际交往中熟练地使用词汇表达自身的感受，解释情绪变化的因果关系。到4岁半，幼儿可以对他人的情绪做出准确的理解和判断。幼儿情绪理解的能力主要分为情绪识别、情绪推理与情绪表达三个方面。

1．情绪识别能力的发展

幼儿很小就能辨别出不同的情绪，但是3岁以前的婴幼儿并不能正确命名其他人的情绪状态。如向幼儿出示一张惊讶的面部表情图片，让他们描述一下图片中面孔的情绪，他们可能会用“快乐”“高兴”来形容。3～5岁期间，幼儿开始能够识别并对他人的情绪进行正确命名，先是掌握愉快情绪的词汇，如“开心”等，再是消极情绪的词汇，如“伤心”“生气”“害怕”等。唐久晴等人（2021）为5～6岁幼儿提供了代表“高兴”“悲伤”“愤怒”“恐惧”四种情绪的面孔图片（如图3-1），并自制了代表以上四种情绪的多个词语卡片，让幼儿指认词汇对应的面孔图片，发现幼儿理解描述高兴情绪的词汇多于描述悲伤、愤怒和恐惧情绪的词汇。[①] 这说明幼儿更易对积极的情绪进行识别。

图3-1　情绪面孔图片

2．情绪推理能力的发展

3岁幼儿就开始对情绪产生的原因、结果和过程进行推理。4岁开始，幼儿在与同伴交往的过程中，能根据对方的情绪判断其接下来的行为，如生气的同伴可能会大叫或者打人，而开心的同伴会产生分享行为。但是幼儿的情绪推理能力的发展仍然比较片面，当多种情绪交织发展，幼儿可能只会对关键的情绪做出判断。Fabes等人（1993）为4～5岁的幼儿呈现了一张图片，上面画着一个高兴的男孩和一辆坏了的自行车，当询问幼儿图片中发生了什么事时，幼儿只关注情感表象，指出图片中的男孩因为骑自行车而感到很高兴。[②] 这说明幼儿忽略掉车子坏掉的线索，对情绪的推理是表面单一的。因此，教师要注意为幼儿提供沟通情绪的机会，经常与家长讨论情绪经验。此外，与同伴互动较多的幼儿，情绪推理能力往往更强。

---

① 唐久晴，姚小喃，寇彧．5～6岁幼儿对四种基本情绪相关词汇的理解和运用［J］．学前教育研究，2021，314（2）：30-41．

② Fabes R A，Eisenberg N，Eisenbud L．Behavioral and Physiological Correlates of Children’s Reactions to Others’ Distress［J］．Development Psychology，1993（29）：655-663．

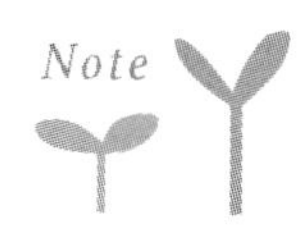

3. 情绪表达能力的发展

3岁开始，幼儿就会按照社会认同的方式进行情绪表达，主要是以面部表情及一些外显行为为主，并显现出隐藏真实情绪的能力，但直到5岁，幼儿在伪装情绪方面仍然水平较低。如已有研究者通过测试3岁幼儿后发现，当研究者在空间中放置一个玩具，并告知幼儿自己将会离开一会儿，在这期间幼儿不允许回头偷偷看玩具。随后研究者躲到观察室通过录像对幼儿是否偷看进行观察。大部分幼儿都会按捺不住偷看玩具，当研究者返回房间询问幼儿是否偷看时，部分否认偷看的幼儿会表现得十分紧张。[①] 此外，在情绪表达方式上，男孩和女孩会表现出性别差异，女孩主要通过语言、面部表情来表达情绪，而男孩的情绪表达方式则相对具有攻击性。如女孩在产生愤怒情绪时，会更多地通过哭泣的方式来宣泄与排解，男孩会更多地通过攻击对方来表达不满情绪。

童言童语

田田："我好喜欢悠悠，我想让她成为我的新娘！"

田田妈妈："那你不喜欢妈妈了吗？你之前不是要妈妈成为你的新娘吗？"

田田："我也喜欢妈妈，但是你现在是旧娘。"

（三）情绪自我管理能力的发展

幼儿情绪的自我管理主要包括控制情绪与情绪调节，幼儿可以对自我的行为和认知进行控制与调节，从而做出符合情境的情绪反应。幼儿的情绪调节从婴儿时期就已初步显现，当幼儿不喜欢某件事物时，会将视线从引起自己不愉快的事物上移开，但是幼儿的情绪调节能力有限，并不能完全依靠自我来实现情绪调节。具体而言，从2岁开始，幼儿能够通过明确的策略来缓解消极情绪，如自我安慰、吃东西等，也会使用诸如捂住耳朵不听他人讲话、将注意力转移到其他事物上的方法来进行情绪调节。3岁开始，幼儿可以在游戏活动时调控自身假装演绎的他人情绪，但这些情绪多以高兴、生气等为主。

幼儿情绪自我管理能力的发展会受到生理特征与教育的影响。一方面，不同生理性别的幼儿情绪调节存在差异，女孩比男孩更擅长采用多样化的策略调节情绪。在气质特征上，具有困难型气质

Note

① 王军利，文彦茹，林艺，等. 四种情境中幼儿情绪表达规则理解和运用的追踪研究[J]. 应用心理学，2022，28(4)：344-351.

的幼儿即使随着年龄的增长，仍然很难控制自我的负面情绪，如生气的时候，即使教师或家长采用一些转移注意力的游戏活动，仍然难以将他们从干扰事件中摆脱出来，幼儿始终无法平静下来。另一方面，父母的情绪表达、情绪管理，以及对幼儿情绪管理的引导与教育都会影响幼儿的情绪管理。如当家庭成员之间的关系长期表现出敌对、淡漠、紧张等状态，幼儿可能难以学会调节情绪的方法；而父母经常与幼儿进行积极的情绪沟通、构建良好亲子依恋关系的家庭，幼儿的情绪更加温和，自我调节与控制情绪的能力更强。

（四）学前儿童高级情感的发展

1. 道德感的发展

从1岁开始，幼儿就已经开始萌发道德感，开始认知好与坏，还会对他人产生同情心，知道公共事物不能占为己有等道德表现。2～3岁时，幼儿的道德感主要来自成人对幼儿的评价，幼儿的情绪会受到成人的夸奖和责备的影响。3～4岁时，幼儿的道德感会受到他人判断的影响，如会因老师说某种行为是好的而认为这种行为是正确的。4～5岁时，幼儿开始学习并了解一些道德标准，他们不仅关心自身的行为是否符合道德标准，还会对他人的行为是否符合道德规范进行评价。5～6岁时，幼儿的道德感开始趋于稳定，他们会从多种角度对事件进行判断，在道德评判上注重个体的行为动机、行为意图等。

案例分析

户外活动时，幼儿园的4个男幼儿玩起了堆沙堡的游戏。由于挖沙的工具有限，小朋友们只能轮流用小铲子，最先使用小铲子的是佳佳，他挖了好久，可可等不及了，便凑到佳佳旁边说：“可以给我也用下吗?”佳佳站起来，双手叉腰，一把推开可可，大声说：“这是我的，凭什么给你?”其他小朋友赶忙跑过来扶起可可，生气地说：“这是幼儿园的工具！凭什么只能你自己用，如果你不分享给我们，以后我们再也不和你玩了。”

思考：以上案例中的幼儿处于哪一年龄段？分析幼儿道德感发展的特点。

2. 理智感的发展

幼儿的理智感发展较晚，主要受外部环境与教育的影响。5岁左右的幼儿开始出现喜欢问“为什么”的现象，对任何事物都试图探索一番，开始为寻求各种问题的答案而感到愉快。6岁左右的幼儿开始参与各类智力游戏，好奇心与求知欲望更加强烈，对待问题开始具有自己的判断标准，能够批判性地进行思考。例如，他们可能会认为教师对某个问题的解答是错误的，会发出质疑，从而降低对教师的权威崇拜。

3. 美感的发展

新生儿就已经开始显现出审美倾向，如表现出对漂亮面孔的喜爱、喜欢颜色鲜艳的事物。3～4岁的幼儿会喜欢漂亮的伙伴，对色彩、衣服着装开始产生审美判断。4～5岁的幼儿喜欢可爱的形象，并且对动听的声音倾注极大的热情。5～6岁的幼儿对美的理解进一步发展，他们不仅能欣赏各类文艺作品，观看美景，还会对物质环境的整洁、干净产生一定的要求，欣赏美、创造美的能力显著增强。

案例导入

小三班的教室里，教师专门准备了一片幼儿们整理容貌的小区域，这里不仅有一面小镜子，还有梳子和各种各样颜色漂亮的小发卡。妞妞非常喜欢这个地方，每天的区域活动，她都会坐到小桌子前，对着镜子，拿起小梳子梳自己的头发，选择不同的小发卡夹在自己的头上，笑眯眯地对着镜子照呀照，直到自己觉得很满意了，才顶着一头漂亮的发卡去做其他的事情。

第三课　学前儿童积极情绪与情感的培养

一　营造良好的外部环境

（一）提供丰富的物质环境

幼儿情绪与情感易受到外界环境的感染，宽敞整洁的活动场地、温馨优美的场景布置，有利于幼儿形成积极的情绪与情感。教师要根据幼儿的生活经验，选用幼儿熟悉的设施与丰富的色彩布置环境，例如陈列幼儿合作游戏的图片、张贴幼儿自己动笔绘制的画作，激发幼儿对环境的亲近感，使幼儿萌生探索与玩耍的兴趣，调动幼儿积极的情绪。同时教师要引导幼儿共同参与环境的布置，表达自己对于环境创设的意见，根据幼儿的需求布置游戏活动区，增设玩教具的种类，调动起幼儿的兴趣。如果幼儿对周围环境的布置感到很陌生，那么可能会让其感到紧张、局促不安，不利于幼儿培养良好的情绪。

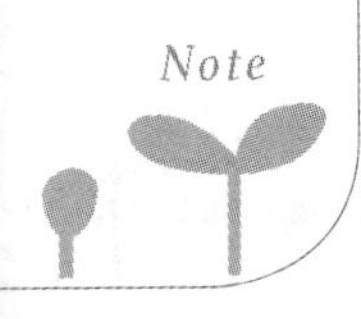

（二）创设温馨的人文环境

长期生活在温馨和谐氛围下的幼儿会感受到来自外界的关怀，这种正向的情感体验让幼儿肯定自我，变得自信，从而形成稳定的情绪状态与情感特征。如教师对幼儿的各种需求做出及时的回应，且经常鼓励、赞扬与肯定幼儿，那么积极的情感体验也会潜移默化地影响幼儿，有利于幼儿习得良好的情感表达方式。此外，幼儿很容易因在家庭环境中感受不到亲密的亲子关系，或在同伴交往中因不恰当的交往行为受到同伴的排斥，而产生消极的情绪表现。教师要注意对幼儿负面情绪的关注与引导，当幼儿表现出失落、沮丧、悲伤、愤怒等行为表现时，教师要及时询问、了解缘由，并作为中间人帮助幼儿调节亲子关系或同伴关系，指导家长构建温馨和谐的家庭环境。同时，教师可以在幼儿园创设宽松、温暖、自由的人文环境，让幼儿敢于敞开心扉自我表达，体验到集体的温暖。

二　注重教养态度与教养行为

（一）通过以身作则感染幼儿

教师要时刻注意到自身的言行举止，作为幼儿日常学习的榜样，教师情绪表达的方式会润物无声地影响幼儿。首先，教师要保证自身情绪的稳定，在面对压力事件时及时通过恰当的方式进行自我情绪调整，对生活保持阳光乐观、积极向上的态度，这样的积极情绪会感染幼儿，使幼儿在面对困难时也能乐观地应对。其次，教师要善用表情、语言与肢体行为表达情感，帮助幼儿学会多种情绪表达方式。如当教师想要鼓励或表扬某个幼儿时，可通过语言肯定，以及肢体上的拥抱、竖起大拇指等方式表达积极情感；在生气时，可通过眼神、表情变化表达消极情感。

知识链接
扫一扫，了解踢猫效应[①]

（二）善用活动养成幼儿积极的情绪与情感

教师要通过多样的活动引导幼儿掌握积极的情绪与情感。第一，游戏活动。对幼儿来说，游戏

① 李玉峰，曾南权．“踢猫效应”对女性领导者情绪管理的启示［J］．领导科学，2016（30）：46-47.

具有天生的魅力，幼儿能够在游戏中充分表达自我，获得心理满足，体验到积极的情绪，同时也能借助游戏宣泄负面情绪，缓解自身的焦虑情感。例如幼儿讨厌生病时吃药打针，他们可以通过在角色游戏中，以医生的身份假装给娃娃喂药、打针，从而释放自己对于生病的紧张与痛苦情绪。第二，教学活动。通过教学活动，教师可以有意识地培养幼儿的积极情绪，尤其是依托主题活动，教师可以有目的、有计划地确保幼儿在活动中了解健康的情绪与情感。例如通过语言教育活动，利用绘本故事《赶走烦恼》，教师可以与幼儿共同对故事情节展开讨论，借助可爱的形象为幼儿树立榜样，引导幼儿了解情绪表达的方式，养成积极的情绪与情感。

三 调控幼儿的负面情绪

（一）引导幼儿敢于表达负面情绪

儿童出现负面情绪的原因主要是由于生理问题，如饥饿、生病等；或者心理需要没有得到满足，如做错事被批评、不能拥有喜欢的玩具等。当幼儿表现出负面情绪时，成人首先要判断负面情绪是否合理，如果是正常的情绪表达，成人要理解、接纳，给予安慰，并鼓励幼儿表达与排解情绪。如“老师理解你的心情，你现在感觉很生气是正常的”，“感到难过你就可以哭出来，并且和我说说为什么”。如果成人一味抱怨或制止幼儿的负面情绪，可能会误导幼儿认为产生负面情绪是可耻的，会受到他人的批评，让幼儿学会隐忍与隐藏情绪，但长期压抑消极的感受得不到释放与表达，反而会影响幼儿的心理健康。

案例分析

在做区域游戏时，恺恺和涛涛一起搭积木，恺恺看中涛涛手中的一块积木，便一把抓过来，结果又被涛涛一把抢回去。恺恺的脸涨得通红，对着涛涛的头就拍了一巴掌，然后一屁股坐在地上开始生闷气。1 分钟后，恺恺抬头看看依然在搭积木的涛涛，然后埋下头继续生气，还时不时抬眼看看涛涛。涛涛走过来喊恺恺看自己搭的城堡，于是恺恺站起来和涛涛一起继续搭积木。

思考：上述案例中恺恺是如何处理自己的消极情绪的？如果你是教师，你会怎么做？

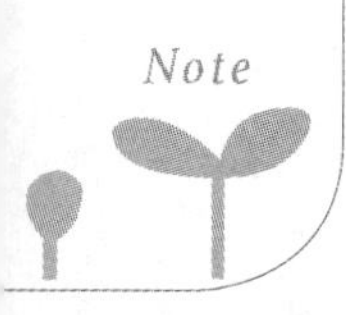

（二）帮助幼儿掌握情绪调节的方法

教师要帮助幼儿根据不同的情绪体验掌握多种调节情绪的方法，学会符合社会道德规范的情绪

表达方式，使幼儿即使脱离了成人的支持，依然能自如地应对社交中产生的负面情绪。幼儿情绪调控的过程是一个不断观察与学习的过程，会因为受到鼓励或表扬形成条件反射与自我强化，因此当幼儿通过自我调节表现出良好的情绪转变要及时表扬。主要的情绪调节方式有如下几种。

第一，情绪转移法。情绪转移法是指当幼儿陷入某种情绪困扰中，通过转移幼儿的注意力来控制幼儿的情绪。2 岁开始，幼儿就已经可以在难过时进行自我安慰，通过找东西吃或看图画书转移情绪。4 岁开始，可以利用精神类的而非物质类的转移方法调控幼儿情绪。例如当幼儿哭闹不止时，成人可以说“你怎么有这么多的泪水呀，我们正缺水，我要去拿个杯子接住”，这时当成人拿来杯子，幼儿可能立马会破涕为笑。

第二，冷却法。当幼儿情绪十分激动，成人可以将其放置到安静的角落，暂时对幼儿置之不理，幼儿就会慢慢平静下来。如当幼儿大喊大叫，甚至挥动手臂要打人时，成人可以安静地看着他，不做出回应，等待幼儿平静下来再进行沟通。

第三，想象法。鼓励幼儿将自己想象成向往或崇拜的榜样，激发幼儿调整积极情绪的动机。如遇到困难时，引导幼儿想象自己是大哥哥、大姐姐、男子汉等形象。

第四，自我说服法。当幼儿感到难过或生气时，可以让其客观阐述事情的经过，幼儿会在不断地回忆与阐述中恢复平静。或者让幼儿想一想如果他的好朋友不开心时，他会怎样安慰，让其自我进行语言安抚，逐渐平缓情绪。

知识链接

幼儿园大班—社会性领域—情绪情感绘本《生气汤》教学

活动目标：

1. 知道生气是正常的情绪反应，了解经常生气会影响人的健康。
2. 能积极交流生气时的情感体验，尝试用恰当的方式排解情绪。
3. 能积极表达自己的情绪与情感体验，保持自己快乐的心情。

活动准备：《生气汤》课件

活动过程：

1. 图片引入

教师出示小主人公霍斯的图片。

师：今天老师带来了一个朋友，他的名字叫霍斯。看，他怎么了？

幼：在生气。

师：霍斯今天很生气，你们是怎么看出来他在生气的？

幼：腮帮子鼓起来了，脸很红。

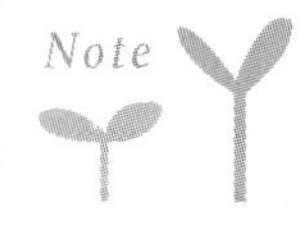

师：你们从霍斯的表情和动作看出来他今天真的很生气。那你们猜猜霍斯为什么会这么生气呢？

幼：妈妈不给霍斯买玩具、霍斯和小朋友吵架了、霍斯想吃糖奶奶不让吃……

2. 倾听故事

(1) 教师播放PPT，讲述故事。

提问：霍斯为什么这么生气呀？你们有过生气的时候吗？你们什么时候会生气？生气的时候你们有什么样的感觉？

幼：霍斯想不出第三题的答案，他很生气；在表演节目时牛牛踩到了霍斯的脚，可是他没有对霍斯道歉，霍斯很生气；今天放学，妈妈不守信用，请别人来接他，霍斯很生气……

幼：生气的时候胸口感觉要爆炸、特别想发脾气、会跟人吵架、有时候会摔玩具……

小结：经常生气会影响自己的身体健康。

(2) 霍斯生气了以后，又发生了哪些事情呢？教师继续讲述故事。

师：霍斯生气了，他都做了什么事情？霍斯这样生气好吗？为什么？

幼：霍斯踩坏了花和草地；妈妈跟他打招呼，霍斯叉着腰很没礼貌地发出“哼”的声音；妈妈想抱抱霍斯，他不要，生气地走开了。

小结：经常生气除了会影响自己的身体健康，也会让身边的人不开心，更会让你失去朋友。

(3) 妈妈看见霍斯生气了，有没有什么好办法？我们一起看一看！教师继续讲述故事。

师：霍斯妈妈想出了什么办法呢？（霍斯和妈妈煮汤，然后把生气的事情对着汤大声地说出来）现在霍斯的心情怎么样了？生气的时候我们还会有什么好办法让自己的心情好起来？

幼：妈妈和霍斯一起煮汤；妈妈和霍斯一起对着锅说话。

幼：生气了可以唱唱歌就不生气了；可以找小朋友玩一玩就不生气了；生气了让妈妈抱抱我就不生气了……

小结：其实生气很正常，我们每个小朋友都有生气的时候。所以，我们要学会用各种各样的方法让自己的心情好起来。

3. 游戏活动：生气汤

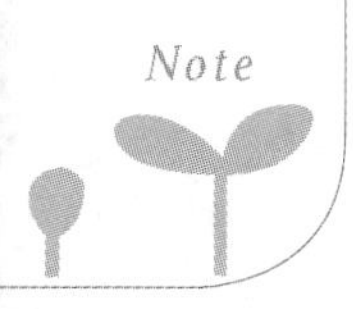

师：如果我们或者我们的朋友生气了，我们也来煮一锅生气汤帮助我们自己和朋友吧！现在我们一起来玩一个可以让自己和朋友快乐的“生气汤”游戏吧！

玩法：师幼手拉手，围成一个“大锅”的形状。每个人对着大锅大声说出一件让自己生气的事情，然后念儿歌：“撒点盐、放点糖，左左左扭三下，右右右扭三下，喷出一口火龙气，啊！我快乐啦!”

总结：我现在开心极了，那么你们心情怎么样啊？如果你的朋友生气了，可以和他一起玩这个“生气汤”的游戏，让大家的心情都变得快乐。如果以后再遇见生气的事情，我们也可以用刚才想到的好多办法帮助自己和别人消气，让大家不会因为生气影响身体健康，让自己和别人都能开心快乐地生活。

附《生气汤》故事：

今天霍斯有一箩筐不如意的事情，霍斯气得想打人！他用力地踩了一朵花。妈妈对他说：“嗨!”霍斯发出“唑”的声音。妈妈问他：“今天你过得好不好啊?”霍斯又吼了一声，还“咚”的一声趴在地上。“我们来煮汤吧!”妈妈说。霍斯一动也不动，他气得快爆炸了。妈妈在锅里装满水，放到炉子上，再往锅里放上盐。然后，妈妈深深吸了一口气，对着锅尖叫，然后对霍斯说：“该你啦!”于是霍斯也对着锅尖叫起来。妈妈叫得更大声，霍斯还对着锅龇牙咧嘴。水开了，妈妈对着锅做鬼脸，吐舌头，霍斯拿起汤瓢敲着锅。然后，他笑了，妈妈也笑了。霍斯问：“我们到底在煮什么汤啊?”妈妈回答：“生气汤。”妈妈和霍斯就这样肩并肩站在一起，搅散了一天的不如意。

活动反思：

生气是当人遇到不称心、不如意或对不合理现实的一种情绪反应。一般来说，生气应该是正常的情绪反应，但若幼儿遇事经常生气，而且将生气作为对外界的一种经常性的持久反应，那就是不正常的行为了。经常生气、发脾气的幼儿一般心胸比较狭隘，自我中心性相当严重。大班幼儿有关“生气”的经验已经比较丰富，于是教师借助绘本《生气汤》，以谈话为主，结合幼儿的已有经验，中间穿插讲述故事《生气汤》。首先通过猜霍斯的情绪引起幼儿共鸣，为下一个环节做铺垫，其次通过让幼儿倾听故事了解霍斯生气的原因，同时结合亲身体验，进一步激发幼儿表达内心感受的欲望，再通过讨论引导幼儿换位思考，让幼儿深入了解到生气所产生的消极情绪对自身及他人的负面影响，并借助妈妈煮生气汤的巧妙构思，充分调动幼儿的积极性，将自己的生活经验迁移到活动中，让幼儿们尝试在生气的时候想办法化解自己的不良情绪，最后通过“生气汤”游戏让幼儿在快乐的游戏中学会缓解、转移不良情绪。

思考与练习

一、单项选择题

1.（2018 年上半年）下列哪一个选项不是婴儿期出现的基本情绪体验？（　　）

A. 羞愧　　B. 伤心　　C. 害怕　　D. 生气

2.（2018 年下半年）婴儿出生大约 6～10 周后，人脸可以引发其微笑。这种微笑被称为（　　）。

A. 生理性微笑　　B. 自然微笑　　C. 社会性微笑　　D. 本能微笑

3.（2019 年下半年）有时一名幼儿哭会惹得周围的幼儿跟着一起哭，这表明幼儿的情绪具有（　　）。

A. 冲动性　　B. 易感染性　　C. 外露型　　D. 不稳定性

4.（2020 年下半年）田田因为想妈妈而哭了起来，冰冰见状也哭了。过了一会，冰冰边擦眼泪边对田田说："不哭不哭，妈妈会来接我们的。"冰冰的表现属于什么行为？（　　）

A. 依恋　　B. 移情　　C. 自律　　D. 他律

5.（2021 年下半年）新入园时，当有一个幼儿哭，其他幼儿也会跟着哭，这是因为（　　）。

A. 情绪的动机作用　　B. 情绪的信号作用

C. 情绪的组织作用　　D. 情绪的感染作用

6.（2022 年上半年）幼儿对自己消极情绪的掩饰，说明其情绪的发展已经开始（　　）。

A. 深刻化　　B. 丰富化　　C. 内隐化　　D. 精细化

7.（2022 年下半年）与婴儿最初的情绪反应相关联的是（　　）。

A. 生理的需要　　B. 归属和爱的需要

C. 尊重的需要　　D. 自我实现的需要

二、论述题

（2018 年上半年）婴幼儿调节负面情绪的主要策略有哪些？

实践与实训

实训：根据小班幼儿“入园焦虑”的现象，制定教育教学活动方案并展开教学。活动方案需包括题目、目标、活动准备、教学过程板块。

目的： 增强学生教育教学的能力。

要求： 根据实习幼儿园幼儿的发展水平，因地制宜设计活动方案。

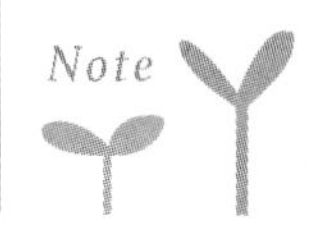

第二节　学前儿童人格的发展

◇学习目标

1. 知识目标：识记自我意识、能力、气质和性格的含义及在生活中的表现。

2. 能力目标：具备根据学前儿童的自我意识、个性心理特征的发展规律指导儿童发展的能力。

3. 情感目标：认同不同人格儿童的发展差异，愿意积极引导儿童的发展。

◇情境导入

区域游戏开始了，小朋友们开始忙碌起来，他们纷纷找到自己想要开展的游戏。慕慕在区域之间不停地游走，他拿不定主意自己到底该选择什么游戏，又不愿意主动去找别的小朋友共同玩游戏；图图选择了手工区，一个人专心地做手链；乐乐则开心地跑到他的老搭档豆豆面前，邀请他一起到角色游戏区玩过家家。

思考：上述案例中的不同幼儿在区域游戏中的表现各不相同，这主要是因为幼儿的人格发展存在差异。本节我们将学习幼儿人格的特点，探讨幼儿人格的各部分发展规律与培养策略。

第一课　学前儿童自我意识的发展

自我意识的概念

（一）自我意识的含义

自我意识是个体对自身及自己与客观世界关系的意识。自我意识作为个性发展的重要组成部分，包括三个层次：首先是个体对自我的生理状况的认识，如身高、长相等；其次是个体对自我的心理活动的认识，如能力、情感、意志等；最后是个体对自己与他人的社会关系的认识，如自己在集体中的角色、地位等。

自我意识是个体认识外部世界的条件，只有当个体能够意识到自我，区分自己与他人，才能进一步地认知客观事物。同时，具备自我意识的个体能不断地进行自我监督与完善，对于个体适应社会生活、形成健全人格、推动自身获得发展具有重要的意义。

（二）自我意识的结构

自我意识的结构复杂，主要由自我认知、自我体验、自我控制构成。

1. 自我认知

自我认知是自我意识的基础，是由自我观察、自我分析与自我评价构成。个体首先对自我的心理活动进行观察，然后对观察到的情况加以分析，概括出自己的个性品质中的特点，最后对自我的能力、品德及其他方面的社会价值进行判断。

2. 自我体验

自我意识在情感上的表现称为自我体验或自我感受，主要包括自尊感和自信感。人作为社会群体成员，希望自己具有一定的社会地位，享有社会声誉，得到良好的社会评价，当个体的这种需要得到满足，就会产生自尊感。自信感是个体对自我能力是否能够完成某一任务的评估而产生的自我体验，它与自我评价紧密相关，恰当的自我评价有利于个体建立自信心。

3. 自我控制

自我意识在意志和活动方面的表现为自我检查、自我监督和自我控制。其中自我控制是个体对心理与行为的发动和制止，如个体控制自己不做出违背社会准则的行为。

二 学前儿童自我意识的发生与发展

（一）学前儿童自我意识的发生

幼儿的自我意识并不是与生俱来的，刚出生的婴儿并不能意识到自己的存在。随着幼儿认知能力的不断发展，其通过接触外部世界，借助与他人交往及成人的教育，逐渐认识外部世界，认识他人，进而认识自我。

1 岁以前，婴儿没有自我意识，无法认知自己与客体的关系，几个月的婴儿还不能意识到自己身体的各个部分属于自己，常常会出现婴儿把手和脚趾放在嘴里咬而把自己咬哭的行为表现。

1～2 岁，幼儿开始逐渐发展出关于自己的身体与动作的意识。如幼儿开始认知自己身体的器官，能用词标志自己身体的主要部分，但不能明确区分自己与他人，在照镜子时，会认为镜子里的自己是另外一个人。在动作发展上，幼儿可以意识到自己身体产生的一些动作行为。

（二）学前儿童自我意识的发展

1. 自我认知的发展

幼儿自我认知的对象包括自己的身体、行为动作、心理活动三方面。

第一方面，对身体的认知。幼儿对身体的认知从不能意识到自己的存在，到在外界的帮助下指认身体部分，最后发展为正确认知自己的身体器官。2 岁开始，幼儿会进一步从关注外在形象转为关注自己的内在状态，如饿了想要吃饭等。2～3 岁时，幼儿开始会区分自己与他人，知道自己的名字，能通过“我”来称呼自己，使用“我”表达自己的愿望，对自己的认知从作为客体转化为作为主体，这是幼儿自我意识产生的关键标志。

第二方面，对行为动作的认知。1 岁左右，幼儿会通过偶然的动作体会到自己与行为动作之间的关系，如通过反复扔玩具将自己与动作对象分开，理解玩具是通过自己的动作被扔到地上。1 岁以后，幼儿出现了最初的独立性，想要自己支配行为的意愿强烈，如自己尝试吃饭、自己爬楼梯等。

第三方面，对心理活动的认知。幼儿对心理活动的意识发展较晚，由于心理活动是不可见的，因此需要更高级的思维，所以对心理活动的意识晚于对自己身体与动作的认识。3 岁左右，幼儿可以区分“愿意”与“应该”的区别；4 岁开始，幼儿可以清楚地意识到自己产生的认知活动与行为，如意识到正确与错误的区别，能够区分假想和真实，意识到动画片中的卡通人物在现实中是不存在的。3～6 岁的幼儿往往只能意识到心理活动的结果，对于心理活动的过程并不清楚。

2. 自我体验的发展

自我体验是指在自我认知的基础上形成的自我情感态度，如愉快、愤怒的情绪，以及自尊心与自信心、成功感与失败感、自豪感与羞耻感等。3 岁幼儿的自我情绪体验并不明显；4 岁开始，幼儿的自我情绪体验发展出现转折，开始飞速发展；大多数 5～6 岁的幼儿已表现出自我情绪体验。自我体验的强度会随着年龄的增长不断增强，如幼儿会从“我不高兴”“我生气”发展成“我很不高兴”“我太生气了”等，以表达自己内心较强烈的体验。

案例分析

游戏时间，小朋友们在教室里用扑克牌搭建房子，因为扑克牌太轻太薄，建构很容易坍塌，所以小朋友们都小心翼翼地一张张叠放。军军和小伙伴正在搭一个四层楼的建筑，他们用围合、垒高的方法小心翼翼地让建筑一层层变高。突然军军觉得鼻子痒痒的，张开嘴巴打了个大大的喷嚏。这下坏了，好不容易地搭起来的建筑一下子坍塌了。小朋友们都站起来埋怨军军，军军也觉得非常羞愧，小脸通红，眼泪在眼睛里转呀转，对小朋友们说：“对不起，我不是故意的，下次我会小心的!”

思考：以上案例体现了幼儿自我体验中哪种情感的发展？

3. 自我控制的发展

自我控制能力是指个体对自身语言、思想与行为表现的控制。发展幼儿的自我控制能力对幼儿适应社会生活、完成各项游戏活动与任务至关重要。3 岁幼儿的自我控制能力较差；4 岁以后，幼儿的自我控制能力迅速发展，主要表现在坚持性与自制力逐渐增强；绝大多数的 5 岁幼儿具备自我控制能力，但是整体来看依然较弱。

20 世纪 70 年代，美国斯坦福大学附属幼儿园基地内进行了著名的“延迟满足”实验。实验人员给每个 4 岁的幼儿一颗好吃的软糖，并告诉幼儿可以吃糖，但是如果马上吃掉的话，那么只能吃一颗软糖；如果等 20 分钟后再吃的话，就能吃到两颗。然后，实验人员离开，留下幼儿和极具诱惑的软糖。实验人员通过单面镜对实验室中的幼儿进行观察，发现：有些幼儿只等了一会儿就不耐烦了，迫不及待地吃掉了软糖，是“不等

者”；有些幼儿却很有耐心，还想出各种办法拖延时间，比如闭上眼睛不看糖，或头枕双臂，或自言自语，或唱歌、讲故事……成功地转移了自己的注意力，顺利等待了20分钟后再吃软糖，是“延迟者”。研究人员对这些幼儿进行了跟踪观察，发现那些以坚忍的毅力获得两颗软糖的幼儿，成长到中学阶段表现出较强的适应性、自信心和独立自主精神；而那些经不住软糖诱惑的幼儿则往往屈服于压力而逃避挑战。在后来几十年的跟踪观察中，也证明了那些有耐心等待吃两颗软糖的幼儿，事业上更容易获得成功。

三 学前儿童自我意识的培养

（一）引导幼儿客观认知自我

首先，重视培养幼儿正确的自我概念。教师可以通过开展活动帮助幼儿全面地认知自我，包括了解自己的性别、掌握自己的身体器官、正确认知自己的特点等。教师要鼓励幼儿主动表达“我想要吃饭”“我是女孩”“我爱唱歌”等来认知自我，也可以通过开展艺术活动“我的自画像”、科学活动“我的身体器官”等教学活动来帮助幼儿进行自我认知。

案例分析

在小班的教室里，李老师正在给午睡醒来的女孩子扎辫子，这时候一名小朋友拿起李老师的镜子，大声地说：“哇！长长的头发真漂亮。”其他小朋友听到声音也凑过来想要瞧一瞧。李老师见状说道：“那我们一起玩一个镜子小游戏。”李老师给每个小朋友分发了镜子，大家拿到镜子后看到镜子里的自己，都很激动，摸摸眼睛，摸摸鼻子，开始七嘴八舌地讨论起自己的外貌。李老师又让大家一起来看看镜子里的自己和别的小朋友有什么不同。小明说：“我的嘴巴比小佳的大！”小佳说：“我的头发比小明的长！”大家通过镜子认知到了自己，以及自己和他人的不同。

案例中的李老师及时抓住了幼儿照镜子的学习契机，鼓励幼儿进行观察，不仅帮助幼儿了解了自己的外貌特征，也鼓励幼儿比较自己与他人在外貌上的差异，有利于幼儿更充分地认知与了解自我。

其次，引导幼儿发展自我评价能力。积极正向的自我评价有利于幼儿身心健康发展，并乐于参与到与他人的社会交往活动中，产生正向的交往行为。教师要为幼儿提供自我评价的机会，如大班幼儿可在游戏活动结束后让幼儿进行自评，并引导其进一步思考："你为什么觉得你做得好？""那你怎样可以做得更好？"引导幼儿对自己进行具体化的评价，注意避免幼儿产生消极的评价观念。

（二）利用各种活动增强幼儿的自信心与成就感

教师要根据幼儿的发展水平，充分利用幼儿园已有条件，差异化地设置不同类型与不同难度的活动任务。如有的幼儿身体素质较好，可注重在体育与户外活动中引导幼儿的发展；有的幼儿音乐天赋较高，可鼓励幼儿参与歌曲的演唱与表演；有的幼儿绘画能力较强，可引导幼儿分享与表达自己的作品。根据幼儿的发展水平鼓励幼儿在各自的领域表达自我，可有效确保每一个幼儿都能获得成功的体验。同时，在日常生活中，鼓励幼儿大胆尝试、积极参与自己感兴趣的活动与各项挑战，引导幼儿发现问题，独立解决问题，感受自我价值，增强其自信心与成就感。

（三）对幼儿进行正向与积极的评价

由于幼儿的自我评价能力较弱，教师在幼儿心中具有一定的权威性，幼儿对自我的评价主要来自成人。教师在一日活动的过程中，对幼儿的评价在保证客观、公正的同时，应以正向与积极的评价为主，避免对幼儿进行消极的评价，如"你怎么总是做不对""你画得不好"等。教师可以转变思路，鼓励幼儿"我相信你下次肯定可以做得更好""你的画很有创造力"等。此外，对能力强的幼儿，也不可总是褒奖过高，若总是对幼儿进行积极的评价，容易使其产生自满的心理，认为自己事事都强，从而轻视他人。

（四）培养幼儿的自我控制能力

幼儿的自我控制能力是幼儿完成各项任务、适应社会的关键。引导幼儿的自我控制能力的发展，主要在于帮助幼儿学会控制消极情绪，抑制不合理的欲望，正确支配自己的行为。如许多幼儿常出现因需求得不到满足而发脾气，或者因不能独立完成某项任务而感到沮丧，教师要耐心给予指导与鼓励，通过设计延迟满足的糖果小游戏、让幼儿专注当下做深呼吸等形式帮助幼儿做好自我情绪调节。同时，教师还可利用规则类或竞赛类的游戏，让幼儿学习调整自己的行为来适应集体规则，摒弃自我中心的想法，控制自己的行为。

第二课　学前儿童个性心理特征的发展

学前儿童能力的发展与培养

（一）能力的概念

能力是指个体成功完成某种活动所必须具备的个性心理特征，如语言表达能力、组织能力、管理能力等。能力会在个体参与活动的过程中表现出来，并且影响参与活动的效率，是个体成功完成某项活动的必要条件。为了顺利完成某项活动，一般需要个体的多种能力共同配合。

（二）学前儿童能力的发展

1. 多种能力初步显现与发展

第一，幼儿的操作能力方面。半岁开始，婴儿已经可以借助手的动作操纵物体，如抓、握的操作能力。1 岁开始，幼儿对身体的支配能力增强，伴随着大肌肉的发育，幼儿开始操纵物体进行游戏活动，操作能力逐渐增强。

第二，幼儿的语言能力方面。刚出生的新生儿就已经能够发声，但幼儿语言真正开始产生质的变化是在 1～3 岁期间。1 岁左右，幼儿开始能够说出一些称谓，如“爸爸”“妈妈”；2 岁左右，幼儿可以说出一些简单句；直到 3 岁，幼儿能在成人的引导下说出完整句。3～6 岁，幼儿的语言能力逐渐增强，语言的连贯性、完整性与逻辑性逐渐发展。

第三，幼儿的模仿能力方面。1 岁半开始，幼儿表现出延迟模仿的能力，主要表现在语言、动作、表情等方面的模仿，如幼儿会学习父母刷牙、端起碗用筷子吃饭等行为。3～6 岁的幼儿模仿行为越来越细致，对于一些危险行为会进行辨别，知道不能模仿它们。

第四，幼儿的认知能力方面。新生儿只具备初步的感知能力，借助声音、颜色、形状认知世界。3～6 岁的幼儿，各种认知能力逐渐发展，比较高级的、复杂的心理水平开始出现。

第五，幼儿的创造能力方面。幼儿的创造力发展较晚，主要是在想象发展的基础上不断获得发展。幼儿的创造能力强调创造的过程，表现为根据已有经验形成新的想法或新的观点。4 岁开始，幼儿的创造性想象的能力逐渐发展，如把条状皱纹纸想象成青菜丝，用棉签代替筷子等；到了 5 岁，幼儿的创造性想象进一步发展，可以对形状与功能都不同于想象物的物品进行想象，如将石头想象成钱币进行游戏交易。

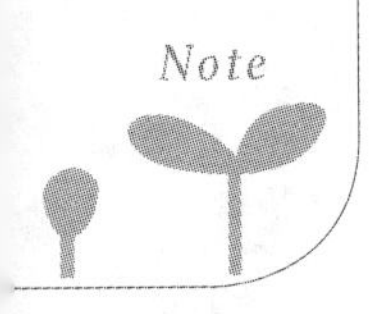

2. 智力的发展

学前期是幼儿智力发展的重要时期。根据美国教育学家与心理学家布鲁姆对儿童智力发展的追踪研究结果，出生后的前4年是个体智力飞速发展的时期，如果将17岁少年的智力发展水平看作100%，4岁幼儿的智力发展水平已到达50%；4～8岁期间，智力发展水平持续上升至80%；8～17岁期间，智力发展速度明显放缓。此外，幼儿脑发育的相关研究也指出，幼儿脑发展的高峰分别在5～6岁和13～14岁，而脑发育是个体智力发育的生理基础。由此可见，学前期是幼儿智力发育的关键期。

知识链接

扫一扫，了解智力游戏——词语接龙

3. 主导能力的萌芽与发展

3～6岁的幼儿已经开始表现出主导能力，主导能力也被称为优势能力，即幼儿某种能力水平显著高于其他方面的能力。如有的幼儿艺术能力较强，有的幼儿有很好的记忆能力，每个幼儿的主导能力可能各不相同。

（三）学前儿童能力的培养

1. 为幼儿提供能力发展的途径

成人要为幼儿创设多种能力发展的环境条件，如为幼儿的语言能力、创造能力、想象能力的发展提供活动途径、空间与充足的时间，否则幼儿的各种能力就无法得到发展。具体而言，成人可为幼儿提供语言交往的语境，设置不同类目的益智玩具等，帮助幼儿发展智力。同时，对于有特殊才能的幼儿，成人要投入更多的精力，为幼儿提供更高水平、更高层次的支持。

2. 帮助幼儿掌握知识与技能

能力的高低需要知识与技能作为基础，它们相辅相成、不可分割，因此成人要帮助幼儿学习知识与技能。如想要培养幼儿的绘画能力，就必须先让幼儿掌握不同颜色的名称，认识各种事物，了解如何用笔及各种画笔的功能，这样才能描绘出美丽的图景；想要培养幼儿的语言表达能力，就必须理解不同的语境、掌握大量的字词、正确运用词语等。

案例分析

明明是一名中班的小朋友，有一天回家后，他告诉妈妈以后再也不要参与艺术活动了。妈妈感到困惑，询问了幼儿园老师才知道原因。一直以来，在参与手工绘画活动时，明明总是用不好画笔

也上不好色，更用不好剪刀。由于明明年龄较小，在精细动作发展等方面都要弱于同班大部分幼儿，看到其他小朋友都会熟练地使用各种工具，每次明明都害羞得不敢问老师该如何操作手工材料。当看到旁边的小朋友们画出一幅幅美丽的画和剪出美丽的作品时，明明感觉到十分伤心，甚至觉得自己根本就不会画画、做手工，因此对艺术活动产生了抵触心理，手工制作与绘画能力也无法进步。

思考：如果你是教师，要如何帮助明明提升手工制作与绘画能力？

3．培养幼儿的兴趣与坚强意志

学前儿童能力的发展需要兴趣与意志作为支撑，通过实践活动不断得到锤炼，从而得到发展。兴趣是最好的老师，幼儿对感兴趣的事物会充满好奇心与探究欲望，如当儿童对画画感兴趣，他们就会不断地进行艺术创作，自身的绘画能力因此得到提升。反之，如果幼儿对数学不感兴趣，那么就不愿意参与数学活动，自身的数学能力也无法得到发展。此外，意志也影响幼儿能力的发展，如幼儿虽然在某些方面具有发展潜能，但是如果意志不够坚定，很可能在受到挫折后选择放弃。顽强的意志可以保证幼儿持之以恒地重复活动，即使活动难度提高，自己也会不断地尝试实现活动目标。成人要加强幼儿意志品质的锻炼，让幼儿在反复实践中提升能力。

二 学前儿童气质的发展与引导

（一）气质的概念

气质是人的心理活动方面比较稳定的动力特征，主要表现在心理活动的强度（情绪体验的强弱）、速度（情绪快慢）、灵活性（思维的变通）与指向性（内向或外向）等方面的特点与差异。不同气质的人，其行为特点、交往风格、情绪表现、思维习惯与敏捷性等均不同，这些差异会直接影响个体性格与个性的形成。

气质是与生俱来的，受遗传因素影响较大，个体在出生阶段就表现出的某些气质特点很难发生改变，但并不意味着气质不可变。当外部环境发生重大改变时，可能会引起个体的气质在一定程度上发生改变。

（二）气质的分类

1．传统的气质类型

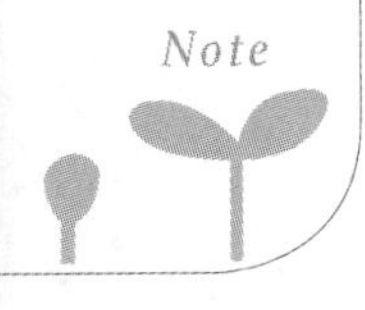

古希腊医生希波克拉底最早将人的气质分为四种类型：胆汁质、多血质、黏液质与抑郁质。这四种类型的人都有各自的特征。

胆汁质：胆汁质的人精力旺盛，性情直率，反应迅速，情绪反应的外倾性明显。但情绪易冲动，脾气暴躁，精神振奋时能全身心投入，克服一切困难，精力耗尽时情绪瞬间低落。

多血质：多血质的人活泼好动，乐于与人交往，工作能力强，充满热情，容易适应新环境。但注意力易分散与转移，情绪易发生改变，做事以兴趣为主，不够耐心。

黏液质：黏液质的人安静稳重，沉默寡言，生活规律，情绪不易外露，做事能够平心静气，注意力不容易转移。但不够灵活，做事缺乏激情，不善于创新。

抑郁质：抑郁质的人沉稳可靠，心思细腻，忍耐力强，做事坚定，善于完成与从事力所能及的枯燥工作。但反应迟缓，不擅长交际，易多愁善感，遇到困难或挫折时容易畏缩。

以上四种基本的气质类型一直沿用至今。研究表明，只有少数人属于上述四种气质的典型代表，大多数人会同时兼具两到三种气质特征，属于混合型气质。

2. 托马斯的气质类型

托马斯从 9 个维度对从出生到 3 岁的儿童的气质进行划分，分为容易型、困难型、迟缓型。

容易型的儿童生理活动有规律，容易适应新环境、接受新事物，情绪稳定，积极的情绪占主导。在与成人的互动中能给予积极的反馈，能很好地从消极情绪中恢复平静，容易安抚。

困难型的儿童生活不规律，饮食、睡眠缺乏规律性，情绪不稳定，爱吵闹，需要长时间适应新的活动与新环境，注意易分散。产生消极情绪后，成人安抚也难以快速恢复。

迟缓型的儿童活动水平低，情绪表现为安静和退缩，行为反应强度弱，对新刺激的接受过程较缓慢，通过成人的安抚与养育能逐渐适应新环境。

托马斯指出，除了以上三种气质的儿童，还有部分儿童属于混合型，具有上述两种或三种类型的混合特点。

（三）学前儿童气质的发展

1. 气质具有相对稳定性

儿童在出生时就已经具备了气质特征，气质更多受神经系统和遗传因素影响，在大多数儿童身上，儿童的气质特征会一直保持稳定不变。已有研究指出，大多数儿童从出生到小学的气质特征不会产生明显的变化，如在婴儿时期情绪起伏较大、消极情绪难以被安抚的婴儿，儿童期仍易出现焦躁情绪且难以听从成人的劝导。

情境案例

户外活动时间，教师带着小朋友在草地上坐成一个圈，玩起“丢手绢”的游戏，小朋友们一个丢一个追，玩得非常开心。龙龙的好朋友洋洋正好拿到了手绢，龙龙喊着洋洋，想让好朋友把手绢丢给他，但是洋洋却把手绢丢到了别的小朋友的身后。龙龙不高

兴了，他眉头紧锁，嘴角下拉，低下了头小声哭了起来，教师让别的小朋友故意把手绢丢在他的身后，他也不愿意起来参加游戏了。教师耐心地安慰了龙龙，但是他依然闷闷不乐，直到放学都一直很难过。

2. 气质具有个体差异性

不同的幼儿从出生起气质类型就各不相同。3～6 岁期间，幼儿的气质会表现出明显差异，并在此基础上逐渐形成不同的个性特征，个体差异性会通过气质行为表现出来。如在同样因犯错误而被教师批评的情况下，有的幼儿会号啕大哭，即使安慰也不能很快地从悲伤情绪中恢复，有的幼儿则会表现出明显的反抗情绪，而有的幼儿则是能积极面对、乐观接受。

3. 气质具有可塑性

尽管幼儿的气质具有稳定性，但并不是完全不会变，由于幼儿生理发育尚未成熟，加上后天环境与教育的影响，幼儿的气质会发生一定程度的改变。对于一些消极的气质行为表现，如果成人能够科学地引导，幼儿的消极气质行为表现会逐渐减弱并得到改正；同样，具有积极行为表现的幼儿，如果长期生活在抑郁、受排斥的生活条件下，得不到外界的支持，也会变得消沉，萎靡不振。

（四）学前儿童气质的引导

1. 正确认识不同的气质特征

气质是与生俱来的，教师和家长要科学地看待不同的气质特征，每个幼儿的气质特征都是由正面与负面的气质行为表现交织组合的。成人要辩证地对待幼儿的气质表现，接受与理解幼儿消极的气质行为表现。家长的教养方式与幼儿的气质发展之间会相互影响，对于消极的气质特征，家长越是暴躁、苛刻与易怒，越容易强化幼儿的消极行为。例如，在面对陌生人时，常采取回避、拒绝甚至哭泣行为的幼儿，如果父母越责怪幼儿，可能越加剧幼儿的反抗行为；但如果父母表现出安抚、理解的关怀情感，反而可能会减轻幼儿的畏惧情绪。因此，成人必须理性地看待幼儿的气质特征，保证自我教养观念的科学性，才能促进幼儿健康的成长。

2. 差异性应对不同气质类型的幼儿

对于具有不同气质类型的幼儿，成人要根据幼儿的气质行为特点，对其进行差异化的引导与教育。

第一，对于胆汁质的幼儿，应侧重于自制力和情感平衡性的教育，使其既能保持行为主动热情和敢于创造的精神，又能克服急躁、粗暴、易激怒的弱点。例如，当幼儿有过错时，教师不要当众批评，应在事后和风细雨地摆事实讲道理，以培养其理智的自制力。

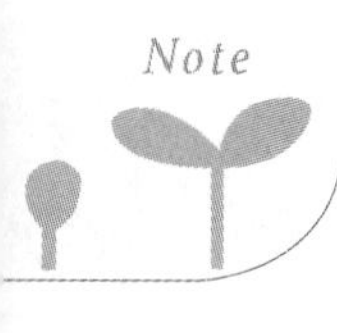

第二，对于多血质的幼儿，应侧重于做事谨慎谦虚、兴趣稳定性和集中性、耐力与毅力的教育，以克服其容易轻率、疏忽大意，过高估计自我能力的问题。例如，当发现幼儿优点的时候不要

当众表扬，有缺点时要及时指正批评，特别注意培养其认真细心的习惯，帮助他选择课外读物或课外活动，避免其因兴趣过于广泛而一事无成。

第三，对于黏液质的幼儿，应加强速度、效率的训练并培养其广泛的兴趣爱好，以使其既具有勤勉、实在、坚毅、理智的特点，又具有积极热情的人生态度。例如，在日常生活和学习中，应多鼓励这类幼儿参与竞赛类活动，强化他们的时间效率观念。多带领他们广泛接触自然界和社会实践活动，提供丰富的感官刺激，以激发其热情和积极性。

第四，对于抑郁质的幼儿，应加强其自信心、勇敢性、乐观主义教育，发扬其温顺、细致、富有同情心、聪明、体验深刻等优点，并帮助其克服容易沮丧、自卑、消沉、怯懦、孤僻和优柔寡断的缺点。例如，在日常生活中，要多发现这类幼儿的优点和成功之处，并马上给予表扬。有条件的父母可多带幼儿参与各种各样的社交活动，并鼓励他们自己独自承担某项家庭事务，尤其需要给予其独立外出办事的机会来锻炼其坚强的意志品质。

3. 鼓励幼儿积极气质的发展

成人要在幼儿表现出积极的气质行为时，给予幼儿正面的反馈，这不仅可以强化幼儿自身的积极气质行为表现，同时可以给其他幼儿形成榜样作用。这既需要家长做好榜样作用，也要求家长创造有利于幼儿积极气质行为发展的有利条件与环境。例如，对于自我调节能力较差的幼儿来说，他们注意力不集中、持久性差，这就要求家长细心挖掘幼儿的兴趣点，当幼儿表现出学习兴趣时，为其提供安静的环境，不随意打断幼儿的学习行为。

情境案例

程程聪明活泼，对任何事物都充满了好奇心，不管什么任务都愿意尝试着去做，自理能力很强，还是王老师身边热心的小帮手。但是，他也是个暴脾气，总是气哄哄的，尤其是只要有人想玩他喜欢的积木，他就会很不情愿，有一天甚至毫不客气地将小伙伴推倒，张口咬其他的小伙伴。王老师严厉地批评了他，他表面上答应改正，但心里特别不服气，第二天还是和其他人因为争抢玩具而发起了脾气。

为此，王老师在晚上放学后把他拉到身边，耐心地和他说，如果他能够控制自己不乱发脾气，并且积极主动地和其他小伙伴一起玩玩具，那么王老师就会奖励他一个小惊喜。第二天程程特意克制住自己，晚上还主动和王老师说自己分享了玩具，王老师按约定给了他一盒糖果，还给了他一个大大的拥抱。程程开心地表示，自己要坚持改掉爱生气的坏习惯。

三 学前儿童性格的发展与培养

（一）性格的概念

性格是表现在个人对现实的态度和行为方式中较为稳定的心理特征。当现实中的客观事件作用于个体时，个体会产生相应的态度与行为，进而通过认知、情感等活动记录这一过程，形成自己独特的、稳定的态度和行为方式。人的性格是后天形成的，并会在个体的行为活动中以惯常的方式表现，因此，偶然的、个别的行为表现不能构成个体的性格特征。

（二）学前儿童性格的发展

1. 0～3 岁婴幼儿性格的发展

婴儿期是个体性格萌芽的初期，个别幼儿会在 2 岁左右就表现出性格差异，具体体现在以下几个方面。

首先是合群性。在同伴交往的过程中，有的幼儿能够很好地融入同伴群体，共情能力强，能理解他人的情绪，并且在游戏中快速捕捉并理解他人的想法；有的幼儿则比较以自我为中心，喜欢凡事以己为先，爱攻击他人。

其次是独立性。独立性主要出现在幼儿 2～3 岁期间。独立性较强的幼儿在生活方面能够独立进行自我照顾，独立性较差的幼儿则对成人的依赖性较强，如需要成人喂饭、需要成人陪伴入睡等。

再次是自制力。3 岁左右的幼儿已经能够根据行为规范进行自我约束，并且对自我情绪进行调节与控制。如当自我的需求得不到满足时，幼儿会通过从事其他活动转移自身的消极情绪。

最后是活动性。活动性是幼儿从事活动时的行为强度。有的幼儿活泼好动，精力充沛；有的幼儿则十分安静，不喜欢人际交往。

2. 3～6 岁幼儿性格的发展

3～6 岁的幼儿，性格的年龄特征明显，主要表现在以下几个方面。

第一，自制力差，冲动性强。幼儿的情绪表现易受外界环境影响，不稳定，易冲动。如幼儿在从事一项任务时，会完全根据心情好坏决定是否展开行动，缺乏深思熟虑。

第二，好奇心强，求知欲旺。学前期的幼儿好学好问，对新鲜的、从未接触过的事物会表现出强烈的好奇心，会主动求教成人或自主探索寻找答案，如幼儿会拆掉家里的电器，看看内部构造如何等。

第三，模仿性强。从 1 岁半开始，幼儿就会产生模仿行为，多以模仿成人的行为为主。幼儿进

入幼儿园以后，同伴交往变多，幼儿之间的相互模仿行为也会逐渐增加，如重复他人说过的话、模仿其他同伴的社会性行为等。

情境案例

在艺术活动的自由创作时，小班的澄澄拿着画纸对洋洋说自己在画棒棒糖，脸上露出了得意的笑容。洋洋仔细看了看澄澄画的棒棒糖，高兴地嘀咕着："我也画棒棒糖!"然后，他用一只手按住纸，另一只手捏着水彩笔费力地画着，画完后也得意地笑了，并向其他同伴展示他的作品。

第四，活泼好动，乐于交往。活泼好动是幼儿的天性，是所有幼儿所共有的性格特征，他们乐于参与各种各样的活动，操纵新奇的事物，跑跳玩耍。即使是性格内向的幼儿也会乐于与同伴积极互动，参与各类游戏活动。

（三）学前儿童性格的培养

1. 鼓励幼儿积极地参与社会活动

幼儿的性格会通过社会活动表现出来，同时社会活动又是塑造幼儿性格的重要途径。首先，幼儿在参与活动时，同伴间的游戏交互有利于幼儿养成积极乐观的性格品质，如幼儿在游戏中学会与同伴分享玩具，学会克服困难、守礼谦让等。其次，在幼儿园组织的各类活动中，幼儿必须遵守集体的规章制度，听从活动的要求，社会活动中的价值观念会影响幼儿的性格养成，幼儿如果想更好地参与集体生活，必须要学会克制隐忍自己的不良行为。

2. 为幼儿树立良好的学习榜样

学前期的幼儿好模仿，外界的一切都可能成为幼儿模仿的对象。不仅是成人的一言一行会潜移默化地对幼儿产生影响，幼儿同伴、故事书的主人公、动画片中的英雄人物都是幼儿容易模仿的对象。因此，教师和家长不仅要时刻注意自身的日常行为方式与待人处事的态度，还要注意引导幼儿向具有良好性格品质的他人进行学习。如故事书中自信勇敢的主人公、现实游戏活动中合作互助的幼儿同伴都可以被引导成为幼儿学习的榜样。

3. 强化良好性格特征

由于幼儿尚年幼，不能很好地甄别自己性格特征的好坏，这就需要成人加以引导。当幼儿表现出亲近友好的性格特征时，教师要加以鼓励与赞扬，强化幼儿对良好性格特征的印象，使良好的性格表现得以稳固；如当幼儿表现出谦让、分享、讲礼貌等行为，教师可以施以口头表扬、爱的抱抱或者物质类的小红花等奖励。同时要注意及时对错误的性格行为表现施以干预，遏制幼儿负面的性格行为表现，如当幼儿将幼儿园的玩具自私地占为己有，与其他小朋友发生矛盾总是喜欢打人时，

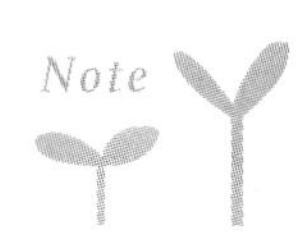

教师与家长要及时制止，并为幼儿说明缘由，讲清这些行为的弊端，引导幼儿正确地表达与解决问题，使幼儿的性格趋于完善。

思考与练习

一、单项选择题

1.（2018年上半年）强强特别能吃，体型偏胖，动作比其他小朋友稍微缓慢，小朋友们因此不喜欢跟他玩。强强慢慢地变得孤僻了。老师不正确的做法是（　　）。

A. 训练强强的动作敏捷性　　B. 默许其他小朋友的行为

C. 教育其他小朋友接纳强强　　D. 帮助强强养成合理的饮食习惯

2.（2018年下半年）下列针对幼儿个体差异的教育观点，哪种不妥？（　　）

A. 应关注和尊重幼儿不同的学习方式和认知风格

B. 应支持幼儿富有个性和创造性的学习与探索

C. 应确保每位幼儿在同一时间达成同样的目标

D. 应对有特殊需要的幼儿给予特别关注

3.（2019年下半年）人的个性心理特征中，出现最早、变化最缓慢的是（　　）。

A. 性格　　B. 气质　　C. 能力　　D. 兴趣

4.（2020年下半年）幼儿园里，有的幼儿活泼，有的幼儿沉默，有的幼儿喜欢画画，有的幼儿喜欢唱歌……关于导致这种个体发展差异的原因，下列说法不正确的是（　　）。

A. 家庭教育和幼儿园教育决定了幼儿发展的个体差异

B. 遗传素质的差异性对人的发展有一定的影响

C. 个体通过能动的活动选择建构自我发展

D. 环境的给定性与主体选择性相互作用

5.（2020年下半年）明明总是跑来跑去，在班级里也非常活跃。他的行为主要反映了其气质的什么特征？（　　）

A. 趋避性低　　B. 反应阈限高　　C. 节律性好　　D. 活动水平高

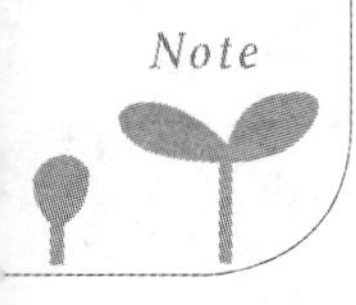

二、论述题

（2021年上半年）教师应当如何对待不同气质的幼儿？请举例说明。

实践与实训

实训：随机选取实习幼儿园的中班幼儿进行访谈，主题为“我眼中的自己”，记录并分析幼儿自我意识发展的特征，制订如何进一步促进幼儿自我意识发展的计划表。该计划表须包括目标、教学活动与方法、幼儿自我意识发展的周访谈表。

目的：增强学生理论与实践相结合的意识。

要求：教师分发访谈提纲，学生如实记录与幼儿的访谈内容，设计的计划表要具体可行。

第三节　学前儿童社会性的发展

◇**学习目标**

1. 知识目标：识记社会性发展的概念，理解亲子依恋的含义与类型，理解学前儿童性别角色的概念、发展、影响因素及对策。

2. 能力目标：掌握亲子关系、同伴关系与师幼关系的发展规律；能够运用相关知识分析学前儿童社会性行为表现，引导幼儿积极社会行为的发展。

3. 情感目标：尊重不同性别角色儿童的行为差异，理解、认同、公平地对待不同性别的儿童。

◇**案例导入**

中班开学的第一天，乐乐就哭着跑到刘老师面前，说佳佳欺负他。刘老师询问了乐乐，原来起因是乐乐抢了佳佳的玩具，佳佳一生气，就狠狠地拍了乐乐一巴掌。刘老师问佳佳为什么打人，他说妈妈说如果有人欺负他，就使劲打他，绝不能让别人欺负自己。

思考：在上述案例中，乐乐与佳佳的交往行为是否正确，如何引导幼儿进行积极的社会交往。这些问题将在本节的学习中得到解答。

第一课　学前儿童社会性发展概述

一　学前儿童社会性的概念

学前儿童的社会性是指儿童为适应社会生活表现出的心理与行为特征。社会性是在个体固有的

生理特性基础上进行发展，并不是与生俱来的。儿童作为一个自然人，在社会生活中逐渐掌握道德行为规范与社会交往技能，使其成长为社会人的过程即社会性发展的过程。

儿童在社会性发展的过程中，不断地适应周围环境，与其他人交往并获得成长。儿童不仅在接受他人的影响，同时也在自我完善中影响与改造着周围的环境。

二　学前儿童社会性发展的类型

学前儿童的社会性发展包括社会交往的发展和社会性行为的发展：在社会交往的发展方面，主要的社会关系为亲子关系、同伴关系、师幼关系；在社会性行为的发展方面，包括亲社会行为、攻击性行为。《3—6岁儿童学习与发展指南》对幼儿社会领域发展的目标要求如表3-1所示。

表3-1　《3-6岁儿童学习与发展指南》社会领域发展目标

子　领　域	目　　标
人际交往	愿意与人交往
	能与同伴友好相处
	具有自尊、自信、自主的表现
	关心并尊重他人
社会适应	喜欢并适应群体生活
	遵守基本的行为规范
	具有初步的归属感

三　学前儿童社会性发展的意义

（一）提高学前儿童的环境适应能力

从出生开始，学前儿童就开始接触父母，随着年龄的增长又不断接触新的同伴与教师，人际交往与社会适应无时无刻不充斥在儿童的成长过程中。社会性的发展可以帮助儿童适应交往环境的变化，对提高适应环境的能力具有重要意义。从家庭到幼儿园，从幼儿园进入小学、初高中，最后进入社会，个体所处的社会环境一直在发生改变，不同环境下的社会成员，其物质需求、道德规则各不相同，这些都需要儿童不断地调整自我的社会行为与社会态度，从而减少冲突，更好地融入环境，获得成长与发展。

学前儿童社会性的发展使其不断习得新的交往技能，发展积极的社会关系，减少自我对陌生环

境与陌生人的畏难情绪，使儿童乐于与人打交道，不害怕接触“新人新事”，即使身处新环境也能逐渐适应，养成良好的行为习惯与生活方式。

（二）奠定学前儿童一生的发展基础

社会性发展伴随个体的一生，不同的年龄阶段具有不同的社会化任务与社会交往内容。3～6岁是幼儿社会生活能力与社会性态度发展的关键期，如果幼儿不能形成良好的人际交往与环境适应能力，很可能会导致成长后期出现不良的人格品质，如攻击他人或受到他人排斥，甚至可能走上犯罪的道路。

学前儿童在社会交往的过程中，学习与认知他人的情感与行为，习得并实践与不同个体相处的方式和态度，同时也在学习如何看待自己、与自己相处，借此形成对外部客观世界的认知，不断发展出适应社会生活的能力。因此，学前儿童的社会性发展不仅会影响个体身心的健康发展，还为其成长为一名合格的社会公民奠定了重要的基础。

第二课　学前儿童社会关系的发展

一　学前儿童亲子关系的发展

（一）亲子关系的概念

学龄前的儿童自从出生以来就面临着许多社会关系，亲子关系是儿童早期生活中最主要的社会关系。亲子关系具有狭义与广义之分：狭义的亲子关系主要指亲子依恋，亲子依恋是儿童建立其他社会关系的基础；广义的亲子关系是指父母的教养方式，即亲子间的相互作用方式。

（二）亲子依恋的发展

亲子依恋是指学前儿童与抚养者之间建立的一种亲密、深情、较为稳固的情感关系。对学前儿童来说，亲子依恋是社会性发展的重要开端，也是学前儿童早期社会性发展的重要组成部分。

1. 亲子依恋的类型

为了充分了解学前儿童社会关系发展中亲子关系的类型，玛丽·安斯沃斯（Mary Ainsworth）将亲子依恋的类型主要分为以下几种。

（1）焦虑-回避型亲子依恋。

安斯沃斯发现，处于这类亲子依恋的学前儿童在陌生的情境中，无论他们的母亲在场与否都对

他们的探究行为不产生影响。母亲在场时，这类儿童往往不会理会自己的母亲，而是去探索陌生的环境；当母亲离开时，他们也没有明显的分离焦虑；当母亲返回时，他们甚至背过身去，回避母亲对自己做出的亲密行为。

（2）安全型亲子依恋。

在这类亲子依恋中，儿童将母亲视为自己的“安全基地”。当母亲在场时，他们能够自然、愉快地摆弄玩具，探索陌生的环境；当母亲离开时，这类儿童会表现出一定程度的不安，探索行为明显减少；当母亲返回时，他们会积极寻求与母亲的互动，并且很快减少不安的情绪，继续之前的探索与玩耍。

（3）焦虑-抗拒型亲子依恋。

在这类亲子依恋中，儿童在母亲在场时，很难适应陌生的环境，不太愿意主动探索新的环境，表现出明显的陌生焦虑；母亲离开时，他们表现出极度的抗拒，即使是短暂的分别也会让他们大吵大闹；当母亲返回时，他们虽然会寻求与母亲的互动，但又抗拒与母亲的接触，无法把母亲视为自己的“安全基地”，不能积极主动地去探索新的环境。

在这三种亲子依恋中，最为积极、健康的亲子依恋关系便是安全型亲子依恋。这类儿童比起焦虑-回避型与焦虑-抗拒型亲子依恋关系中的儿童更能够适应陌生的环境，更容易对新鲜事物产生兴趣，更能积极主动地探索新的环境，具有更强的环境适应能力，能够更好地发展自身的社会性。

案例分析

明明每天都由奶奶送来幼儿园，但每次明明都走在奶奶的前面。奶奶让明明和教师打招呼，明明也不听，但奶奶走的时候，明明又会大吵大闹，不断去看奶奶走到哪了，可当奶奶回头时，明明又装作没看见。

思考：请分析以上案例属于亲子依恋关系中的哪一种？

2. 亲子依恋对学前儿童的影响

（1）影响学前儿童认知的发展。

安全型亲子依恋的学前儿童比起焦虑-回避型亲子依恋与焦虑-抗拒型亲子依恋的学前儿童来说，更容易适应陌生的环境，能够积极自主地探索新的环境。有研究表明，将 2 岁的幼儿置于陌生的环境中，安全型亲子依恋的幼儿能够积极主动地克服困难，或是寻求成人的帮助。而其他两类的儿童则更容易表现出退缩、胆怯，缺乏独立自主探索的能力，从而限制其认知的发展。而安全型亲子依恋的儿童更容易接触到新鲜事物，习得更多的知识，促进自身认知的发展。由此可见，亲子依恋影响幼儿的认知发展。

（2）影响学前儿童的情绪与情感发展。

亲子依恋中儿童与抚养者之间的情感，是一种较为稳固的情感关系，这种情绪与情感的体验也

会对儿童在与他人交往时的情感产生影响。具体而言，安全型亲子依恋的儿童更有可能在同伴互动中展示积极乐观的情感态度，情绪更加稳定，情感的表达也更为友善，表现出更加有利于同伴交往的积极情绪。而焦虑-回避型亲子依恋的儿童在生活中更容易表现出敌对、愤怒的行为，情绪更加不稳定，更有可能以不恰当的方式去表达情绪与情感，不利于形成积极的同伴关系。另外，除了同伴关系外，安全型亲子依恋的儿童也能够更好地与抚养者之间建立起积极健康的依恋关系，能够对抚养者表达积极的情绪与情感。而另外两种亲子依恋关系下的儿童则难以表达积极的情感体验，不仅不利于亲子依恋之间健康的情感链接，也不利于儿童自身社会性的发展。

（3）影响学前儿童社会行为的发展。

研究学者麦克唐纳和帕克观察了 3～4 岁的儿童在家庭中与父母的游戏，以及在幼儿园中与同伴的交往，同时收集了教师对儿童受欢迎性的评价等级，结果发现在家庭中具有积极经历的儿童会更受同伴欢迎。[①] 这是因为早期依恋关系的经历会影响学前儿童对其他关系对象的期待，儿童会以早期依恋关系的经历去选择同伴，并更倾向于以相同的方式与他们互动，也更期待他人以相同的方式对待自己。例如，不安全型亲子依恋的儿童对待同伴的方式会与自身的早期经历相似，焦虑、抗拒或是排斥，同时，如果同伴对他们的回应是消极的，也有可能与其跟抚养者交往之间的早期经历相似，从而限制了他们自身社会行为的健康发展。

（三）教养方式

父母教养方式是父母教养观念、教养行为及其对儿童情感表现的一种组合方式，不同的教养方式条件下的亲子互动与交流存在差异。美国心理学家戴安娜·鲍姆林德（Diana Baumrind）认为，家庭教养方式可以分为权威性、专制型、放纵型与忽视型四种。

1. 权威型教养方式

权威性教养方式又称民主型教养方式。持有权威型教养观念的父母对儿童的行为要求较为恰当合理，会对儿童的观点与行为表现出充分的尊重，能积极听取儿童的想法与意见，也会对儿童的行为进行适当的控制。在这种教养观念下成长的儿童往往独立性与自我控制能力较强，积极乐观，勇于探索，自信心较强。

2. 专制型教养方式

持有专制型教养观念的父母要求儿童无条件地完全听命于父母，儿童被看作家长的附属物，教养严格，忽视儿童的兴趣与愿望。在专制型教养方式下成长的儿童在幼儿园可能会表现得较为听话、守纪律，反抗行为较少，但是这种教养方式不利于儿童身心健康成长与发展，儿童往往独立性与创造性较差，容易养成胆小、自卑、退缩、怯懦等消极的个性。

① Macdonald K, Parke R D. Parent-child Physical Play: The Effects of Sex and Age of Children and Parents [J]. Sex Roles, 1986, 15 (7): 367-378.

3. 放纵型教养方式

持有放纵型教养观念的父母会对儿童表现出积极肯定的情感，但是对孩子的要求及行为的控制较低，他们很少对儿童施加调控，也不训斥幼儿。在放纵型教养方式下成长的儿童往往自制力较差，对成人的依赖性较强，责任感与自信心较低，缺乏恒心与毅力。

4. 忽视型教养方式

持有忽视型教养观念的父母对儿童既不会表现出积极肯定，也不会提出要求与控制儿童的行为，他们只提供给儿童基本的物质保障，亲子间的精神互动与人文关怀较低，对儿童的行为反应缺乏回应与反馈。在忽视型教养方式下成长的儿童适应能力较差，可能会表现出自制力差、攻击性较强的特征，不懂得关心他人，对事物缺乏兴趣和热情。

综上，权威型教养方式的亲子关系较为和谐积极，而其他三类教养方式均不利于幼儿身心的健康发展。

案例分析

洋洋的爸爸总是喜欢掌管洋洋日常生活中的一言一行，早晨吃饭要安静，不能讲话，客人来了必须要热情地打招呼，想要玩玩具必须要经过爸爸妈妈的同意，就连洋洋在外面玩的时候抠鼻子也要被训斥为不懂礼貌。

思考：洋洋爸爸的教养方式属于哪一种类型？

二 学前儿童同伴关系的发展

（一）学前儿童同伴关系的概念

同伴关系是指个体与其他年龄或认知能力相当的人之间的关系。学前儿童交往互动的过程中建立起的共同活动、相互协作的关系便是学前儿童同伴关系。学前儿童同伴关系明显区别于亲子关系与师幼关系，同伴之间是平等、互惠且自主自由的。

（二）同伴关系的功能

1. 强化功能

同伴关系具有强化功能，同伴在交往过程中的表现和反应可成为彼此行为的强化物。帕特森

(Patterson) 曾以儿童作为被试者，研究同伴的反应对儿童攻击性行为所起的作用。研究发现，当发动攻击的儿童抢夺其他儿童的玩具时，若后者表现出退缩、胆怯或沉默，儿童的攻击性行为将会被强化；反之，若被抢夺的儿童予以反击，攻击性行为就会得到抑制。

案例分析

中班的南南特别喜欢抢玩具，他的个头比其他小朋友都大，没有小朋友的力气比得过他，因此南南经常抢到其他小朋友的玩具。虽然南南也被老师批评过，但他还是会犯，于是教师让其他小朋友坚定地表达自己的态度，在南南索要并且抢夺玩具的时候坚决说“不”，教师也会表扬小朋友勇敢说“不”的行为。慢慢地，南南意识到自己的问题，不再抢夺其他小朋友的玩具了。

思考：请从幼儿同伴关系的视角分析案例中南南的游戏行为。

2. 榜样作用

同伴关系也具有榜样作用。同伴是一种社会榜样，当学前儿童还不具有完备的自我认知能力时，常常把同伴的行为作为衡量自我行为的标准，学前儿童的自我形象建立在与其他儿童的比较过程中。在幼儿园的一日生活常规中，拥有良好常规行为的儿童也会对其他儿童的行为起到潜移默化的榜样带头作用。

3. 为学前儿童提供稳定感与归属感

同伴关系是学前儿童稳定感和归属感的重要来源，根据马斯洛的需要层次理论，个体对爱与归属需要的渴求程度仅次于生理需要和安全需要，是一种重要的基本需要。在与同伴交往的过程中，儿童之间处于一种平等的地位，可以自主地选择与同伴交往的行为模式。学前儿童在与同伴交往时常常表现出愉快、兴奋和无拘无束的交谈状态，能够更加放松地投入各种活动中。同时，当学前儿童在与同伴进行交往时，如果自己被同伴接纳，受到同伴的赞许，可以使儿童产生心理的满足感，从而获得归属感，这是一种积极的社会情感，它可以帮助儿童释放情绪问题，减少心理负担，有助于儿童的心理健康发展。

4. 帮助学前儿童去自我中心

学前儿童的认知发展具有自我中心的特点，他们只能从自我的角度去解释世界，不能从多方面考虑问题，很难甚至无法认识到别人的想法和需要与自己的不同。但通过与同伴交往，儿童能够逐渐了解别人的需求、想法与喜好与自己存在差异，慢慢开始从他人的角度思考问题，更好地与他人相处。因此，同伴可以作为儿童与自己进行比较的对象。在这个过程中，不仅能够让儿童认识到自我，发展个体的自我意识，也能在与同伴交往的过程中，认识到别人的观点，更加理解他人，从而约束自己，改变自己之前也许并不合理的想法与行为，学会推己及人地与同伴和谐相处，不断地去自我中心。

（三）同伴关系的发展

1. 0～1 岁婴儿同伴关系的发展

婴儿出生后就开始有比较明显的社会交往迹象。2 个月开始，婴儿就表现出对同伴的关注。6 个月左右，婴儿能够微笑并发出声音，尽管这个时候的婴儿对彼此可能不太搭理，最多对对方表示好奇，短暂地看一看或者抓一抓对方，但这也是婴儿社会化的一个阶段。10 个月左右，婴儿的表情和动作开始更加丰富，如对同伴微笑。这一阶段的婴儿也会模仿同伴的动作、咿咿呀呀的语言，对方也能够予以反馈，这为学前儿童今后同伴关系的发展奠定了基础。总体来看，在 0～1 岁这一阶段中有几种比较重要的社会交往行为：①能够指向同伴，并对同伴微笑、皱眉和使用手势；②能够观察和模仿同伴，对可交往的同伴表示兴趣；③能够对同伴的微笑、语言和手势做出相应的反应。

2. 1～3 岁幼儿同伴关系的发展

1 岁后，幼儿对同伴的注视时间更长，对同伴交往的兴趣更大，交往频率逐渐增加，持续的时间也越来越长。2 岁后，幼儿与同伴之间的互动增多，开始出现互惠性的游戏，如追赶、躲猫猫等。在这个过程中，幼儿之间有了更多、更复杂的社会交往行为，同伴关系对幼儿的影响也更大，幼儿也能够在游戏中模仿同伴的行为。1～3 岁的幼儿在能够独立行走后，交往范围日益扩大，交往的对象变多，能够认识一些新的同伴，使用的交往语言也在不断增加。

情境案例

3 岁的萌萌开始上幼儿园了，在这里她认识到了更多的同伴，她特别喜欢观察其他小朋友在做什么，自己也会学着和同伴做一样的事情。例如，小兰将积木垒高，萌萌也会在一旁学着把积木垒高。萌萌午睡后听到小明在唱儿歌，自己也会摇头晃脑地跟着小明一起唱。

3. 3～6 岁幼儿同伴关系的发展

3～6 岁这一阶段，幼儿与同伴在一起的游戏时间会越来越多，游戏内容也更加丰富，交往技能也显著提高。研究者帕腾发现，随着年龄的增加，单独游戏和平行游戏出现的频次下降，而联合游戏和合作游戏变得更为平常。[①] 特别是幼儿在 5 岁后，同伴之间的合作游戏开始逐渐增多。在合作游戏中，幼儿能够为了共同的目标分工协作，遵循一定的游戏规则，享受与同伴间合作的乐趣。同时，这一时期幼儿的合作游戏水平因性别差异表现出明显的不同，研究发现，女孩在游戏中的交往水平高于男孩，合作游戏的次数也多于男孩，并且在合作游戏中，男孩对同伴的消极反应明显多于女孩。

① Patten E, Watson L R. Interventions Targeting Attention in Young Children with Autism [J]. American Journal of Speech-Language Pathology, 2011.

案例分析

大一班的悠悠在构建区搭建积木时，发现自己的积木不够多，没办法搭城堡。于是悠悠询问了其他 3 名小朋友想不想搭城堡，另外 3 名小朋友很积极地回应了他。于是大家将各自的积木合并到一起，合作搭建了一个大城堡。城堡搭完后，大家都感到非常开心与满足。

思考：案例体现了幼儿同伴关系发展的哪一方面？

三 学前儿童师幼关系的发展

（一）师幼关系的概念

学前儿童的人际关系中，除了亲子关系与同伴关系，师幼关系也十分重要。师幼关系是幼儿进入幼儿园后，在教育教学中与幼儿教师形成的一种比较稳定的人际关系。与亲子关系和同伴关系相比，师幼关系与教育教学紧密相关，更加具有目的性与计划性。

（二）师幼关系对幼儿发展的影响

1. 影响幼儿在园的情绪情感

师幼关系对幼儿的在园生活具有巨大的影响，尤其表现在幼儿在园的情绪与情感方面。友爱、亲密的师幼关系会使幼儿感到安全和温暖，在园生活能够获得愉快的情感体验，在饮食睡眠、生长发育与学习生活等方面表现良好，并且具有强烈的学习动机，自主自愿地参加各种游戏与活动。反之，紧张的师幼关系会使幼儿感到情绪低落，甚至惧怕教师。因此，师幼关系要和谐融洽，充满关爱，而不是充斥着紧张与压迫。

2. 影响幼儿的同伴关系

师幼关系对幼儿的同伴关系也存在影响。在师幼关系中被关爱的幼儿能积极自主地与其他幼儿互动与玩耍，相反，在师幼关系中被冷落的幼儿，在同伴关系中也不容易被同伴接纳。虽然同伴关系主要与同伴交往相关，但师幼关系中教师的态度与评价会影响幼儿在同伴群体中的地位，影响幼儿的同伴交往意愿与态度。

3. 影响幼儿的社会性发展

学前儿童非常容易受到教师的影响，教师对幼儿来说具有权威性，教师的期望、评价、批评与

表扬，甚至其情绪、态度都会对幼儿产生影响。幼儿也非常崇拜教师，喜欢模仿教师的一言一行，家长经常会听到自己的孩子说“老师就是这样说的”。因此，教师的教育教学、一言一行都会影响到幼儿的社会性发展。在这种情况下，教师要做好表率，对幼儿的态度要温和，尽量让幼儿在师幼关系中获得愉快、温馨的情感体验，促使幼儿的社会性积极健康的发展。

（三）师幼关系的类型

根据师幼关系中教师与幼儿的情感联系、教学方式与交往方式等方面，师幼关系主要分为以下三种类型。

1. 严厉型

这类师幼关系中的教师对幼儿比较严厉，要求幼儿能够严格地遵守常规，在一日生活中对幼儿的要求很高。一方面，这种关系中的教师能够带领幼儿做好一日生活常规，树立教师威信，便于一日活动的开展。但另一方面，严厉型的教师容易给幼儿造成心理压力，其过高的要求会挫伤一些幼儿的积极性，也容易激起幼儿的逆反心理，并不利于幼儿心理的健康发展。

2. 放任型

这类师幼关系中的教师对幼儿采取放任式的教育方式，对幼儿的一日生活没有具体的要求，更偏向于让幼儿自主玩耍，不太关注幼儿的行为与需求。这类教师能够给幼儿更多自主活动的时间与空间，但缺乏对幼儿教育教学工作的目的性与计划性，不利于幼儿更高质量地发展。

3. 民主型

这类师幼关系中的教师不仅能够给幼儿自主活动的空间与时间，也对幼儿有着相应的要求。这类师幼关系是最值得提倡的，不仅能够给幼儿充分的尊重，而且在幼儿自主学习的同时，还能得到教师有目的、有计划的支持与引导。这类师幼关系在体现幼儿主体性的同时，也促进了幼儿更高质量的成长与发展。

（四）建立良好师幼关系的策略

1. 平等地对待与尊重每一个幼儿

每一个幼儿都是独立的个体，都有与生俱来的权利。教师要意识到自己的人格与幼儿是平等的，摒弃教师是主导者、命令者的传统思维观念，要尊重每一个幼儿，站在幼儿的角度与其进行互动与交往。每个幼儿来自不同的家庭，接受的家庭教养观念各不相同，社会经验也存在差异，这造就了幼儿风格各异的个性特征。教师不能要求所有的幼儿都具备同等的社交水平与互动方式，更不能因喜爱个别幼儿，导致与不同幼儿间的师幼互动存在差异，要平等地对待每一个幼儿，给幼儿平等的机会，关注每个幼儿的成长。

2. 关注幼儿的互动需求，进行积极的反馈与引导

在幼儿的一日生活中，教师要做好观察者与评价者的角色，善于捕捉幼儿的情绪情感变化，了

解幼儿的情感需要与探索需要，分析幼儿的发展水平与社交期待，创设良好的环境，支持与引导幼儿社会交往行为的发展。同时，积极恰当的互动与反馈对幼儿的发展至关重要，幼儿对万事万物都充满好奇心与探索的热情，不论是在面对困难还是收获成功时，教师都要进行积极的反馈与引导，如鼓励幼儿会做得更好，辅以手势称赞幼儿的进步，都会使幼儿充满信心，增强其不断探索的勇气。

第三课　学前儿童性别角色的发展

一　性别角色概述

（一）性别的概念

性别的概念有广义与狭义之分。狭义上的性别是指生理性别，是男女两性在生理结构上的差异。广义上的性别既包括生理性别，也包括社会性别，是指在生理基础与社会文化的影响下，形成的两性性别角色特征与性别行为的差异。

（二）性别角色的概念

性别角色是社会规范对不同性别的人所产生的行为期望。个体在社会化过程中，会通过实践获得与自己性别角色相符的行为模式，性别角色与性别相关，但是由生物性差异引起的性别差异并不属于性别角色，只有由社会期望所决定的性别行为才属于性别角色。

二　学前儿童性别角色的发展

（一）性别角色的获得

性别角色的获得是以性别概念的掌握为基础，个体只有知道了自己是男性还是女性，并且认同自我性别后，才能根据不同性别角色的行为标准，形成与自己性别相符的行为。4 岁幼儿的性别角色意识开始萌芽，如他们认为男孩不可以穿女孩的裙子等。幼儿性别角色的健康发展对其心理健康的发展、良好人际关系的形成，以及社会适应性的发展具有重要的影响。

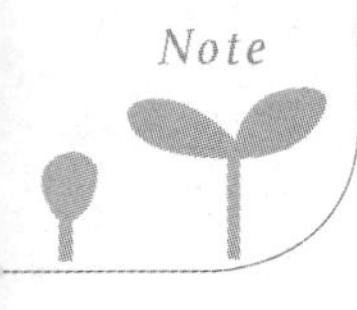

（二）儿童性别概念的发展

儿童对性别概念的理解主要以性别认同、性别稳定性与性别恒常性为主。

第一，性别认同。个体的性别认同发展得很早，6个月大的婴儿就能够从男性的声音中辨别出女性的声音。1.5～2岁的幼儿开始接受自己在生物特性上男性或女性的认知，即性别认同。他们能够确定他人的性别是男是女，知道带有不同性别属性的物体对应哪种性别，比如领带是爸爸的、裙子是妈妈的等。但是对于自己是男孩还是女孩仍然不确定，对于性别角色的概念和相关知识则处于模糊状态。值得一提的是，幼儿初期对于性别的理解主要来源于父母，幼儿往往先通过发型、再通过服饰的特点来判断他人的性别。

第二，性别稳定性。3岁幼儿能正确说出自己的性别，并意识到性别在人的一生中是保持不变的，即性别不会随着年龄的增长发生改变，具有一定的稳定性，如询问幼儿“你长大后是男人还是女人”，4岁左右的幼儿能正确回应这个问题。幼儿先是意识到自我性别具有稳定性，然后是对同性群体性别稳定的认识，最后才能理解到异性群体性别稳定不变。但是，男孩与女孩对于性别稳定的意识发展速度没有差异。

第三，性别恒常性。恒常性对幼儿性别认知发展具有里程碑性质的意义，4～7岁阶段，幼儿开始认识到性别具有恒常性，即幼儿的性别不会因为外观的改变而发生变化。4岁前，幼儿常把穿着样貌、爱好习惯作为判断性别的标准，如穿裙子、扎辫子的就是女孩，短头发、玩玩具车的就是男孩，认为男孩一旦穿了裙子就会变成女孩。此外，幼儿对性别恒常性的理解是与其他种类的守恒同步发展的，如理解长度、体积、质量的守恒等，主要与幼儿的理解能力增强有关。

案例导入

王老师班上有个小男孩留着一条小辫子，这让星星认为他是一个女孩，因为在星星看来，只有女孩才会留辫子，男孩的头发都是短短的。在排队喝水的时候，星星看到他排在男孩的队伍里就问王老师“为什么女孩也会排到男孩的队伍中来”。直到王老师慢慢地和星星解释，星星才勉强接受了男孩也会留辫子的事情，但星星仍然不能理解为什么有些男孩会玩娃娃，还会喜欢红色。

（三）性别角色标准的发展

随着时代的发展，男女平等的观念已经逐渐普及。但实际上，人们对男性与女性仍存在刻板印象，如男性更擅长理性分析、解决问题、勇于冒险、更有担当等，女性则更加感性、情绪波动大、擅长语言沟通等。这种对男女的刻板印象也在影响幼儿对性别角色标准的学习与理解。

2岁左右，幼儿开始标志自己与他人的性别，在玩具、服饰、游戏与社会活动方面表现出自己对于性别角色的认知标准。到了5岁，性别角色标准开始与职业相关联，如男孩的理想是成为一名宇航员、警察，而不会将煮饭、做家务作为理想工作。心理学家戴蒙对幼儿如何理解性别角色进行了研究，发现大多数6岁的幼儿对性格角色形成了较为刻板、严格、稳固的标准，认为男孩不能玩娃娃玩具，并解释这种行为这会遭到父母的指责，其他人也会不喜欢他。

（四）性别角色行为的发展

2岁左右，幼儿的性别角色行为开始显现，3岁开始，幼儿的性别角色行为逐渐稳定，主要表现在活动兴趣、游戏同伴和社会性三个方面。[①]

第一，在活动兴趣方面，大多数男孩更喜欢玩具车、枪、皮球等，更多地参与竞技类、体育类等与肢体运动相关的跑跳类活动，在角色游戏中也倾向于扮演勇敢、坚强的角色，如警察、超人、奥特曼等形象，游戏的活动量较大。而大多数女孩则喜欢洋娃娃、首饰玩具等，喜欢参与装扮类、居家类的活动。在活动量上，大多数女孩相比男孩的活动量较小，倾向于在贴近现实生活的角色游戏中扮演温柔、心思细腻的妈妈、姐姐等形象。

第二，在游戏同伴方面，幼儿选择同性作为游戏伙伴的倾向逐渐显现，他们更愿意选择具有相同兴趣与爱好的同性别幼儿作为游戏伙伴。2岁开始，女孩就会表现出更愿意与女孩玩的意愿；而男孩间的游戏多为打闹，游戏过程可能非常吵闹。

第三，在社会性方面，男孩的社会行为与情感更加明确，他们勇敢自信，更加宽容大度，有帮助女孩的意识，成人也会有意培养男孩刚强坚毅的性格品质；相比之下，女孩的行为与情感则更加细腻，她们温柔耐心，做事仔细，易感知到他人的情绪，共情能力更强，会更多地表现出对他人的关心，擅长通过肢体动作与语言安抚他人。

儿童性别角色理论

1. 精神分析理论

精神分析理论认为个体的生物本能会支配不同性别儿童的动作模式。著名的心理学家弗洛伊德认为，男女不同的生理结构使两性心理成熟的行为存在差异。在4～6岁期间，

① 石贤磊. 学前儿童性别角色教育特点研究［J］. 教育理论与实践，2016，36（20）：23-25.

幼儿的性别开始分化，男孩会表现出“恋母情结”，为了满足社会角色需求，会对父亲的角色行为进行认同，逐渐获得性别自认；女孩会表现出“恋父情结”，以母亲角色自居。

2. 社会学习理论

社会学习理论强调社会因素对儿童性别定型的作用，认为个体会在社会交往的过程中，通过观察学习与主动模仿获得对性别角色的认知。儿童可以通过对同性别群体的观察来掌握性别角色行为，他们会主动对同性的行为进行观察，将观察学习到的行为储存在头脑中，并对同性别群体的行为不断重复模仿，由此儿童逐渐形成自己对于男女性别角色的认知。

3. 性别图式理论

性别图式强调儿童和成人都有一套系统化的、有关男女行为的期望图式，这种已有图式会影响个体的性别角色行为。该理论界定了两种不同的性别图式：一种是指两类性别的普遍信息；另一种是指适合特定性别行为的详细信息。两种图式对儿童性别行为发展的功能不同：在第一种图式下，儿童要分别建立男性和女性双方的性别图式，评价性别图式信息是否适合自己的性别；在第二种图式下，儿童判断一个环境刺激适合自己的性别时，会进行进一步的探索。

性别图式理论认为，性别图式具有引导行为功能、组织信息功能与推论功能。第一，引导行为功能。性别图式提供的信息引导儿童从事传统的与性别相适宜的行为。第二，组织信息功能。根据已有图式，与性别图式一致的信息更为突出，从而更易被系统搜索或接收，而与图式不一致的知觉信息则会被忽视或转化。第三，推论功能。通过性别图式提供的信息基础，儿童无论是在熟悉的还是在信息缺失或模糊的情境中，都能够借助于自己关于性别的知识对他人的行为和偏好进行推论。性别图式理论融合了认知发展理论和社会学习理论的内容来解释儿童性别角色发展，它既强调了社会因素对儿童性别定性化的作用，也十分重视儿童自身建构性别图式的能动作用，是解释儿童性别角色发展的一种新的理论观点。

4. 群体社会化理论

群体社会化理论认为家庭对儿童性别角色的影响不大，同伴群体是影响儿童性别角色发展的关键。群体社会化理论预测当另一性别不在场时，儿童的性别分化行为会减少。如当女孩在单独玩竞赛类的体育游戏时，她们会表现出一定的竞争性，但是当男孩加入游戏后，女孩的竞争行为就会减少，她们会更加害羞和内敛。

三 学前儿童性别角色发展的影响因素及对策

（一）性别角色发展的影响因素

1. 生物因素

生物因素是性别角色获得与发展的基础。一方面，性染色体与激素的分布在男性与女性的身上存在差异。男性是XY染色体，而女性是XX染色体，染色体的差异导致个体的生物机制存在差异。同时，雄性激素与雌性激素在男性与女性的体内分布不均，性激素会对个体的性行为与攻击性行为发展产生影响。另一方面，男性与女性在大脑左右半球的组织方式也存在差异，大脑的左半球更多地参与空间信息加工，右半球更多地参与言语信息加工，而个体的行为是由脑来操控的。胎儿期的激素会使女性的大脑更有效地加工语言信息，使男性大脑更有效地加工空间信息，从而影响个体的社会性行为。

虽然生物因素构成了性别角色差异的基础，但是生物因素并不能对性别角色行为起决定性作用。社会因素同样会影响幼儿的性别角色行为，如当一个女孩经常进行竞争类、格斗类游戏，体内的雄性激素就会增多，久而久之会养成“假小子”的性格。

2. 家庭环境

家庭是幼儿成长的港湾，父母是幼儿性别角色行为评判与引导的重要主体，缺乏家长的引导与支持，儿童无法形成对性别角色全面的理解，形成的速度也会更缓慢。幼儿初期，幼儿会根据父母的态度判断自我行为正确与否，同时家庭的环境陈设、父母行为也会影响幼儿的性别角色行为。

首先，从为幼儿提供衣食住行起，父母就会根据幼儿的性别，为幼儿挑选不同的衣着、玩具，布置幼儿的居住环境，如女孩的房间布置会更加温馨，以暖色调为主，而男孩子的房间以中性色调或冷色调为主。家庭的环境陈设会初步对幼儿认知自身性别、表现出何种行为产生影响。

其次，父母会根据自身的性别角色行为标准对幼儿提出行为期待，如期望男孩勇于克服困难、自信坚强，期望女孩大方文雅、温柔贴心等。这些性别角色期望会成为幼儿判断自己性别角色行为正确与否的依据，当家长对幼儿的行为加以肯定与鼓励，幼儿不断强化对行为的理解与认知，通过多次地重复与再现，使得性别角色行为得以稳固和深化。

最后，父母的性别角色行为也会对幼儿的发展产生影响。家庭中父母的身份角色存在差异，家庭分工与职责不同，这会在一定程度上影响幼儿的性别角色认知，从而影响幼儿的性别角色行为。如当家庭中的母亲享有支配权力，而父亲软弱且缺乏与子女的沟通，那么家庭中的男孩更易表现出女性特征。另外，父亲对家庭中子女的性别角色行为的影响往往强于母亲，已有研究指出，如果父亲在儿童的成长过程中缺席，无论是男孩还是女孩都会受到母亲强烈的女性特质的影响，认同与表

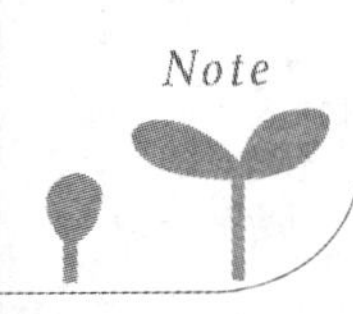

现出更多的女性化行为。[①] 女孩的女性化与母亲女性化的程度无关，而与父亲的教养态度有关。当父亲对女儿的女性行为进行赞扬，女孩会自动避免产生“不合适”性别举动的发生，主动表现出被社会接受和称赞的女性行为。由此可见，父亲是影响幼儿女性化的关键。对于男孩来说，已有研究也指出，如果男孩在 4 岁前失去父亲，那么他们的攻击性明显减弱，更喜欢非身体性的、非竞赛性的活动。总之，父亲参与幼儿性别角色的教养对幼儿性别角色发展的方向、速度具有重要意义。

3. 社会环境

社会环境中的文化背景、大众媒体会在一定程度上影响幼儿的性别角色发展。首先，在不同的文化背景下，性别刻板印象会存在差异，如：有的民族认为女性更加柔弱，男性更加勇敢刚毅；有的民族则认为不管是男性还是女性，都应该是勇敢坚韧、顽强不屈的。其次，在媒体方面，随着数字化、智能化时代的到来，越来越多的媒体软件与移动设备可供幼儿使用，幼儿在观看电影、动画片、游戏角色时，会受到其中蕴含的性别角色观念的影响。例如打败坏人、拯救世界的男性超人，照顾一家人衣食起居的温柔妈妈，都会影响幼儿对性别角色行为的模仿。

4. 模仿与扮演游戏

游戏是促进幼儿各方面发展的重要载体，幼儿会借助游戏表现自我性别角色认知、性别角色行为，在活动中同伴的性别角色行为、教师的干预与引导同样会影响幼儿性别角色的发展。如在过家家的角色游戏中，男孩往往扮演爸爸，女孩扮演妈妈，两人共同对“宝宝”进行照顾。爸爸经常会带“宝宝”做游戏，进行户外运动，妈妈则进行给“宝宝”冲奶粉、洗澡、哄睡等活动。幼儿会在游戏中实践自己观察与学习到的性别角色行为，并检验行为是否被其他不同性别角色的游戏成员认同。此外，他们还会选择相同性别角色的伙伴进行行为模仿，并在游戏中寻求教师的意见，判断自身行为是否符合教师要求的性别角色准则，通过教师的干预与指导来学习与强化性别角色行为。

情境案例

中班区域自主游戏时，幼儿们纷纷找到好朋友玩游戏，但关关这里站一会儿，那里看一看，选了半天也不知道要去哪儿。这时候，他看到琪琪她们三个小姑娘一起在超市玩得很开心，于是他也走到超市门口想要和她们一起玩。还没等他开口，琪琪就站起来推开关关说：“你不能和我们一起玩，你又不是女孩！”关关坚持要进超市，三个女孩一起用手拍打他一边说：“你是男孩，男孩跟男孩一起玩！”教师走过来说：“关关是男孩，可是他的力气大，超市搬运物品可需要大力士。”最终借助教师的权威，关关加入了本组的游戏。

① 黄鸿，李雪平．父亲参与对儿童性别角色形成的影响及教育启示［J］．基础教育研究，2013（5）：57-59.

（二）引导幼儿积极性别角色行为发展的对策

1．家长要端正性别角色行为标准，引导幼儿性别角色行为的健康发展

父母是幼儿的第一任老师，对幼儿认知自我性别，萌发正确的性别角色观念，表现合理的性别角色行为具有启蒙作用。幼儿会根据父母的态度决定是更正自身的性别角色行为，抑或是强化自身的性别角色行为，父母的性别角色行为标准对幼儿的性别角色行为发展具有至关重要的意义。首先，家长要保持一致的性别角色行为标准，如果父母的育儿标准不统一，会混淆幼儿已建立起的性别角色认知。如母亲更愿意将女儿培养成男孩的性格，而父亲则鼓励女儿表现出女性化的行为，这会使幼儿对自我性别角色的理解陷入混乱。另外，有些长辈存在重男轻女的观念，过于溺爱家里的男孩，会造成男孩个性柔弱、自理能力差的等问题，阻碍幼儿性别角色的正常发展。其次，家长要注意避免刻板印象的干扰，不能过度运用性别角色行为标准区分男女，不将性别角色与行为进行绝对化的绑定，尊重幼儿的兴趣爱好，不强制将自己对性别角色的行为认知强加给幼儿，应关注养成子女独立的人格，拥有自主选择自己性别角色行为表现的权利。如男孩不必非要喜欢小汽车、机器人等玩具，可以玩餐厨玩具，也可以喜欢粉红色；女孩不是只能沉迷于过家家、玩洋娃娃，也可以参与竞技类、惊险刺激的体育游戏。

2．教师要借助活动帮助幼儿理解性别角色行为

3～6岁是幼儿对性别角色观念理解的关键期，教师作为幼儿眼中的权威，要生动形象地引导幼儿理解自我的性别角色，并发展出健康的性别角色行为。由于幼儿认知发展的水平有限，单一地向幼儿介绍性别角色概念与性别角色行为并不能帮助幼儿理解性别角色，可以依托各类游戏与教学活动使幼儿循序渐进地掌握性别角色行为知识。首先，教师要帮助幼儿认识生理性别，即让幼儿明白自己是男孩还是女孩。教师可以从身体的器官差异等方面进行介绍，而不局限于从衣着服饰、发型等内容固化幼儿的认知。幼儿天生就对万事万物保持好奇心，对于不同性别同伴的身体构造差异充满好奇，教师大胆开放地向幼儿介绍，这样才有利于幼儿更深刻地认知性别。其次，教师要注意自己在游戏活动中对幼儿的指导，充分理解和挖掘性别角色的精神品质和职业人格特质，刻画鲜明的性别角色、明确性别角色行为的同时，树立男女平等的教育观念，丰富幼儿职业性别多样化的主观体验。在传统的幼儿游戏活动中，男孩更喜欢扮演警察、消防员等以力量为表征的职业角色，而女孩则倾向于扮演护士、售货员等温顺的角色，固定的性别角色模式化职业选择容易让幼儿对性别角色的认知形成刻板印象。因此，在角色游戏中，教师要打破传统思维，男孩和女孩可以尝试扮演各种职业角色，女孩可以作为警察维护交通秩序，成为飞行员开飞机，男孩也可以扮演护士照顾病人。

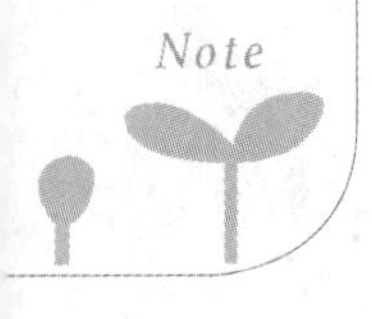

情境案例

刘老师带的小班幼儿在性别角色认知上还有待发展，于是刘老师设计了一个简单的体育活动，所有幼儿在热身之后都站在老师的面前，当老师喊到“女孩蹲”时，女孩就要蹲下，喊“男孩蹲”时，男孩就要蹲下，大家都玩得很开心，也对自我的性别角色有了深刻认知。在集体活动时，刘老师要求在自我介绍环节加入对自己性别的描述，这也加深了幼儿对性别角色的认知。

3. 通过家园合作帮助家长合理引导幼儿性别角色健康发展

家园保持一致的目标对幼儿性别角色健康发展具有重要意义。教师对于如何科学地教养幼儿比家长更有发言权与专业性，因此，幼儿园教师要主动采取线上线下相结合的方式引导家长科学育儿。线上可通过公众号、群组等媒体平台，定时推送与学前儿童性别角色教育相关的内容，普及科学的性别角色知识与性别教育观念，还要根据家长的需求指导家庭性别角色教育中的问题，鼓励家长以匿名的方式将自己对学前儿童性别角色教育的问题与困惑进行线上留言。幼儿园派遣专门人员定期整理，并邀请专家帮助家长分析、解答共通性问题。线下可定期组织家长参与课程讲座，还可以邀请相关职业的家长录制科普视频，如幼儿亲属是警察、医生等时，可以邀请他们分享自己对职业与性别角色的理解，让家长进一步将了解到的性别角色知识分享给幼儿。关于个别幼儿，可能存在家庭主要教养人性别角色单一的情况，例如单亲家庭或隔代教养家庭等。教师要特别关注这类幼儿的家庭性别角色教育指导，如对于单身母亲，教师要引导家长支持与鼓励幼儿与男性交往，支持幼儿的冒险心理与好奇心，不严令禁止刺激性的游戏活动，不事事干预幼儿的行为，给幼儿提供独立的空间，培养幼儿的独立性。

4. 发挥媒体育人的作用

随着时代的发展，幼儿可接触媒体的形式越来越丰富，除了电视、报纸、手机外，平板电脑、智能语音助手等都被广泛应用于幼儿的生活，媒体中的各类形象也广泛受到幼儿的喜爱，并被幼儿视为自己学习的榜样。因此，要充分发挥媒体对幼儿性别角色行为发展的积极作用。第一，幼儿具有极强的模仿意识，通过模仿媒体形象，幼儿获得了相应的性别角色体验，不仅学习到了性别角色行为本身，更是根据自我理解建构了新的性别角色行为认知。因此，成人要为幼儿选取合适的学习媒介，充分利用电影、动画中的人物引导幼儿塑造积极的性别角色行为。第二，要避免幼儿受到不良形象的影响，如许多动画片中充斥着暴力的动作和语言，许多反派角色由男性扮演，对于男孩来说很容易效仿这些角色的错误行为，因此家长要时刻关注幼儿是否受到不良形象与错误的性别角色行为的影响，引导幼儿健康性别角色行为的发展。第三，大众传媒在传播性别角色信息时，要注意宣扬与秉承性别平等的原则与理念，侧重对两性共性因素的传播，如男孩可以是细心、体贴、友爱的，女孩也具有坚强、独立的特质，引导幼儿正确对待性别角色差异。

第四课 学前儿童的社会性行为

学前儿童亲社会行为的发展

（一）学前儿童亲社会行为的概念

亲社会行为通常是指对他人有益或对社会有积极影响的行为或者行为倾向，包括分享、合作、助人、安慰、捐赠等。亲社会行为是个体形成良好个性品德的基础，是幼儿社会性和个性发展的重要方面，不仅对个体的身心健康有重要作用，而且对社会的稳定和谐也有着重要的影响。

学前儿童的亲社会行为发展主要涉及同情、安慰、帮助、分享、合作和社会公德行为等与其发展水平相适应的行为。

（二）学前儿童亲社会行为的发展阶段

1. 亲社会行为的发生

1 岁左右的幼儿开始能对他人的消极情绪做出回应，并初步表现出帮助、分享、谦让等亲社会行为。2 岁开始，由于幼儿具备了基本的情绪体验，亲社会行为进一步发展，对他人的情绪回应方式更加具体，如在他人难过时进行口头与肢体安抚，用哭泣的方式回应他人的痛苦反应。

2. 亲社会行为的发展

3～6 岁期间，幼儿亲社会行为快速发展，主要可分为同情、安慰、帮助、分享与合作等方面的发展。

（1）同情行为。

3～6 岁幼儿同情行为的发展主要分为两个阶段：3～4 岁的幼儿通过理解他人的情绪、情感而产生同情；4～6 岁的幼儿进一步通过理解他人的生活状况而产生同情，此阶段是幼儿同情行为发展的关键期。

（2）安慰行为。

随着年龄的增长，幼儿安慰的方式逐渐多样化。3～4 岁的幼儿往往通过陪伴、轻抚对方等行为来安慰他人；4～5 岁的幼儿已会用简单的语言来安抚他人；5～6 岁的幼儿能以讲故事、送礼物等方式进行安慰。

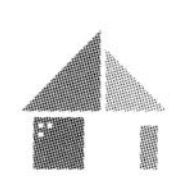

（3）帮助行为。

幼儿只有在具备了一定的社会技能后，才能产生帮助行为。3～4 岁的幼儿开始出现帮助行为，这一阶段的幼儿出现帮助行为的动力主要分为两种：一是出于对权威命令的顺从，如帮助妈妈收拾玩具是因为妈妈提出了要求；二是为了他人给予的即时回报，如小班幼儿会自发地帮助他人，但需要他人马上表示感谢或给予礼物。4～5 岁的幼儿出现帮助行为多是出于对社会规范的遵从。幼儿开始了解到某些行为是被社会或权威期待的，若自己的行为与规范的行为相一致，将会得到赞许和奖励，反之则会受到批评或惩罚。5～6 岁的幼儿出现真正意义上的利他行为，此时出现的帮助行为是其自发自愿且不期望回报的。

（4）分享与合作行为。

分享与合作涉及多人之间的相互作用，具有人际交往多向性的特征，是幼儿社会化的重要方面。3～4 岁的幼儿分享行为的出现频率较 2～3 岁时有所下降。3 岁后的幼儿开始建立物品的所有权概念，其高度的自我中心意识使其非常珍视自己所拥有的东西。他们虽然已经萌发了分享的意识，但其认知和行为严重脱节，在行为层面上还很难做到真正意义上的分享。4～5 岁的幼儿产生了“均分”意识，即他们的分享建立在维护自身利益的基础上，表现为在分享后要求对方一定要有所回报。5～6 岁的幼儿表现出“慷慨”的分享行为，即分享后不要求回报。

知识链接

艾森伯格的亲社会行为理论模型

20 世纪 80 年代，南希·艾森伯格（Nancy Eiserberg）提出亲社会行为理论模型，这种模型将亲社会行为的产生分为三个阶段。

1. 对他人需要的注意

这是亲社会行为的初始阶段，艾森伯格认为，在一个人帮助他人之前，他一定会确认他人有某种需要或愿望。因此，从亲社会行为产生的过程来看，注意到他人的需要是亲社会行为的发端。

2. 亲社会行为意图的确定阶段

一个潜在的助人者一旦注意到他人的需要，便开始决策是否要助人，从而进入亲社会行为意图的确定阶段。这个过程可以通过两种方式进行：在紧急情况下，情感因素在助人角色的过程中起主要作用；在非紧急情况下，个体的认知因素和人格特质可能起主要作用。

3. 意图和行为建立联系的阶段

个体仅仅具有助人意图，并不意味着他将做出亲社会行为，助人意图和亲社会行为

之间受个人的能力、人与情境的变化两方面因素的影响。同时，亲社会行为的实施本身也会强化以后的亲社会行为。

艾森伯格的理论模型把可能影响亲社会行为的各种因素有机地统一在亲社会行为产生的整个过程之中，并对其作用机制做了较深刻的剖析，特别是对认知、情感和人格因素的作用做了详细的说明，具有一定的理论和现实价值。但该模型并没有把所有影响因素进行详述，对各因素作用的描述也只是概略的、粗线条的，这导致了模型的局限性。

案例分析

幼儿园的小朋友起床后需要自己整理被子。小雯的被子太大了，她一个人没办法整理，于是小欣加入了小雯整理被子的任务中。小雯和小欣一人抓住被子的一边，很快就把被子整理好了。

思考：请分析以上案例，体现了什么理论？

（三）学前儿童亲社会行为的影响因素

1. 社会认知

社会认知主要指的是儿童的社会观点采择，社会观点采择指的是理解他人的观点、感受、想法和意图，即儿童能否换位思考。社会观点采择为儿童理解情景和他人需要提供了认知前提。已有研究指出社会观点采择和亲社会行为密切相关，社会观点采择能力的训练对幼儿的亲社会行为也有着重要作用。但是社会观点采择能力的提高不一定必然促进儿童的亲社会行为，社会观点采择只是为儿童亲社会行为的发生提供认知前提，亲社会行为的产生离不开儿童应用获得的信息去帮助别人的实践能力。

2. 移情

移情是指儿童在察觉他人情绪反应时所体验到的与他人共有的情绪反应。国内外研究者普遍认为移情是儿童亲社会行为的重要中介，是亲社会行为的动机源。新生儿刚出生时便产生了移情，如新生儿听到其他婴儿的哭泣声也会跟着哭泣。霍夫曼认为移情是在情感性唤起和个体对他人的社会认知能力的基础上产生和发展的，因此随着儿童认知能力的发展，儿童的移情也在不断地发展。霍夫曼将移情分为四个阶段，分别是普遍性移情、“自我中心式”移情、对他人感受的移情、对他人总体生活状况的移情。已有研究证明，移情训练可以促进儿童的分享行为。例如在幼儿园开展角色扮演游戏，让幼儿在游戏中体会到不同角色的心理状态。

3. 社会学习

社会化是儿童在与社会的交互作用中学习社会规范并根据社会规范行事，社会学习是儿童社会化的重要环节，有助于促进儿童的亲社会行为。儿童通过对榜样（示范者）的观察，学习正确的社会行为。班杜拉认为，靠呵斥、惩罚无法促进儿童亲社会行为的形成，只有靠正面的榜样示范才有助于儿童亲社会行为的习得和表现，例如在幼儿园里可以通过树立各类榜样促进儿童的社会学习。

二　学前儿童攻击性行为的发展

（一）攻击性行为的概念

攻击性行为是儿童生活中常见的社会行为，又称侵犯行为，是衡量个体社会性发展的重要指标。攻击性行为指故意对他人采取的破坏性行为，包括言语攻击和身体攻击，是故意伤害别人且不为社会规范所许可的行为。

（二）学前儿童攻击性行为的发展变化

1. 攻击性行为起因的发展变化

随着儿童年龄的增长，引起儿童攻击性行为前提条件的性质也随之发生变化，婴儿和学前初期儿童的攻击与冲突主要是由争夺物品或空间引起的，由具有社会意义的事件引发的攻击所占的比例很小。例如婴儿常因为争抢玩具而产生攻击性行为，而不会因为是否违背道德准则与规范而攻击他人。进入学前期，由具有社会意义的事件而引起的儿童之间的攻击性行为逐渐增多。

2. 攻击类型的发展变化

在整个学前期，儿童的工具性攻击呈减少趋势，敌意性、报复性攻击呈增多趋势。已有研究指出，年龄较小的儿童攻击性要高于年龄大一些的儿童，产生这种现象的主要原因是前者的工具性攻击的概率高于后者，相反，年龄大的儿童与年龄小的儿童相比，他们更多地使用敌意性攻击或以人为指向的攻击。如年龄较小的儿童会因为争夺想要的东西，如玩具、滑滑梯等而产生攻击性行为，但是他们的目的并不是攻击他人；而年龄较大的儿童的攻击性行为是对他人身体或心理上有目的地发起攻击，是为了报复自己受到的侮辱或伤害。

另外，在攻击形式上，主要分为言语攻击与身体攻击。2～4 岁的幼儿攻击形式发展的总趋向是身体攻击逐渐减少，言语攻击相对增多。3 岁左右，幼儿的踢、踩、打等身体攻击逐渐增多，3 岁以后，身体攻击的频率降低，但同时言语攻击增多了。

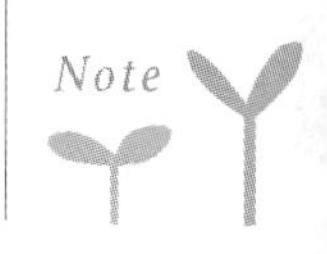

情境案例

小班幼儿小乐和小天抢积木玩具，他们通过身体攻击去抢玩具。在中班，小昊和小明也因为积木玩具产生了冲突，但是他们并没有进行身体攻击而是使用了言语攻击，小昊说："你不给我玩玩具，我再也不和你玩了，你真小气。"

3. 儿童的欺负行为

欺负是儿童间经常发生的一种特殊类型的攻击性行为，与一般意义上的攻击性行为一样，欺负行为是指有意地造成接受者身体或心理的伤害，通常包括打、推、勒索钱物等方式，可由一个或多个儿童参与，欺负行为对被欺负者的身心健康具有很大的伤害。经常被欺负会导致儿童情绪抑郁、注意力分散、孤独、逃学、学习成绩下降和失眠，严重的甚至会导致自杀。而对欺负者来讲，欺负他人则可能会造成以后的暴力行为或犯罪。

幼儿从1岁开始就表现出了欺负行为。2岁左右，幼儿之间就开始表现出一些明显的冲突，如打、推、咬、扔东西等。在幼儿初入园时的各种问题行为中，欺负行为属于由对抗心理产生的攻击性行为的一种表现形式，大多数初入园的幼儿在刚刚进入陌生环境的情况下拒绝与同伴交往，易发生因为争抢玩具所引发的欺负行为。初入园的欺负行为是幼儿的认知缺陷和信息加工能力低下所导致的，这类欺负行为会随着同伴交往的正常化而逐渐消失。

幼儿的欺负行为通常会随着年龄的增长而增加，幼儿的认知水平越高，欺负行为越多，心理发展水平较高的幼儿欺负行为也比较多。在幼儿园中，年龄越大的幼儿在攻击性行为的表现上越强烈，欺负行为的故意性也越明显，且欺负行为会随着幼儿身体与心理发育而愈加有意识化、强烈化。

幼儿在欺负角色、欺负行为的实施方式、欺负行为的应对方式上存在显著的性别差异。在欺负角色上，男孩多为欺负者，女孩多为受欺负者。在欺负行为的实施方式上，男孩较多采用直接的身体欺负，而女孩则较多采用言语欺负。在欺负行为的应对方式上，男孩能够尝试独自解决问题，而女孩则更多采用向同伴求助或向教师告状的方式。

（三）学前儿童攻击性行为的特点

1. 攻击性行为频繁

4岁前的幼儿攻击性行为的数量较多，为满足自我的需要经常产生攻击他人的现象，中班幼儿的攻击性行为达到顶峰，随后攻击频率会逐渐降低，幼儿常见的攻击性行为包括无缘无故发脾气、扔东西等。

2. 攻击性行为以工具性攻击为主

幼儿的攻击性行为主要以工具性攻击为主，如幼儿为了玩具、活动材料和场地等争吵。随着年

龄的增长，幼儿开始出现敌意性攻击，常常故意向不喜欢的同伴说一些不好的话，如“你真讨厌”“你真丑”等。

3．攻击性行为的表现以身体攻击为主

从具体表现上看，多数幼儿会采用身体攻击方式，而不是言语攻击方式，尤其是年龄小的幼儿。随着言语能力的发展，从中班开始，幼儿逐渐出现了言语攻击，且在人际冲突中使用得越来越频繁，而身体攻击会逐渐减少。

4．存在性别差异

相关研究发现，在2岁时，幼儿开始出现性别的刻板印象，男孩和女孩的攻击性行为表现出不同。男孩的身体攻击、言语攻击水平普遍高于女孩，男孩比女孩更容易在受到攻击后产生报复行为，男孩在受到攻击后多倾向于攻击他人的身体。

（四）学前儿童攻击性行为的影响因素

1．生物因素

生物因素对幼儿攻击性行为的影响主要体现在幼儿的气质类型方面。不同气质类型的幼儿具有明显的攻击性行为倾向上的差异：胆汁质的幼儿在与他人的相处过程中极易与他人发生冲突，表现出攻击性行为；黏液质的幼儿性格安静冷静，有耐心，不容易和他人起冲突。

2．家庭因素

家庭是幼儿的第一所学校，婴儿从呱呱落地起就接受着家庭带来的影响。父母是幼儿学习的对象，父母是否表现出攻击性行为会影响幼儿的攻击性行为表现。例如，父母在家经常表现出攻击性行为，幼儿就可能会习得打人的行为，在幼儿园里殴打同伴。除此之外，父母的教养方式等对幼儿攻击性行为的形成具有一定的影响。当幼儿出现攻击性行为时，父母不加制止或听之任之，会强化幼儿的攻击性行为，攻击性行为较为频繁的幼儿大多数来自专制型和放纵型教养方式的家庭。在专制型教养方式下成长的幼儿会因为经常遭受体罚或压制而习得相应的攻击性行为；在放纵型教养方式下成长的幼儿会因为习惯了父母的“唯命是从”而养成骄横的习惯，一旦遭遇拒绝或挫折，就很容易产生攻击性行为。惩罚对攻击型和非攻击型的幼儿影响不同，惩罚可以抑制非攻击型的幼儿的攻击性行为，但对攻击型的幼儿，反而会加重其攻击性行为。

3．大众媒体因素

大众传媒上的暴力情节会增加幼儿的攻击性行为。根据班杜拉的社会学习理论，幼儿会从电视、电影的暴力情节中观察、模仿到各种攻击性行为。大众媒体上的攻击性角色的行为会强化幼儿的攻击性行为，过多的影视暴力还会影响幼儿的态度，使他们将暴力看作是解决人际冲突的有效途径。

4．幼儿园因素

幼儿园对幼儿的攻击性行为产生的影响主要体现在幼儿的需要得不到及时满足和幼儿园教师的

强化两个方面。

一方面，师幼比例的不匹配使幼儿园教师无法较好地兼顾到每个幼儿的需要，在此背景下，处于被教师忽视边缘状态的幼儿可能会通过攻击性行为去博取教师的关注，例如幼儿会通过在活动中吵闹博得教师的关注。

另一方面，对于幼儿的攻击性行为，教师的沉默或是不由分说地批评指责都是不科学的。前者是在沉默的过程中默许了幼儿的攻击性行为，从而起到了强化的作用；后者很有可能在批评指责的过程中，幼儿学习到了教师的不当言行用词，从而强化了幼儿的攻击性行为。

知识链接

扫一扫，了解班杜拉社会模仿学习实验

第五课　学前儿童积极社会行为的培养

一　学前儿童亲社会行为的培养策略

（一）榜样示范法

社会学习理论者主张通过呈现范例的方式来培养幼儿的亲社会行为，成人要引导幼儿向具有正确社会交往行为与交往技能的榜样学习，这是培养幼儿积极人际交往的重要方法，且已有研究表明榜样示范法对幼儿社会交往产生的影响十分长久。成人不仅要为幼儿挑选正确的学习榜样，自己也要以身作则，发挥示范作用。

案例分析

中二班的兰兰非常乐于助人，经常帮助其他小朋友。在一次午餐后，糖糖一不小心弄洒了餐盘，盘里的青豆连同汁水洒了一地。糖糖立马哭了起来，这时候兰兰拉着她说："别怕，我来帮你一起捡起来。"王老师见状称赞道："兰兰真棒，能帮助好朋友一起解决困难，我也要向你学习。"

说着王老师也开始一起打扫起来。这时候其他小朋友也都凑过来说："我也要帮忙!"于是有的幼儿蹲在地上捡豆子，有的兴冲冲地拿起扫把打扫。

思考：案例中的王老师如何培养幼儿间的互帮互助行为?

（二）角色扮演法

教师可以让幼儿扮演亲社会的角色，使幼儿在扮演角色的过程中习得良好的行为。在角色扮演中，幼儿有机会体验到他人的心理活动，促使幼儿以某种角色进入情感共鸣状态，学会从不同的角度感受与理解问题。利用这一策略，可以有意识地从正面给幼儿以正确、美好、规范的行为刺激，帮助幼儿养成良好的习惯，改变自身不良的行为。

情境案例

大二班的王老师在上语言活动课时，为幼儿们分享了一个有关合作的故事。在故事中，猴子和鹿通过合作齐心协力拿到了桃子，获得了比赛的胜利。在故事的最后，王老师让幼儿扮演故事中的角色，感受合作共赢的力量，体验合作带来的愉快感受，促进了大二班幼儿对合作的进一步理解和应用。

（三）表扬强化法

在幼儿的一日生活中，教师和家长应该善于利用表扬，通过口头表扬、言语肯定等方式来强化幼儿积极的社会行为，同时辅以讲道理等帮助幼儿理解受到表扬的原因。例如，当幼儿出现安慰、分享、助人和合作等行为时，教师和家长要及时抓住机会，给予幼儿拥抱、鼓掌等积极的情感反馈，强化幼儿此类社会性行为，恰当合理地表扬还能在一定程度上抑制幼儿的攻击性行为倾向。

情境案例

中一班的萌萌在接水时，因为手没拿稳水杯，水杯"哐当"一声掉在了地上，萌萌着急去捡，可水渍不小心让自己摔了一跤，萌萌委屈地哭了起来。小明看到了之后，小心翼翼地扶萌萌起来，并且告诉王老师水洒了，还安慰了哭泣的萌萌，萌萌也慢慢地不哭了。王老师在清理好水渍后，表扬了小明的安慰行为。

二 减少学前儿童攻击性行为的策略

（一）创设良好环境

良好的环境要兼顾物质环境与精神环境的构建。在物质环境上，幼儿园要确保各活动区域的布局要合理，避免幼儿因空间拥挤引起的碰撞；玩具数量要充足，减少幼儿因彼此争抢玩具而产生矛盾冲突。在精神环境方面，对待有攻击性行为的幼儿，教师要避免消极的刻板印象，始终怀揣爱心和耐心，选用恰当的策略、寻找合适的契机对幼儿进行引导与交流，真诚地表达自己的关怀；在生活中为幼儿创造适合模仿的榜样，在幼儿面前不说脏话，杜绝暴力行为，给幼儿营造一个温馨和谐的环境。

（二）提供宣泄途径

面对幼儿的攻击性行为，成人不能采用简单的方法要求幼儿压制其攻击性行为，过分的压抑往往会引发更为猛烈的攻击性行为。成人应努力创设多种途径帮助幼儿宣泄内心的紧张情绪，教会他们用语言来倾诉内心感情。例如，当幼儿想攻击他人时，引导他们在适当的场合大哭大叫来宣泄其内心无法排解的挫折、烦恼与愤怒，同时通过引导幼儿参与各种有趣的游戏等活动转移其注意力，消解与转化其内心的暴力行为意向。值得注意的是，要避免让幼儿通过摔打的方式发泄情绪，因为这样可能不仅不会消解消极情绪，还会导致幼儿习得更多的攻击性行为。

（三）教授解决方法

幼儿缺乏生活经验，社交能力较差，因此，对幼儿进行社会交往技能的训练十分必要。教师可以通过开展谈话活动、讲述故事、角色表演等，引导幼儿在参与、讨论、思考中学会用非攻击性的方式处理与他人的矛盾与冲突。此外，教师要帮助幼儿发展移情能力，利用移情教育幼儿深刻体会他人的情绪情感，对帮助幼儿控制攻击性冲动、减少攻击性行为具有重要作用。

◇ 单元小结

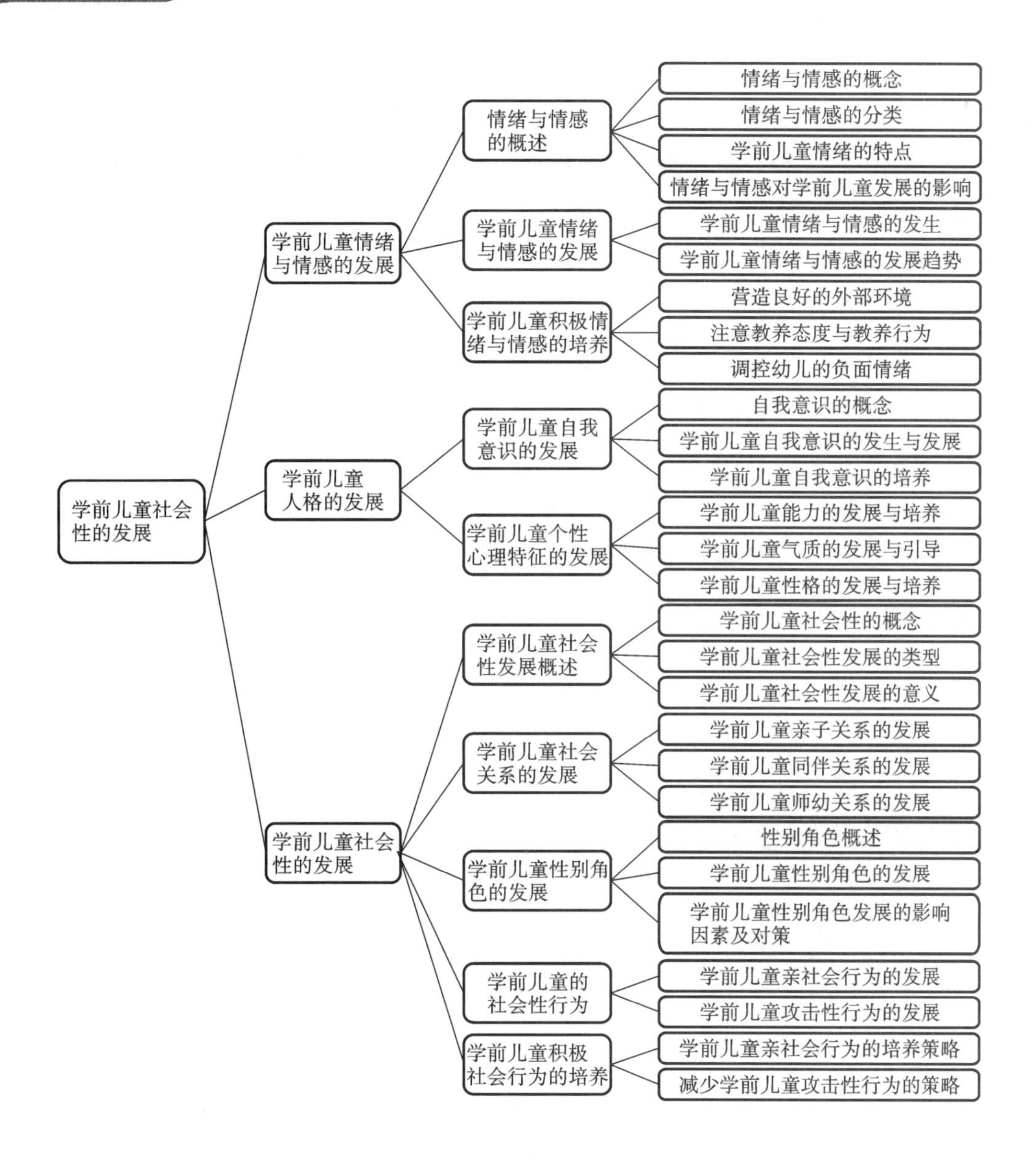

思考与练习

一、单项选择题

1. （2018年上半年）**在角色游戏中，教师观察幼儿能否主动协商处理玩伴关系，主要考察的是**（　　）。

A. 幼儿的情绪表达能力　　B. 幼儿的社会交往能力

C. 幼儿的规则意识　　D. 幼儿的思维发展水平

2.（2018年下半年）中一班有一个现象：一个幼儿向杨老师“告状”，其他幼儿就会一个接一个地“告状”，幼儿们吵吵嚷嚷，班上乱成一锅粥。杨老师恰当的处理方式是（　　）。

A. 不理所有“告状”的幼儿　　B. 先让幼儿们安静下来再行处理问题

C. 训斥所有“告状”的幼儿　　D. 选取部分幼儿的“告状”予以解决

3.（2019年下半年）梅梅和芳芳在“娃娃家”玩，俊俊走过来说“我想吃点东西”，芳芳说“我们正忙呢”，俊俊说“我来当爸爸炒点菜吧”，芳芳看了看梅梅说“好吧，你来吧”，从俊俊的社会性发展来看，下列哪一选项最贴近他的最近发展区？（　　）

A. 能够找到一个自己喜欢的玩伴

B. 开始使用一定的策略成功加入游戏小组

C. 在4～5名幼儿的角色游戏中进行合作性互动

D. 能够在角色游戏中讨论装扮的角色行为

4.（2021年上半年）小明搭房子时缺一块长条积木，他发现苗苗手里有一块，就直接过去抢。小明的这种行为属于（　　）。

A. 工具性攻击　　B. 言语性攻击　　C. 生理性攻击　　D. 敌意性攻击

二、论述题

（2020年下半年）简述幼儿工具性攻击和敌意性攻击的异同。

三、材料分析题

1.（2018年下半年）4岁的石头在班上的朋友不多，一次，他看见林琳一个人在玩，就冲上去紧紧地抱住林琳。林琳感到不舒服，一把推开了石头。石头跺脚大喊：“我是想和你做朋友的啊！”

（1）请根据上述材料，分析石头在班里朋友不多的原因。（10分）

（2）教师应如何帮助石头改善朋友不多的状况？（10分）

2.（2022年下半年）材料：3岁半的蒙蒙，很喜欢和小伙伴一起玩耍，可是奶奶却说：“你还小，出去玩会被别的小朋友欺负，就在家玩多好。”有时邻居家的小朋友想到家里来找蒙蒙玩，大人常嫌添乱，就替蒙蒙婉言谢绝，于是蒙蒙就只能在家独自玩耍。

问题：试运用同伴对幼儿发展的作用的相关知识，对蒙蒙家长的做法进行评析。

实践与实训

实训：为中班幼儿设计双人同伴互动游戏，活动方案须包括题目、目标、活动准备、规则、游戏环节板块。

目的： 增强同伴互动与交往的技能。

要求： 根据实习园所幼儿的发展水平，因地制宜设计游戏方案。

第四单元

学前儿童的游戏心理与心理健康

第一节　学前儿童游戏心理和案例分析

◇学习目标

1. 知识目标：理解游戏概念和类型，以及游戏在幼儿心理发展中的功能。

2. 能力目标：初步具备运用学前儿童心理学知识分析幼儿游戏行为的能力。

3. 情感目标：感受学前儿童游戏发展的乐趣，喜欢解读幼儿游戏行为，并形成根据学前儿童心理特点指导游戏的工作理念。

◇情境导入

户外活动时间，4岁半的莎莎和两个小姑娘一起搭积木，她们取来长方形积木块隔一段距离进行围合摆放，圈起了一大块场地。莎莎提议："好大的游泳池，我们来游泳吧！"小朋友们说："好呀！那我们游泳吧！"3个小朋友一起趴到"泳池"里，胸腹着地双手双脚滑动着"游"起来。游了一会，一个小朋友说："游泳累了要休息呀！"另一个小朋友说："休息要有桌子、椅子！"3个小朋友就捡来树叶和小石头用正方形积木块拼接，在"泳池"里搭出桌子、椅子，快快乐乐地开始"野餐"。莎莎和小朋友们把积木变成"游泳池""桌子""椅子"，一块做起"游泳"和"野餐"的游戏，这种现象说明了什么呢？

思考：游戏和幼儿心理发展紧密相关。莎莎利用长方形积木块围成场地，把场地想象成"游泳池"，体现了想象中"以物代物"的特点。随着"游泳池"的出现，继而搭建出"桌子""椅子"，说明中班幼儿边想边做的特点，想象过程和行动相结合，想象目的比较简单，正如教育学家苏霍姆林斯基说儿童的智慧在他的手指尖上。本节内容将探寻学前儿童的游戏心理，解读学前儿童的游戏行为，阐明游戏在学前儿童心理发展中的作用。

Note

第一课　学前儿童的游戏心理

游戏无处不在，是学前儿童生活的一部分，是学前儿童认识世界的途径。什么是游戏？游戏有哪些分类？游戏对幼儿心理发展有什么价值？我们将在本课的学习中一探究竟。

一　游戏的概念

游戏是学前儿童主要的学习方式，在学前儿童阶段，游戏时时都在发生，不断满足学前儿童心理发展的需要。游戏非常特殊，是一种复杂的社会现象，学者们对其定义众说纷纭，尚没有一种统一的说法。

在汉语中，游戏与“玩”“游”“嬉”这些字含义相近，与运动相关，表达出放松、休闲、随意的娱乐活动的意思。研究者从不同研究视角对游戏的定义做了多元化的阐释。社会学家米德认为游戏是儿童社会化过程的第二步骤，游戏为人的社会化提供实践机会，是社会价值观的一种表现。人类学家朗格威尔认为儿童的世界就是学习的世界，是开放、无拘无束、创造的世界，游戏是了解人类发展的途径。心理学者皮亚杰则认为游戏是认知活动的一方面，是对原有知识技能的练习和巩固。

游戏定义尚无定论，对游戏概念的探索，有利于更好理解游戏的本质特征。

二　游戏的类型

学前儿童游戏可依据游戏内容、组织形式、游戏材料等不同标准划分为不同的类别，本课主要从游戏对心理发展的作用角度来探讨游戏的类型。

（一）依据学前儿童游戏的认知发展分类

皮亚杰从认知发展角度把游戏分成练习性游戏、象征性游戏、建构性游戏和规则性游戏。

1. 练习性游戏

练习性游戏是学前儿童为了获得某种愉快体验而重复某种动作的活动。该游戏类型常见于处于感知运动阶段的学前儿童，因此也被称为感知运动游戏。学前儿童依赖动作思维，用手、脚、嘴巴等身体部位，抓、摸、拿、踢、吃周边的物品，以获得对周边环境的认知和心理上的满足。如学前儿童躺在脚踏钢琴健身架上反复抓放玩偶和脚踢钢琴键，反复摇动拨浪鼓，反复绕着圆圈跑，反复

倒出放回厨房大米等。学前儿童反复做动作其本身不是为了习得某种技能，而是在无形中锻炼大肌肉动作协调性和对小肌肉的控制能力，获得掌控环境的愉悦感。

练习性游戏在学前儿童2岁前出现最多。随着年龄的增长，该类型游戏比例下降。值得注意的是，我们学习一项新技能，刚刚学会但还不是很熟练时，就处于练习性游戏阶段，表现出特别喜欢该项技能。

2. 象征性游戏

象征性游戏是运用“替代物”，以假想的情境和行动方式将现实生活中自己的愿望反映出来的活动。象征性游戏是学前儿童最典型的游戏形式，在2岁以后大量出现。此时学前儿童的认知发展处于前运算阶段，初步使用符号表征。象征性游戏包括以物代物、以物代人、以人代人等形式。如孩子用遥控器打电话，给布娃娃喂饼干，在“娃娃家”扮演医生给病人打针等。以物代物是表征思维出现的标志之一。以物代物经历了“它像什么”的象征建构过程，学前儿童首先出现模式知觉或关系知觉，思考眼前物品与想象物品之间的相似性；其次通过表象匹配，找到两者相似特征进行概括；最后转换操作，冠以眼前物品以想象物品的名称。最初，眼前物品与脑海中替代物相似程度较高，随着儿童年龄的发展，两者相似度越来越低，到了幼儿晚期，儿童能完全凭借想象借由动作或语言表现出来。① 如学前初期的幼儿用玩具汽车代替真车，随后用棍子代表汽车，最后用“滴滴叭叭”的声音表示汽车。有趣的是，儿童独自的象征性游戏发展趋势呈U字形，5岁处于低谷，4岁和6岁的象征性游戏的比例都要高于5岁。②

3. 建构性游戏

建构性游戏又称为结构游戏，是儿童通过操作各种材料（积木、塑料管、沙土、石子、木板等）进行物体建构的活动，如搭积木飞机、做管道桥梁、堆沙子城堡、建造公路或者拼搭木屋等都是建构性游戏。学前儿童建构性游戏前期有象征性特征，后期转化为智力活动，是游戏向非游戏过渡的一种形式。3岁左右的儿童建构的目的性不强，边做边想，直至搭建完成，成品形状像什么就说是什么。5～6岁的儿童按照自己的意愿，选择适当的材料，建构心中原定的物体，如逼真的兔子、摩天轮、水果篮等，极具创造力。幼儿园常见的积木游戏就能够帮助儿童掌握数数、分类、形状、序列等数学概念。

4. 规则性游戏

规则性游戏是两个以上的成员，按照设定规则开展的竞争性活动。在规则性游戏中，儿童改变以自我为中心的心理特点，遵守约定的准则，为了胜利不断尝试新的游戏策略。规则性游戏重点在于“规则”和“策略”，是儿童游戏的高级形式。幼儿园规则性游戏有体育游戏、音乐游戏、智力游戏和数学游戏四种主要类型。喜闻乐见的具体游戏有：传统民间游戏中的跳房子、丢沙包、丢手绢、老鹰抓小鸡和翻花绳等；幼儿园益智区的棋类游戏，如军旗、围棋、跳棋、五子棋、飞行棋等。这些都是成人创设规则，儿童遵守规则，并寻找提高技能的策略游戏。还有一类儿童自创规则

① 刘焱. 象征性游戏和学前儿童的智力发展［J］. 北京师范大学学报，1986（6）：59-64，5.

② 教育部师范教育司. 幼儿心理学［M］. 北京：北京师范大学出版社，1999：173.

的游戏，这对儿童理解规则的思维能力和创造能力要求更高。规则性游戏在儿童4～5岁以后不断发展，延续到成人阶段。

（二）依据学前儿童游戏的社会性发展分类

游戏可以促进儿童的社会性发展。美国心理学家帕顿（M. B. Parten）依据社会性发展水平对游戏的分类最为常用，他依据社会性参与程度把儿童行为分为六种：偶然的行为或无所事事、旁观、独自游戏、平行游戏、联合游戏和合作游戏。偶然的行为或无所事事是儿童表现出无目的、对身边事情不关注、不参与游戏的状态。旁观是儿童在一旁观看同伴游戏，偶尔提出建议，并不真正参与游戏。这两种行为并非真正的游戏，本文主要介绍其他四种类型。

1. 独自游戏

独自游戏是儿童全神贯注于自己的游戏材料，单独玩游戏，不与任何同伴沟通合作的游戏形式。显然，这是一种社会性互动水平较弱的游戏形式。随着年龄的增长，这种形式会逐渐减少。如在幼儿园，小明接连两周单独在角色扮演区的厨台边洗碗。独自游戏让儿童用自己的方式与游戏材料互动，可以发展儿童的自我效能感，因此，不能忽视独自游戏的积极价值。[①] 需要特别注意的是，对于经常处于被动独自游戏的儿童，教师应当引导他加入群体游戏中。

2. 平行游戏

平行游戏是学前儿童与同伴操作相同或相近的游戏材料，彼此相距很近，偶尔有语言交流，但并无真正合作的游戏形式。与独自游戏相比，儿童在平行游戏时，同伴间有少量交流，但大多数时候仍然是各玩各的，并没有真正意义的互动交流。

3. 联合游戏

联合游戏是多位儿童共同参与，有一定的合作，无共同的目标和明确分工的游戏形式，是介于平行游戏和合作游戏之间的类型。儿童们因为游戏材料或游戏时间、场地等因素相似或相近而聚在一起游戏，但是缺乏共同目标和明确分工，组织松散，倘若其中一位儿童离开并不会影响其他儿童继续进行游戏。

4. 合作游戏

合作游戏是两位及以上的儿童围绕共同的目标，分工明确地开展游戏。游戏中每个儿童都有自己的任务，分工合理，互动良好，持续时间长。合作游戏是社会性发展的高级阶段，有利于引导学前儿童学会分享和合作，教师和家长都应为合作游戏创设良好的物质和精神环境。

案例分析

莎莎独自坐在“娃娃家”给娃娃穿衣服，穿好衣服后又脱下，反复玩穿脱衣服的游戏已经有十

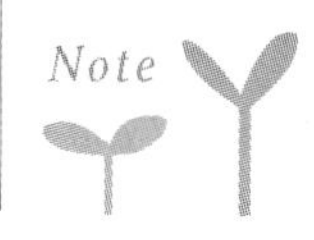

① 吴航. 对儿童独自游戏的再思考［J］. 学前教育研究，2007（2）：44-45.

几分钟了，她既不看其他小朋友，也不跟其他小朋友一起玩。

教师走过来问："莎莎，你的娃娃肚子饿了吗？"

莎莎不说话低着头继续摆弄娃娃的衣服。

教师："如果你的娃娃饿了，我们可以在厨房做饭给它吃。"

教师一边说一边走到厨房，取出锅和铲认真地做起饭来。

莎莎看了教师一会儿，走过去："我的娃娃饿了。"

教师："那我们给娃娃做什么吃呢？"

莎莎："做香喷喷的鸡肉饭！"

牛牛走过来："我会做饭！"

教师："我要去超市了，你们一起做饭好吗？"

莎莎和牛牛边"做饭"边愉快地聊天。

牛牛："莎莎，你的娃娃有名字吗？"

莎莎："她叫汤圆。"

程程也走过来："我也要做饭。"

莎莎："你切水果吧。"

程程："水果要洗，宝宝吃了才不会肚子疼。"

3个小朋友一起在"娃娃家"里忙活起来。

莎莎："哎呀，宝宝哭了，她饿了。"

牛牛："那炒快点！宝宝的饭做好了。"

3个小朋友一起围着宝宝给它喂饭，吃完饭，一个负责照顾宝宝，一个负责清洗餐具，一个负责清扫地板。他们在"娃娃家"一直玩到区域活动结束。

思考：莎莎在"娃娃家"游戏时，和教师、牛牛、程程进行游戏的过程中，从社会性发展角度看，出现了哪些游戏类型？

三 游戏的心理功能

（一）促进学前儿童认知发展

认知发展是个人认知结构和认知能力形成、发展和变化的过程，涵盖了感知觉、注意、记忆、想象、言语和思维多种心理过程。皮亚杰提倡从游戏中学习，在游戏中帮助儿童提高解决问题的能

力，形成守恒概念和去中心化等。后续研究表明，游戏对认知除了有练习和补偿作用，还有建构与生成效果。

1. 游戏有助于发展学前儿童的感知觉能力

0～2岁的儿童感知运动游戏是通过眼看、耳听、口尝、手摸及鼻闻等动作了解事物的个别属性，增强儿童对事物整体属性的把握。游戏是儿童与环境相互作用的基本形式，是儿童认知世界的重要手段。如：婴儿反复把自己的手放进嘴巴里，手眼协调能力得到提升，增强了大脑对手的动作的控制，得到"手是软软的""这是我的手"的认知；儿童反复钻到桌子底下，开始注意到空间上下、里外的关系。

2. 游戏有助于发展学前儿童的想象力

游戏为儿童再造想象和创造想象提供了宽松的环境和充分的空间。学前期是象征性游戏的高峰期。如角色游戏，把纸盒当作药箱，把自己想象成医生，迁移自己的生活经验，不断丰富游戏情节，在这个过程中想象能力得以发展。儿童堆积木时会进行自然而然的思考和想象，把心中的城堡、沙漠、美发屋或是汽车创造性地搭建出来。

3. 游戏有助于发展学前儿童的语言

在游戏中，学前儿童要用语言和同伴交流，商量玩法，讨论处理游戏中的冲突。在不同的游戏情境下，儿童需要倾听同伴的建议，表达自己的想法，这为学前儿童运用语言提供了环境。特定的语言类游戏如听说游戏、角色游戏、表演游戏等，可以促进学前儿童语言能力的发展，如表演游戏帮助儿童学习文学作品中优美、生动、规范的语言，绕口令、儿歌使儿童辨别相似音的发音等。杰罗姆·布鲁纳（Jeroms Seymour Bruner）认为儿童最复杂的语法和语言符号往往最先在游戏情境中使用，可见游戏能够促进儿童语言词汇和复杂逻辑语句的使用。

案例分析

洋洋："今天莎莎过生日，我们来举行一个生日派对吧。"

可可："我最喜欢生日派对，我来做个大大的巧克力蛋糕吧。"

洋洋："不行，我才是厨师，你只能协助我做蛋糕，这样，你去把做蛋糕的材料准备好。"

可可："哼！你做蛋糕得自己准备材料，我来准备生日派对的插花和场地。"

洋洋："没人给我帮忙我可怎么做蛋糕呀！壮壮你来和我一起做蛋糕吧？"

壮壮："我要做生日派对的邀请卡。"

洋洋："可可，你还是和我一起先做蛋糕吧，等蛋糕做好了我们来一起准备场地那不是快多了吗？"

可可："好吧，这可是你让我和你一起做蛋糕的哦！"

思考：洋洋、可可和壮壮的对话中，使用了哪些不常用的名词和逻辑词汇？他们是如何运用语言解决分配任务冲突的呢？

4. 游戏有助于发展学前儿童思维能力

游戏帮助学前儿童形成概念意识，提高学前儿童的思维能力。沃尔夫和布鲁纳把概念分为知觉概念、功能性概念和符号性概念。学前儿童练习性游戏促成知觉概念和功能性概念的形成。婴儿依靠知觉的概括或动作的概括来对物体进行分类或分组。如学前儿童注意到具有某些形状的物体在地上可以滚，其他形状则不能滚，学前儿童通过了解圆形可以滚的属性，对形状形成知觉概念，获得一定的物理经验。空间方位意识来源于在练习性游戏中对移动、位置和方向的感知。如幼儿拉着小汽车往前走，明白了前后的方位概念。

知识链接

扫一扫，了解感知运动游戏与儿童概念的形成①

象征性游戏则可以促成儿童对于符号的学习。象征性游戏中的“以物代物”使学前儿童把某种事物作为其他事物或现象的符号或标志，体现出符号的表征功能。学前儿童的思维逐渐向具体形象思维和抽象逻辑思维发展。如小班角色扮演区的餐厅，投放了“明码标价”的菜单，菜单中每一个菜品图片的下方标注了5以内的价格和价格所对应的小圆点数量。顾客点餐时便在菜品图片下用符号标记，收银员通过数圆点计算用餐费用。幼儿在扮演收银员计算费用时，会一一对应点数，理解数的组成，无形中形成一定的数概念。

（二）促进学前儿童情绪与情感的发展

游戏可以调节学前儿童的情绪。学前儿童的情绪具有外显性、传染性、易变性等特点。在游戏中，学前儿童短暂摆脱了成人的束缚和要求，自主选择游戏材料、游戏伙伴和制定游戏规则，把现实难以做成的事情在假想情境中予以实现，体验放松、自由、快乐的氛围，积极的情绪与情感占据上风，消极的情绪得以排解。

游戏丰富和发展了学前儿童的高级情感。游戏促进儿童不断积累经验、发现知识、认知事物，发展学前儿童的理智感。如建构性游戏可以帮助儿童积累有关形状、大小、速度等物理经验，提升空间感知力。游戏可以培养学前儿童对自然、社会、艺术的审美，发展美感。如：通过语言游戏，可以感知词汇韵律感、表达逻辑性；通过美术类游戏，可以体会事物的造型美和色彩美。此外，游戏还能促进儿童形成道德感。

① 范明丽. 学前儿童游戏［M］. 北京：北京大学出版社，2017：38.

知识链接

一粒沙是一个世界。当学前儿童内在的情绪与情感和身心状态难以用语言表达时，沙盘游戏提供了一种更加客观地表现与分析幼儿状态的渠道。沙盘游戏把无形的心理事实以某种适当的象征性的方式呈现出来，从而使个体获得疗愈。专业的沙盘游戏治疗技术已逐渐应用于各级各类学校的心理健康教育中。

游戏可以促进学前儿童的心理健康发展。游戏可以释放儿童紧张与焦虑等不良情绪。儿童如果出现了不良的情绪问题，如恐惧、愤怒、敌意等，可以运用游戏治疗。让儿童在轻松的环境中，释放压力，宣泄不良的情绪体验，以解除焦虑、紧张、愤怒等负面情绪，形成正确的自我认知，更好地接纳自己，对自己更有信心。

知识链接
扫一扫，了解沙盘游戏①

（三）促进学前儿童社会性的发展

社会性是与个体的生物性相对的概念，是个体在社会化过程中发展起来并与社会存在相适应的一切特征和典型行为的总和，包括社会性认知的发展和社会性交往的发展两方面。学前儿童的社会性发展不直接依靠教学，而是学前儿童在游戏和交往活动中形成的。

游戏可以帮助儿童形成自我意识，去自我中心化。自我意识是主体对自己及自己与周围事物关系的认知，是个人社会性认知的重要方面。刚出生的婴儿处于无我状态。2～3 岁儿童用“我”表达自己的需要，表明自我意识的重大发展。学前儿童通过游戏接触到不同年龄、不同个性的同伴，通过对方的语言和行为增强对自我的了解。皮亚杰“三山实验”说明前运算时期的儿童以自我为中心，难以从他人角度看待问题。游戏需要儿童克服以自我为中心的倾向，尊重游戏伙伴的想法。如

① 范国平，高岚，李江雪．“沙盘游戏”的理论分析及其在幼儿教育中的应用研究［J］．心理学探新，2003（2）：51-54.

角色游戏，在开展游戏前，儿童共同商讨游戏角色的分配，在游戏中，儿童的言行举止要像扮演的角色。学前儿童在游戏中潜移默化地学会换位思考，去自我中心。

游戏可以提高学前儿童社会交往技能。交往技能是发起、组织与维持交往活动的能力。游戏扩大了学前儿童交往对象的范围，使儿童掌握更多发起和组织游戏的策略。如儿童发起游戏时，不是苦苦地等待同伴邀约，而是运用请求策略“我可以和你一起玩吗”；看到其他小朋友戴头纱，能够运用评论策略“你们带上头纱真像漂亮的公主，你们在做什么”，并运用建议策略“你们还少了一位公主，我可以当公主吗”。儿童在发起游戏时还可以运用主动邀请、分享玩具、平行游戏等策略。游戏中若发生游戏材料争抢问题，儿童能用“剪刀石头布”谁赢谁先玩的轮流策略维持游戏开展。此外，自我控制是合作行为的内在机制，游戏可以提升学前儿童的自我控制能力。为了推动游戏顺利开展，儿童往往和同伴在游戏前约定好游戏中的职责和规则。倘若儿童出现违背规则的行为，一定程度上会影响游戏的进程。换言之，儿童必须约束自己的行为，克服自身行动控制能力弱和坚持性不强的缺点。正如马卡连柯（Антон Семёнович Макаренко）著名的“哨兵站岗”实验，表明游戏能够大大提升儿童的自我控制能力。[①]

知识链接

扫一扫，了解“哨兵站岗”实验[②]

游戏促使学前儿童内化社会规范，提高道德认知。游戏以真实情境为蓝本，促使儿童模仿现实生活中人们的文明行为，体验人与人之间的关系，遵守现实社会的行为规范。儿童建立良好的人际关系，要让其他儿童喜欢自己，必须学会分享、合作、等待、友好、助人等亲社会行为。如扮演游戏《三只小猪》的故事，儿童体验到小猪三兄弟在遇到大灰狼时要相互帮助，脚踏实地做事，不能投机取巧。“绿灯行，红灯停”，儿童通过教师举不同颜色的灯牌，过幼儿园的“马路”来理解交通规则。总之，游戏让儿童把在游戏情境里习得的正确做法迁移到现实生活中。

案例分析

区域游戏结束后，建构区里的孩子们开始整理雪花片，丁丁和东东两人为一个塑料小筐争抢起

① 邱学青. 幼儿园游戏指导［M］. 北京：人民教育出版社，2015：210.

② 马卡连柯的“哨兵实验”［EB/OL］. https：//wenku. baidu. com/view/8a52512fa46e58fafab069dc5022aaea998f418a. html.

来，两个人红着小脸都不愿松开手，塑料小筐都被扯得变形了。西西急得跑到王老师那里告状："老师老师，丁丁和东东抢塑料筐!"王老师走过去："哎呀，我听到塑料筐哭了，它说你们俩抢来抢去，都把它拉疼了！一会拉坏了，谁都用不了了。"丁丁和东东停了下来，丁丁说："是我先拿到的筐。"老师问丁丁："你拿小筐干什么呀?""装雪花片。"王老师又问东东："你想要筐干什么呀?"东东说："我也要装雪花片。"王老师笑眯眯地说："谢谢你们帮忙收雪花片，现在你们一起收雪花片，都放在这个小筐里好吗?"丁丁和东东点点头，开始一起收雪花片。

思考：怎样才能让丁丁和东东在游戏材料整理环节不再争抢塑料小筐呢？

第二课　学前儿童游戏的案例与解析

案例导入

在美发屋里，造型师乐乐正在询问顾客香香："请问有什么需要?"香香小声地说："我想剪头发。"乐乐说："我是造型师，是给头发做造型的，你去找明明吧，他是理发师。"香香看着明明说："我要剪头发。"明明说："好的，你快坐下吧。"香香坐下后，明明问："你想剪个什么发型？剪不剪刘海?"香香说："头发剪短些，然后再剪个齐刘海。"说完只见明明有模有样地拿起剪刀"咔嚓咔嚓"地剪起来。

评析：儿童的经验来源于生活，美发屋里的"造型师""理发师"和"顾客"活灵活现地展示了角色的言语和行为，充分展示了以人代人的想象特征，乐乐有较强的角色意识，知道剪头发是理发师该做的事情，让香香找明明剪头发，使得游戏情节继续发展，推动儿童想象心理的发展。

杜威提倡"生活即游戏，游戏即生活"。《幼儿教师专业标准》明确幼儿教师组织游戏属于教师的专业素养，即幼儿教师要具备以幼儿心理发展特点为依据灵活组织游戏的能力，做到先观察幼儿游戏，后解读幼儿的心理发展。本课收集幼儿园常见的角色游戏、建构性游戏和规则性游戏的案例，运用学前儿童心理学相关知识点剖析幼儿的行为，为教师和家长解读幼儿心理提供参考。在幼儿园的真实情境中，幼儿教师要深度解读幼儿游戏行为，常常还需要借助健康、社会、语言、科学和艺术五大领域的核心经验知识，以便更加科学地支持幼儿游戏的开展。

一 学前儿童角色游戏的案例与解析

角色游戏是象征性游戏的主要形式之一，深受幼儿喜爱。幼儿园“娃娃家”“超市”“厨房”“理发店”等区域都是角色游戏开展的地方。角色游戏的结构要素包括游戏主题、角色设定、物品假想和内隐规则。从心理结构上看，角色扮演包括角色行为、角色扮演动机、角色意识和角色认知。[①]

角色行为是指对角色的动作、语言进行扮演的过程，是角色游戏的外显表现，容易观察。角色扮演动机是学前儿童选择扮演角色的内在动机，幼儿因为情感偏好、认知喜好或者模仿需求来选择角色。角色意识指能够辨别自己与扮演角色的区别，知道扮演的角色是谁。幼儿往往从没有角色意识到有朦胧的角色意识，最后形成清晰的角色意识。角色认知即幼儿对角色行为的职责及角色之间关系的理解。学前儿童角色游戏遵循角色行为—角色意识—角色认知的发展过程。

知识链接

扫一扫，了解社会领域五项核心经验[②]

（一）小班角色游戏

小班幼儿的角色意识不明显，总是变化游戏主题；喜欢模仿成人的动作，出现以物代物、以物代人等象征性行为，角色意识差；同伴之间的合作较少，以独自游戏和平行游戏为主。

案例分析

3 岁女孩彤彤和 3 岁男孩程程当“娃娃家”的爸爸妈妈，彤彤负责照顾宝宝，程程负责做饭，彤彤把娃娃抱在怀里喂着奶，程程拿着锅和铲子在煤气灶上烧着饭菜。他先在锅里装满了小小的五颜六色的塑料积木，然后有模有样地拿起铲子很投入地一上一下地炒着，最后一碗一碗地把食物盛出来并端到桌子上，不一会桌子上放满了小碗和小盘。当程程说“吃饭了”时，彤彤正在照顾宝宝，所以没有理会程程，程程便自己吃了起来。吃到一半，程程跑到彤彤那里，看着彤彤给宝宝喂

① 华爱华. 幼儿游戏理论［M］. 上海：上海教育出版社，2000：175-177.

② 张明红. 学前儿童社会学习与发展核心经验［M］. 南京：南京师范大学出版社，2018：28.

奶。程程说："我也要给宝宝喂奶。"于是彤彤和程程开始拉扯娃娃。教师走过来抱过娃娃："啊呀，宝宝都被爸爸妈妈给扯哭了，妈妈先抱抱宝宝，让爸爸吃饭了再回来照顾宝宝！一会爸爸妈妈可以轮流照顾宝宝哦！"于是彤彤继续给宝宝喂奶，程程又回到桌边吃饭。

评析：

（1）小班幼儿具有爱模仿的特征。角色游戏中彤彤模仿妈妈，抱娃娃喂奶，程程模仿爸爸炒菜，动作模仿活灵活现，一上一下炒菜、用碗盛菜都体现了这一特征。

（2）幼儿对父母职责的认知能力不够。喂养是父母抚养幼儿的共同任务，因此要轮流喂养，而不能同时喂养，父母应该各司其职。彤彤和程程因为都想给宝宝喂奶，两个人拉拉扯扯，这说明幼儿对于父母的角色职责意识晚于动作模仿能力。

（二）中班角色游戏

中班幼儿的角色游戏，内容、情节逐渐丰富起来；处于联合游戏阶段，想尝试所有的游戏主题，有了与别人交往的意愿，但尚未完全具备交往技能，常常与同伴发生纠纷。中班幼儿的角色意识较强，有了角色归属感，会给自己找到一个角色，然后以角色的身份做所有想做的事，游戏情节丰富，游戏主题不稳定，有频繁换场的现象。

案例分析

角色游戏的活动时间到了，小朋友们按照各自的分工开始游戏，4 岁的伟伟选择担任理发店的发型师。有一位顾客来到了理发店，伟伟开始为他理发，他一只手拿着梳子，一只手拿着小剪子，一边梳一边剪，时不时抬头看看镜子里的顾客，不一会儿就理完了，顾客照了照镜子，扫码付费高兴地离开了。接下来好几分钟都没有新的顾客光顾理发店，伟伟先是在理发店东摸摸西弄弄，不断整理理发店的物品，但一直没有新的顾客来，于是伟伟就在椅子上坐了下来左右张望。

伟伟突然发现烧烤摊上的辰辰离开了，他在活动室里张望了一圈也没看见辰辰，于是他立刻跑过去开始烤羊肉串，嘴里不停地叫着："羊肉串、羊肉串，新疆的羊肉串！"有小朋友过来要买羊肉串，这时辰辰上厕所回来了，与伟伟吵了起来："我是卖羊肉串的，让我来烤羊肉串！"但伟伟因为有顾客来买羊肉串怎么也不愿意离开制作羊肉串的摊位，他让辰辰去理发店，但辰辰不愿意，于是辰辰跑到教师那里告状，教师正忙着指导美术区的小朋友，让辰辰再去和伟伟商量一下。辰辰只好回到烧烤摊对伟伟说："明明是我先来的，应该让我来烤羊肉。"伟伟说："你都玩半天了，让给我玩一会不行吗？"辰辰想了想说："那我们石头剪刀布，谁赢了谁在这卖烧烤。"伟伟点点头，两人玩起石头剪刀布的游戏，结果伟伟输了，伟伟只好回到理发店。

评析：

(1) 行动有明确的目的。伟伟一开始选定理发店，理解理发师的角色行为，给顾客理发。

(2) 幼儿坚持性各有差异。理发店没有顾客，伟伟没有想办法招揽“生意”，而是转换到了烧烤摊，没有坚持原来的角色，出现换场现象；而辰辰上完厕所回来后，还是坚持在烧烤摊卖羊肉串。

(3) 体现幼儿社会性发展，人际交往冲突运用策略解决，遵守事先的同伴间的约定。伟伟和辰辰都想在烧烤店卖羊肉串，在轮流策略行不通的情况下，两人用石头剪刀布的方式决定谁赢谁可以在这卖烧烤。伟伟输了，便信守承诺离开烧烤摊。

（三）大班角色游戏

大班幼儿的角色游戏经验丰富，游戏主题新颖、内容丰富，反映出较为复杂的人际关系；游戏处于合作游戏阶段，喜欢与同伴一起游戏，能按自己的愿望主动选择并有计划地游戏，在游戏中增强了解决问题的能力。

案例分析

面食小馆开业了，孩子们特别喜欢玩这个游戏，他们最喜欢扮演的角色就是厨师和收银员，其次是服务员，最后是顾客。游戏起初，在活动满员的情况下，服务员热情地招待顾客：“请进，欢迎光临”，“您好，这是菜单，这是我们的招牌菜。”顾客点菜，厨师做菜，只见收银员拿着菜单算钱：“一共 7 元。”并开心地收下两张 1 元、一张 5 元的货币。孩子们各司其职。但是到了区域活动的第 3 天，面食小馆开门后，却没人主动扮演顾客。教师随机询问：“孩子们，你们喜欢玩面食小馆吗？为什么？”“你们喜欢（不喜欢）扮演里面的什么角色，为什么？”“老师，我喜欢扮演收银员，因为可以当大老板收钱。”“老师，我喜欢当厨师，因为可以炒菜、烧菜。”“老师，我不喜欢当顾客，因为顾客太无聊了，就坐在那里点菜，什么事情都不能干。”过了 3 分钟，还是没有人来当顾客。朵朵见状，拿起收银服务桌上的电话，随机拨打号码，营造一种外卖服务的氛围和情境，将活动进行了下去。一边的宸宸灵机一动，也开始向别的区域的孩子进行吆喝：“面食小馆开馆了，有好吃的糖包、旺仔牛奶，买一送一。”这些举动吸引了其他孩子的参与，活动又以另一种方式进行了下去。

评析：

(1) 这个案例涉及幼儿角色扮演动机的内容。面馆游戏中“厨师”“服务员”“收银员”都是占有主动地位的一方，有明确任务和一定的挑战性，幼儿往往喜欢承担这类角色，导致没有幼儿愿意扮演顾客。

(2) 蕴含点数和组成等数学概念的发展。一般 3 岁幼儿会口头数 10 以内的数字，3 岁半会点

数，学会手口一致地数数，初步具备了计算能力。大班幼儿收银员在结算的场景中，能够正确回答一共多少钱。

(3) 体现创造想象，模仿中有小创造。角色游戏买一送一和外卖情节正是模仿了现实生活中的真实情境。超市中的促销场景和店铺打包外卖的经历，让原本没有幼儿愿意扮演顾客的游戏突然有了新的转机。

二　学前儿童建构性游戏的案例与解析

随着感性经验的丰富和认知能力的提高，儿童对形状、远近、大小等空间知觉越来越准确，空间想象能力进一步提高，为儿童建构不同形态的物体奠定了智力基础。学前儿童以无意想象为主，结合不同年龄段的心理特点和动作发展规律的不同，儿童掌握建构性游戏的基本知识和技能也有所不同，在建构性游戏中呈现出不同的发展水平。

知识链接

扫一扫，了解建构技能[①]

（一）小班建构性游戏

小班幼儿处于想象建构的初级阶段，有一定的建构目的，会尝试把自己的想法转化为真实的象征物。建构技能主要是堆高、平铺和重复，偶尔会出现架空和围合等。受到小班幼儿有意注意时间短、情绪与情感容易传染、合作性水平低等发展特点的影响，使得小班幼儿开展建构性游戏的兴趣容易转移，主题不稳定，游戏中幼儿合作水平较低。

案例分析

游戏地点：小班建构区。

游戏对象：涵涵、心心、骅骅、皓皓、逸逸。

① 关于建构性游戏的核心经验［EB/OL］. https：//wenku. so. com/d/99b8949e53923ab9f237daa5c21512e9.

游戏实录：区域游戏时，建构区的小朋友们各自搭建好了障碍物，共同围成一个赛车障碍跑道。小朋友们发现没有赛车，决定将自己变成赛车绕过障碍物跑。涵涵、心心、皓皓正在障碍跑道上跑着，骅骅说："要在这里排队才能跑哦!"涵涵听到了也说："要在这里排队。"并开始组织其他几个小朋友来排队。队伍排好后，心心发现没有人说"开始"，于是邀请老师帮忙说"开始"。比赛开始后，涵涵、心心、逸逸在障碍跑道中跑，骅骅在旁边加油。这时在障碍跑道中行驶的涵涵不小心撞倒了障碍物，逸逸看到后也将旁边的障碍物推倒了。大家都觉得很开心，于是纷纷推倒搭好的障碍物跑道。玩了一会，小朋友们重新搭建赛车跑道，涵涵发现有的积木像独木桥便走了上去，心心看到了也开始跟着涵涵一起走。而另外的几个小朋友则一直在旁边重新搭建跑道。

思考：请用学前儿童心理学的相关知识分析幼儿的行为。

评析：

(1) 小班幼儿以无意注意为主，有意注意逐渐发展，建构性游戏的主题容易受到外界事物的影响，不停变换。建构性游戏初期，幼儿们有明确的目标：搭建赛车障碍跑道。孩子们为跑道设计不同的关卡和障碍。当涵涵碰倒障碍物时，其他幼儿被声音所吸引，于是玩起"推倒"游戏。涵涵发现推倒后的积木，有的像独木桥，就在独木桥上走了起来。建构性游戏中幼儿的兴趣点发生三次变化，内容各不相同。

(2) 体现了小班幼儿爱模仿的发展特点。刚开始幼儿们专心于扮演赛车在跑道中跑，看到涵涵撞到障碍物后，逸逸推倒障碍物，大家纷纷加入"推倒"队伍中。

(3) 小班幼儿初步形成一定的规则意识。幼儿搭建好跑道，假装"赛车"在跑道中前行时，骅骅让大家排队开始游戏，幼儿们都遵守排队的规则。可惜的是，随着"堆倒"兴趣点的出现，幼儿们的排队和保护好跑道的意识就荡然无存了。

(4) 小班幼儿游戏间的合作水平相对较低。建构性游戏中幼儿们各自搭建障碍物，事先并没有明确分工，游戏玩法随着兴趣点的变化而变化。推倒跑道后，有的幼儿参与重新搭建，有的幼儿则开始做起独木桥的游戏。

（二）中班建构性游戏

中班幼儿处于模拟建构阶段，有明确的建构目的，主题比较稳定，对于建构对象的形状、大小、颜色都有准确的模拟，同伴间的合作行为越来越多。

案例分析

Note

游戏地点：中班建构区。

游戏对象：云云、珺珺。

游戏材料：塑料积木、实木积木和纸杯。

建构性游戏开始了，云云和珺珺两人选择实木积木开始合作拼搭水果沙拉，珺珺在拿实木积木充当水果时，还拿了塑料积木充当水果，但是云云拿起塑料积木就丢在了一边："这个不是我们的。"随后，珺珺拿起了小圆柱体积木说："这个是蓝莓。"但是过了一会，云云拿起刚刚珺珺拿的小圆柱体积木提议："我们可以把很多小圆柱体围起来做草莓。"于是她们开始在一堆积木中寻找小圆柱体。找到一些后，她们开始拼搭，但发现积木不够，还有半圈没有积木拼搭。云云对空余的半圈点数，预设还需要几个小圆柱体，确定好数量后，两人继续寻找，云云边找边说还需要多少个。在两人的合作下，最后成功完成了水果沙拉的拼搭。

思考：请用学前儿童心理学的相关知识分析幼儿的行为。

评析：

（1）丰富生活经验，促进幼儿感知觉的发展，为建构性游戏主题的形成奠定基础。幼儿在接触生活中的水果沙拉后，知道用不同的积木替代各种各样的水果，推动游戏的发展。

（2）中班幼儿有意注意进一步发展，建构性游戏的目的性增强。整个建构过程，主题为拼搭水果沙拉，遇到积木不够的情况，能够继续寻找材料，而不会临时改变原有的主题。

（3）幼儿有合作和分享的亲社会行为。云云和珺珺共同寻找积木完成拼搭，游戏材料不是预先想好的，云云在分享了自己的想法后，二人一同解决了小圆柱体不够的难题，直至完成拼搭水果沙拉。

此外，建构性游戏往往和数学学习关联紧密，以上的案例可以从数学学习与发展的核心经验模式来看待幼儿的行为。模式是在物理、几何或数中发现的具有预见性的序列。模式是按照一定的规则排成的序列，存在于数学，也存在于这个世界中。识别模式有助于幼儿进行预测与归纳概括。[①]案例中珺珺将小圆柱体围起来当作草莓水果，在云云建议下放弃使用塑料积木，形成了使用小圆柱体实木积木按照圆圈排列来拼搭水果沙拉这一序列模式，因此当拼搭的小圆柱体实木积木不够时，云云和珺珺选择继续寻找小圆柱体实木积木，而不是用塑料积木来代替。

（三）大班建构性游戏

大班幼儿有较强的建构技能，能够参照图片模拟建构，会尝试把平面图形变成立体模型，并且目的明确、主题稳定、游戏计划性较强，能围绕一个主题开展长时间的建构性游戏，合作意识进一步增强。

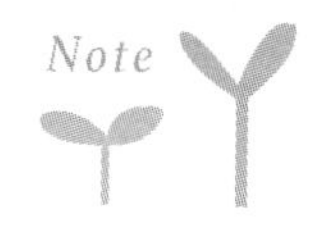

① 黄瑾．学前儿童数学学习与发展核心经验［M］．南京：南京师范大学出版社，2015：59-65．

案例分析

游戏地点：大班建构区。

游戏对象：大班幼儿。

游戏材料：各种形状的木质积木、八一南昌起义纪念塔图片及与图片塔基等高的小木棒、水管、塑料彩色积塑。

游戏过程：

幼儿来到建构区搭建八一南昌起义纪念塔。在第一次建构性游戏的过程中，幼儿遇到了塔身不稳的问题，他们通过搭建发现木板太长了，立起来不稳定。这时，教师通过墙面布置引导幼儿："墙上的建筑是怎么搭的？墙面上还有很多的建构方法你们都可以试一试。"幼儿经过反复多次地探索操作，运用架空技能——竖向搭两个木板、横向搭一个木板的方式，先搭建三角形平面，后搭建四角形平面……搭出了稳固的纪念塔。

第二次建构游戏中，教师引导幼儿搭建与实际比例一样的建筑。在搭好八一南昌起义纪念塔前，教师抛出问题："我们搭的和照片中的纪念塔一样吗？有哪里不同？怎样可以搭得和照片里的纪念塔更像呢？"引发幼儿讨论。教师出示八一南昌起义纪念塔的图片，以及与图片塔基等高的小木棒，以塔基等高的木棒为标准测量塔身，并且用语言催化的方式生动地说出："原来塔身是5个塔基那么高。"幼儿们进行测量并记录下来，在不断地操作中成功搭建纪念塔。教师和幼儿们深度交流，讨论图片中纪念塔旁边还有什么，如何丰富建筑。

第三次搭建时则投放了水管、塑料彩色积塑等材料。幼儿合理运用水管架构出喷泉等相应的建筑物，并用彩色积塑建构树、花等装饰。工作完成后，幼儿当起了介绍八一南昌起义纪念塔的小导游。

思考：请用学前儿童心理学的相关知识分析幼儿的行为。

评析：

（1）幼儿的空间知觉得到了发展。幼儿选择与图片塔基等高的小木棒，以塔基等高的木棒为标准测量塔身，得出塔身有5个塔基那么高，说明大班幼儿对于纪念塔的长度和形状感知较好。

（2）获取了一定的平衡物理经验。当出现了木板太长立起来不稳定的问题，幼儿学习了架空技能多次尝试解决塔身稳定性的问题。

（3）体现大班幼儿的意志能力较强。幼儿的建构活动紧紧围绕着八一南昌起义纪念馆，在第二次建构过程中，主体搭建好以后，大班幼儿观察了建筑物旁边的装饰，并在第三次活动中，找到材料来装饰建筑物。建构成功主题并没有更换，而是坚持了原来的主题进行深入挖掘。

以上三个案例，单从建构性游戏的发展角度，体现出不同年龄阶段的幼儿的建构技能发生变化、游戏目的性增强及合作性行为增加。小班幼儿喜欢"推倒""垒高"，游戏主题不稳定，平行游

戏居多；中班幼儿会“围合”“模式”，建构游戏有明确目的，表现出克服困难、完成建构的行为；大班幼儿灵活地使用“架空”“模式”，围绕一个主题“八一南昌起义纪念馆”进行了长时间的建构性游戏，同伴之间合作意识强，合作行为比较多。需要注意的是，建构技能的发展有一定的顺序，技能的提高离不开教师的指导，幼儿间存在个体差异，切不可刻板地对照年龄特点来看待幼儿的建构技能，应引导幼儿快乐地体验建构性游戏。

三　学前儿童规则性游戏的案例与解析

规则性游戏是指由成人选编的以规则性为中心的游戏。常见的规则性游戏有智力游戏、体育游戏和音乐游戏。规则性游戏的结构要素包括游戏目的、游戏玩法、游戏规则和游戏结果。规则性游戏从非竞争性的亲子游戏发展为竞争性的同伴游戏，对儿童的身心发展，尤其是理解规则的意义、学会合作与公平地竞争具有独特的价值。

（一）规则性游戏的发展

皮亚杰从规则实践行为和规则意识两方面分析规则性游戏的发展。

1. 规则实践行为的发展

皮亚杰通过弹珠游戏，提出规则实践行为经历了四个阶段。[①]

（1）以运动为中心的玩物阶段（0～3 岁）。

在这一阶段，儿童还没有规则意识，行为毫无规则，只按照自己所喜爱的方式和方法操作材料。如儿童会踢弹珠，或把弹珠看作弹力球，从高处往下扔，让它们回弹，而不会按照弹珠游戏本身的玩法操作。这一阶段的儿童多是一个人游戏。

（2）以自我为中心阶段（3～5 岁）。

这一阶段的儿童缺乏考虑别人的想法或观点的能力，以自我为中心。这一阶段的儿童会模仿年长的同伴的游戏动作，但是他们不会合作，而是各玩各的。他们享受游戏的过程，不重视游戏的竞争性，也不会相互控制，每个人都可以是赢家。值得注意的是，以自我为中心不是自私，自私是为了自己的利益去做某事，而且知道自己的行为会给他人带来不便或伤害。这一阶段的儿童不会把自己的意图和别人的想法做比较。

（3）初步合作阶段（5～7、8 岁）。

这一阶段的儿童会表现出想获胜的意愿，开始理解规则的含义，并且知道想赢则需要通过规则来比较游戏中大家的表现。这时儿童的“去自我中心”能力在发展，5～6 岁的儿童开始关注他人的

① 刘焱. 儿童游戏通论［M］. 北京：北京师范大学出版社，2004：604-608.

想法，会协调同伴间不同的意见，比较自己与同伴的表现。儿童能够遵守共同规则，游戏中出现真正的协作行为。但因为“自我中心”的特点，儿童往往依照自己所知道的规则进行游戏。因此，同一游戏可能有不同的规则。

案例分析

大班规则游戏：报纸运球。

晨间活动时，教师组织小朋友们玩报纸运球的游戏，要求两个小朋友为一组，用一张报纸将球从起点运到终点，中途球不能掉下来，而且报纸也不能破，哪组的球掉下来就要重新回到起点。可可和乐乐将球放在报纸上一个在前一个在后地抬着球向前跑，可是因为两个人的速度不同，报纸一下被撕破了，球也掉了下来。他们又回到起点，拿出一张报纸，将球放在报纸上，这次他们改变了策略，两个人面对面用手抬着报纸，嘴里有节奏地数着“一二一二”，横着小错步将球抬到了终点。

思考：孩子们是如何合作运用报纸运球的呢？

(4) 规则协调阶段（11～12 岁）。

这一阶段的儿童对规则本身产生兴趣，同一群体中的儿童对于同一游戏的规则及其在不同情境下衍生的规则的细节都了如指掌，能达成共识。这表明儿童能灵活应对游戏中可能出现的突发情况，实时调整规则。如体育游戏“拍手接力跑”，原定的是同组单向跑，哪组先夺得终点红旗就获胜但游戏场地的长度不够，于是儿童把单向跑变成来回跑，从而解决了场地不足的问题。这就要求儿童的游戏经验丰富，对游戏规则有清晰的认知。

2. 规则意识的发展

规则意识的发展存在三个阶段。

(1) “动”即快乐阶段。儿童只是因为对仪式化的动作感兴趣而不断重复和模仿游戏的动作。游戏的规则对于儿童来说没有构成任何意义，不具有来自外部的强制性约束作用。这种无规则意识的表现与规则实践行为第一阶段的表现是相对应的。

(2) 神圣不可侵犯阶段。儿童开始注意到规则并模仿别人的规则实践行为。儿童认为规则是神圣不可侵犯的，刻板地接受规则，不愿对规则进行任何修改。因为规则的制定来自成人，来自“权威”，这也体现出儿童道德的“他律”特征。与规则实践行为的第二阶段和第三阶段前半部分相对应。

(3) 协调可变的阶段。儿童不认为规则是神圣不可改变的，他们认识到规则来自讨论与协商，是社会同意的结果。规则有限制性，也具备互惠性，每个参与讨论的人都应该遵守规则。外在的规则变成内在自主的规则。与规则实践行为第三阶段的后半部分和第四阶段相对应。

（二）智力游戏

智力游戏指根据一定的智力任务，以智力发展的目的，设计的一种有规则的游戏。这类游戏具有促进感官发展，提升注意力、记忆力、想象力和思维能力的作用。儿童享受游戏的过程，不重视游戏的竞争性，年龄越小的儿童游戏规则意识越淡薄，合作性越低。

案例分析

小班科学游戏：嗨，色彩。

教师："小朋友们，我们看了《小蓝小黄》故事书，老师今天带了红黄蓝三个颜色宝宝来！我们一起先将黄蓝宝宝混合，玩'颜色变变变'的游戏吧！"但有的小朋友已经迫不及待地将红黄、红蓝、红黄蓝多种颜色混合在一起。

嘟嘟："你们快看，我的绿色是和你们不一样的绿！"

教师："小朋友们，我们只能混合黄蓝宝宝，你们看嘟嘟！他制作出了和大家不一样的绿色，我们一起问问他是怎样制作的吧！"

嘟嘟："我用很多蓝色，加一点点黄色，就变成这样了。"

教师："这是深绿色。你还想怎么玩呢？"

小朋友们在美工区快乐地玩起混色的游戏。

评析：

（1）体现了小班幼儿颜色视觉对绿色混合色的认知。3 岁幼儿不能完全正确地命名颜色，对于混合色的色调辨别能力不强。幼儿阅读绘本时知道蓝色加黄色会变成绿色，所以嘟嘟认出了绿色，能直观感受到绿色的色调不一样，但说不出不同的色调间的区别。

（2）小班幼儿遵守游戏规则的意识比较弱。案例中的幼儿忽视教师用"黄蓝宝宝"做游戏的规则，各玩各的，不重视游戏规则，需要教师再次强调。

（三）体育游戏

体育游戏是以锻炼幼儿走、跑、跳、追逐、平衡等基本动作发展为目的规则的游戏，分为自主体育游戏和体育教学游戏。小班、中班、大班的体育游戏对内容动作的要求越来越高。随着幼儿游戏自主性的提高，会发起游戏、协调游戏行为，解决问题。幼儿随着年龄的增长，愈发遵守游戏规则，渐渐学会排队轮流做体育游戏。

案例分析

中班体育游戏：我和凳子做游戏。

活动目标：

(1) 积极参与活动，体验同伴合作游戏的快乐。

(2) 利用凳子一物多玩，发挥想象力、创造力。

(3) 能协调地做好跳、平衡等基本动作。

活动准备：

(1) 每个幼儿准备1个小板凳。

(2)《凳子操》和《玩具进行曲》的音乐。

活动过程：

1. 凳子热身操

师生共同做凳子热身操，活动幼儿身体的各个关节。

2. 我和凳子做游戏

(1) 幼儿自己玩凳子游戏。

①由幼儿自己分散玩，幼儿和自己的凳子做游戏。他们有的站在凳子上往地上跳，有的站在凳子上单腿独立，有的把凳子放倒在地上跨过来跨过去，有的绕凳子转圈跑，有的把身体趴在凳子上手脚前后伸出保持身体的水平。幼儿们都玩得很投入，每个人都能边玩边看别人的玩法，然后进行模仿。

②请个别幼儿介绍玩法。幼儿们都积极地举手展示自己发现的玩法。

③教师对幼儿自己和凳子做游戏的情况进行小结。表扬幼儿们都非常愿意开动小脑筋，他们都开心得欢呼起来。

(2) 幼儿和同伴一起玩凳子游戏。

①幼儿自由合伙玩凳子游戏。

幼儿们自由结伴，有的两个人合作，有的四个人合作。他们有的把凳子连接起来搭成一座桥；有的把凳子放倒，靠背合拢，玩钻山洞的游戏；有的把凳子等距离摆放玩障碍跑；还有的幼儿把凳子作为起点和终点玩赛跑。幼儿们用凳子玩出了各种不同的创意，整个场地热闹非凡。

②请幼儿讲一讲他们合作游戏的玩法。幼儿们都非常愿意分享自己小组创造的玩法，教师鼓励其他幼儿模仿这些玩法，尝试合作游戏。

3. 游戏：比赛真有趣

教师和幼儿们一起选出几种凳子组合的游戏，分组进行比赛游戏，在比赛的过程中，每个幼儿都积极地参与到凳子的搬运摆放过程中，幼儿们体验到不同的玩法，特别是这些自创的玩法都是他

们自己创造出来的，参与的热情特别高，身体的各项机能都获得了不同程度的锻炼。

4. 放松运动

评析：

(1) 体育游戏直接促进幼儿跳、跨、跑和平衡能力。在‘我和凳子做游戏’活动中，幼儿站在凳子上跳、站在凳子上单腿独立、把凳子当作障碍物跨跑都充分体现出体育游戏对幼儿身体发展的作用。

(2) 幼儿具有模仿性的心理特征。幼儿看到同伴和凳子做游戏的新玩法，会不自然地模仿。

(3) 幼儿的情绪具有外显性。教师表扬幼儿玩凳子愿意开动脑筋，幼儿会用欢呼声表现出开心的情绪，而不是把愉快的情绪藏在心底，体现出情绪的外显性。

(4) 幼儿想象的内容非常丰富。中班幼儿把凳子搭成桥，或建成山洞，或摆成障碍物赛跑，体现出幼儿以生活中感知的形象作为原型，把同样的凳子变化出不同的场景。

(5) 游戏活动中幼儿的同伴交往越来越密切，合作行为出现较多。随着年龄的增长，幼儿更多地追求同伴间关注，交往积极性增加。中班幼儿和同伴一起做凳子游戏时，有的两个人合作，有的四个人合作，一起创设新的游戏情境，表现出同伴合作的亲社会行为。

拓展阅读

扫一扫，了解跳跃动作的变化[①]

（四）音乐游戏

音乐游戏是依据音乐教育任务设计，符合音乐的节奏、情感等要素的规则性游戏，一般在音乐伴奏或歌曲伴唱下进行，有音乐听觉游戏、节奏游戏、歌唱游戏和舞蹈游戏。随着幼儿心理的发展，出现注意稳定性增加、记忆时间延长、语言理解力提高等特点，音乐游戏所选取的音乐节奏愈发多样，旋律逐渐复杂，幼儿间合作游戏的内容也会随之增加。音乐游戏可以提升幼儿的音乐表现力和音乐素质。此外，可以结合音乐教育学习与发展的核心经验感知美、表达美和创造美来分析音乐游戏中儿童的表现。

① 黄世勋. 幼儿健康教育［M］. 北京：中国劳动社会保障出版社，1999：213.

案例分析

大班音乐游戏：海底世界。

游戏实况：

小朋友们正在玩“海底世界”的音乐游戏，教师随着音乐轻轻地讲起故事：“在美丽的海底世界，生活着一群漂亮的小鱼，他们每天都摆动着灵活的身体，快乐地游来游去。一会儿和水草玩捉迷藏，一会儿和珊瑚玩吹泡泡，咕咚咕咚……一会儿又和石头亲一亲、抱一抱……开心极了！突然大鲨鱼游了过来，小鱼们快速地逃开，赶紧找了个地方躲了起来。有的躲在石头缝里，有的躲在珊瑚群里，有的躲在水草丛中……他们一动也不动，大鲨鱼找来找去，可是一条小鱼也没有发现，只好失望地离开了。”

扮演海草的小朋友手里拿着长长的彩绸和纱巾，随着音乐自由舞动，模仿海草随波浪舞动的样子。当音乐音调越来越高时，海草逐渐站立起来，甚至踮起脚尖，高高地举起手中的彩绸舞动；当音乐音调越来越低时，海草逐渐蹲下，并将手臂垂下来，在低处舞动彩绸和纱巾。扮演海底动物的小朋友随音乐自由穿梭在海草中，模仿着各种小动物游动的动作。当音乐突然变得低沉，大鲨鱼来了，所有的“海草”都在低处静下来不再舞动，“小动物们”有的蹲在“海草”下面，有的趴在“海草”下面，大家安静极了，有的小朋友甚至屏住呼吸。当音乐变得轻快柔和起来，“海草”们又站起来愉快地舞动起来，“小动物们”也欢快地游动起来，并发出愉快的笑声。

评析：

（1）体现幼儿感觉中对声音良好的辨别能力。扮演海草的幼儿能通过分辨音调变化做出不同的舞动彩绸的动作，音调变高就高高地挥动彩绸，反之就低低地舞动。扮演海底动物的幼儿通过分辨旋律变化，旋律慢就蹲着，旋律快就快乐地游动。

（2）大班幼儿有意注意的时间延长并逐步发展。幼儿在玩“海底世界”的音乐游戏时，注意力十分集中，当扮演海草和小动物时，幼儿们会随着音乐的变化而做出相应的动作，这需要集中精力倾听音乐，而不是随心所欲地做动作。

（3）幼儿的想象内容有情节。幼儿将音乐与教师讲的故事情节内容相结合，整个游戏过程紧紧围绕着故事内容，在欢快的音乐下，“海草”舞动，“海底动物”自由游动，随着情节变化，动物们的反应也有相应的变化。

（4）幼儿的规则意识较强。大班幼儿知道在音乐游戏中，自己的动作需要根据音乐的变化而变化，音乐轻快，“海草”愉快地舞动。幼儿能够遵守自身扮演角色的要求，海草的主要动作是舞动，海底动物的动作是游泳，鲨鱼来时，海草不再舞动，海底动物蹲着或趴着躲起来。

Note

思考与练习

一、单项选择题

1. （2018 年上半年）**幼儿在游戏时总是喜欢争抢玩具，对此，胡老师不合适的做法是**（　　）。

A. 组织幼儿讨论玩具使用规则　　B. 让幼儿说明争抢玩具的理由

C. 表扬幼儿的分享及合作行为　　D. 让争抢玩具的幼儿站到墙角

2.（2020 年下半年）**幼儿赛跑、下棋一般属于**（　　）。

A. 表演游戏　　B. 建构游戏　　C. 角色游戏　　D. 规则游戏

二、案例题

1. 中班角色游戏中，有幼儿提出要玩“打仗”游戏。他们在材料柜里翻出好久不玩的玩具吹风机当“手枪”、仿真型灯箱当“大炮”，“哒哒哒”地打起来，玩得不亦乐乎。李老师看到此情景非常着急，连忙阻止：“这是理发店的玩具，不能这样玩。”

问题：

（1）李老师的阻止行为是否合适？请说明理由。

（2）如果你是李老师，你会怎么做？

2.（2018 年下半年）教师在户外投放了一些“拱桥”（见图 3-1），希望幼儿通过走“拱桥”提高平衡能力。但是，有幼儿却将它们翻过来，玩起了“运病人”游戏（见图 3-2）。他们有的拖、有的推、有的抬……玩得不亦乐乎。对此，两位教师的反应不同。A 教师认为应立即劝阻，并引导幼儿走“拱桥”；B 教师认为不应阻止，应支持幼儿的新玩法。

（1）你更赞同哪位教师的想法？为什么？

（2）你认为“运病人”游戏有什么价值？

3.（2019 年上半年）材料：在开展“烧烤店”游戏前，大一班的李老师加班加点为幼儿准备了烧烤架、烧烤夹，以及各种逼真的“鱼丸”“香肠”“土豆片”等食材；大二班王老师没有直接投放材料，而是与幼儿商量，支持他们自己去寻找，收集所需材料。幼儿园的游戏情景分别见图 3-3（大一班）和图 3-4（大二班）。

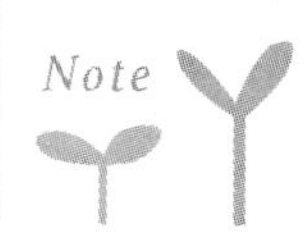

图 3-1 “拱桥”

图 3-2 “运病人”游戏

图 3-3 游戏情形一

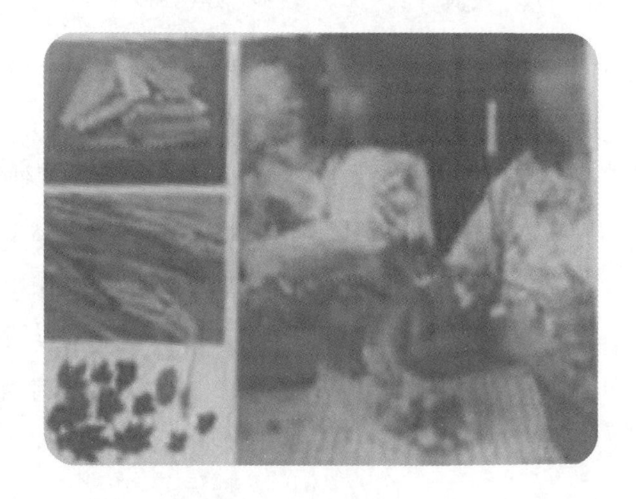

图 3-4 游戏情形二

(1) 哪位教师的做法更恰当?

(2) 请分别对两位老师的做法进行评析。

4. (2019 年下半年) 几个幼儿正在玩游戏，他们把竹片连接起来，想让乒乓球从一头开始沿竹槽滚动，然后落在一定距离外的竹筒里。游戏过程中，他们遇到了很多困难，如：球从竹片间掉落(见图 3-5)；竹片连成的桥太陡，球怎么也落不到竹筒里(见图 3-6)。他们通过不断努力，终于让球滚到了竹筒里。

幼儿可以从上述活动中获得哪些经验？请结合材料分析说明。

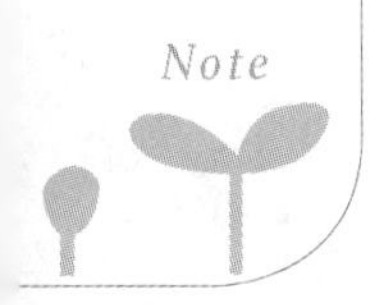

图 3-5　球从竹片间摔落

图 3-6　竹片连成的桥太陡

实践与实训

实训： 见习期间，选择幼儿园见习班级的一个区域活动拍摄视频，运用学前儿童心理学的相关理论，分析游戏中幼儿的行为。

目的： 能够在真实游戏情境中学习学前儿童心理理论。

要求： 每个人拍摄一段 3～5 分钟的视频。

形式： 实地观察和分析。

第二节　学前儿童心理健康

◇**学习目标**

1. 知识目标：理解学前儿童心理健康的概念和标准。

2. 能力目标：掌握学前儿童心理健康的影响因素，以及常见的学前儿童心理健康问题，初步掌握相关的教育策略。

3. 情感目标：重视学前儿童的心理健康，形成运用相关教育策略开展学前儿童心理健康教育工作的理念。

◇**情境导入**

在一次下楼梯去进行集体活动的时候，嘟嘟突然和王老师说：“老师，我好想死啊。”王老师大吃一惊，然后不动声色地询问：“你为什么会这么想，可以告诉老师发生了什么吗?”嘟嘟低下头沉默了一会儿：“我每天都在发脾气，我不喜欢这样的自己”。王老师很快对嘟嘟鼓励道：“我觉得嘟嘟很棒，老师很喜欢你呀。”可是嘟嘟不再回应了，沉默地参与集体活动中去，玩得并不开心。

思考：案例中嘟嘟为什么会产生这样的想法呢，王老师可以怎么更好地去处理这种情况呢？这涉及学前儿童的心理健康及相应的教育策略。本节将要对相关问题进行探讨。

第一课　学前儿童心理健康的概述

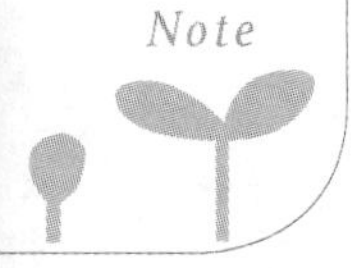

学前儿童心理健康是什么？有什么标准可以说明学前儿童的心理是健康的呢？我们将在本课中一起探讨。

一　学前儿童心理健康的概念

在学习学前儿童心理健康的概念之前，我们有必要对心理健康的概念做一个简略梳理，将学前儿童的心理健康置于心理健康的背景下有助于我们更好的理解。

（一）心理健康的概念

人们对于健康的认识是逐步发展的，先明确健康的重要性，进而对心理健康加以关注及重视。1978年9月12日，国际初级卫生保健大会为保障和增进世界所有人民的健康订立了《阿拉木图宣言》，明确指出健康是基本的人权，使人民达到尽可能高的健康水平，是世界范围的一项重要的社会性目标。1984年，联合国世界卫生组织在其宪章中指出："健康不仅仅是没有疾病或虚弱，而是身体、心理和社会适应的完好状态。"1989年，世界卫生组织又进一步提出了健康新概念："健康不仅是指没有疾病，而且包括躯体健康、心理健康、社会适应良好和道德健康。"由此可见，人们对健康概念的认知不断丰富和完善，健康不仅局限于身体层面，心理健康与身体健康同样重要。

不同的学派从不同角度出发，对心理健康有着不同的定义。精神分析学派认为心理健康是指一个人不存在心理障碍或心理疾病；人本主义心理学家则更多地从人本身出发，认为心理健康是人的一种稳定的心理状态，即个体具有良好的人格素质，其潜能和创造力在较大程度上得到发展，能很好地实现自己的人生价值；社会学家波姆从社会的角度来阐述，认为心理健康要满足社会行为的标准，能够为社会所接受，有较强的社会适应性。

我国现代的学者则认为，心理健康是指个体没有心理疾病，具有积极发展的心理状态，在适应环境的过程中，生理、心理和社会方面达到协调一致，或者个体内部心理系统和外部心理系统达到和谐的一种良好功能状态。

可见，心理健康是一个较为复杂的概念，其定义纷繁复杂。世界卫生组织将心理健康定义为：个体拥有应对正常生活压力而且能够认识自身潜力，很好地工作，并为其所在社区做贡献的一种幸福状态。

（二）学前儿童心理健康的概念

幼儿期是个体奠定身心发展基础的关键时期。众所周知，促进幼儿的健康成长是学前教育的主要目标。2001年，我国教育部发布《幼儿园教育指导纲要（试行）》，明确指出："幼儿园必须把保护幼儿的生命、促进幼儿的健康放在首位。"不仅高度重视幼儿的身体健康，还对幼儿的心理健康给予重视。

学前儿童作为一个特殊的群体，他们的心理健康逐渐引起了国内外学者们的关注，但学者们的

社会背景、研究方法、研究视角等都不尽相同，导致幼儿心理健康的概念并不统一。美国 0～3 岁任务联合机构把幼儿的心理健康定义为幼儿的情绪、社会适应状态及行为健康。

由此可见，学前儿童的心理健康是指学前儿童的情绪、行为、状态等符合一般的发展规律，呈现出一种良好的心理状态，这也是保证学前儿童学习、游戏和愉快生活的重要条件。

需要特别注意的是，我们应该从整体发展的角度来看待学前儿童的心理健康，不能以学前儿童单方面的表现是否良好来判断其心理是否健康，也不能因为学前儿童表现不好而认为他们的心理不健康，而是应该综合考虑、慎重判断。此外，应当将学前心理健康与学前儿童心理健康问题进行严格区分。学前儿童的心理健康是指一种良好的心理状态，如果学前儿童长时间持续做出与环境、年龄不符的行为，则表示其可能出现了一些心理健康问题，诸如行为问题、情绪问题等。学前儿童的心理健康问题我们会在后续进一步探讨。

二 学前儿童心理健康的标准

衡量学前儿童心理健康的标准远不如衡量身体健康的标准那样客观和具体，有时心理健康和不健康的界限也并没有那么明确，但是作为学前教育工作者，应该掌握学前儿童心理健康的标准，做到心中有数。学前儿童的心理健康主要有以下几个标准。①

（一）智力发展正常

正常的智力水平是儿童与周围环境取得平衡和协调的基本心理条件，包括观察力、注意力、思维力、记忆力、想象力等各种认知能力的总和。

（二）动作发展正常

学前儿童正常的动作发展是心理健康的基本条件，包括躯体大动作和手指精细动作，标志性特征是动作灵活和手眼协调。

（三）情绪稳定，情绪反应适度

良好的情绪反映了中枢神经系统功能活动的协调性，表示人的身心处于积极的平衡状态。拥有积极健康的情绪是学前儿童身心健康和行为适应的重要保证。学前儿童的情绪具有很大的冲动性、易变性和外显性，随着年龄的增长，学前儿童的情绪自我调节能力有所提升，他们的情绪冲动性逐渐降低、稳定性逐渐提高、内隐性逐渐增强。心理健康的学前儿童对待环境中的各种刺激能表现出

Note

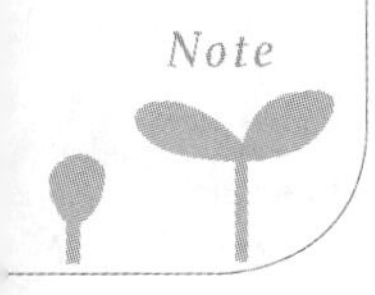

① 周念丽. 学前儿童心理健康与教育［M］. 北京：中国人民大学出版社，2019.

适度的反应，也能合理地疏导消极情绪。情绪变化过度激烈，情绪反复无常，情绪的表现与内心体验不一致或与外部环境不协调，都是不健康的心理状态。

（四）乐于与人交往，人际关系融洽

心理健康的学前儿童乐于与人交往，尊重别人的意见，善于理解别人、接受别人，也容易被别人理解和接受。反之，不健康的学前儿童人际关系往往是失调的，要么自己远离同伴，沉默寡言，对他人漠不关心；要么无法与他人合作，甚至出现攻击性行为等。

（五）行为统一和协调

随着年龄的增长，学前儿童情绪表达的方式日趋合理，对客观事物的态度渐趋稳定。心理健康的儿童，其心理活动和行为方式能够和谐统一。心理不健康的儿童，其自我控制和自我调节的能力较差，行为常常出现前后矛盾的情况。

（六）性格、自我意识良好

心理健康的学前儿童一般具有热情、勇敢、自信、慷慨、合作等性格特征，心理不健康的学前儿童则表现出冷漠、怯懦、自卑、执拗等不良的性格特征。

第二课 学前儿童心理健康的影响因素

影响学前儿童心理健康的因素是多维度的，这些因素互为关联，如果能得到有效支持，则会对学前儿童的心理健康产生有利影响，成为保护因素；反之，则会对学前儿童的心理健康产生不利影响，成为风险因素。影响学前儿童心理健康的因素主要分成生物因素、心理因素和社会因素。

一 生物因素

影响学前儿童心理健康的生物因素主要有遗传、胎内环境和生理成熟。

（一）遗传

遗传对学前儿童心理健康的作用主要表现在两个方面：一方面，遗传为学前儿童心理健康提供最基本的物质前提。正常的大脑和神经系统是学前儿童心理发展的基础，由遗传缺陷导致发育不正

常的儿童，可能在生活方面存在着难以克服的障碍，容易出现自卑或自弃等心理，很难维持正常的心理健康。另一方面，遗传为个体心理差异的发展奠定基础，为每个学前儿童的心理发展提供了各种可能性。

（二）胎内环境

胎内环境是指胎儿在子宫内成长的环境，会受到诸多因素的影响。比如母亲怀孕时的身体状态、营养摄入状况、用药状况、情绪状态、居住环境状况等，都会对胎内环境造成一定的影响。

（三）生理成熟

生理成熟是与心理成熟相对应的一个词，是指个体的生理随着时间的推移而成长，即生长发育发展到一定的程度或水平。生理成熟与心理成熟一样，在每个阶段都面临着新的挑战，如果发育迟缓，很容易给幼儿带来心理健康问题。例如，幼儿如果在动作方面发育迟缓，体育活动中发现其他幼儿都能轻松地完成一些动作而自己却不行时，很容易变得退缩和孤独，长此以往，容易对心理健康造成影响。

二 心理因素

心理因素包括心理过程与个性两个方面。心理过程由认知过程、情绪过程和意志过程三部分组成，个性则包括个性倾向性和个性心理特征两个方面。

（一）心理过程

1. 认知过程

认知过程是个体对现实世界进行感知觉、记忆、思维和想象的一种过程。幼儿的认知与心理健康密切相关，如果幼儿的认知出现偏差，则容易导致心理健康问题。例如，幼儿如果分不清想象和现实，则容易出现无意识的说谎行为，而这往往容易被长辈不分青红皂白地斥责，进而对其心理健康造成不利影响。

2. 情绪过程

情绪过程是个体根据客观事物是否符合主体的需要产生的体验，可以分为两类：积极与消极的情绪。积极的情绪是学前儿童保持身心健康与行为适应的重要条件，例如，幼儿经常感到愉悦，则容易产生一些积极行为，形成活泼开朗的性格，呈现出良好的状态。反之，消极的情绪则不利于幼儿良好的行为适应，如果持续时间过长，还可能使幼儿产生神经活动的功能失调及机体的某些病变。

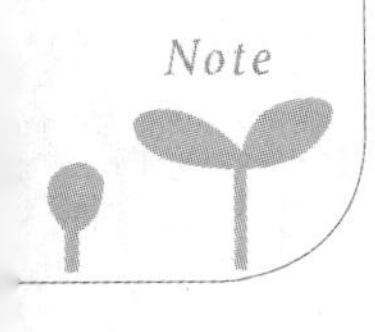

3. 意志过程

意志过程是个体自觉地确定某种目的并支配其行动以实现目的的心理过程。学前儿童的意志过程内化程度较低，往往表现为直接外露的意志行动，这一过程有利于促进幼儿心理活动和行为方式的和谐统一。

（二）个性

1. 个体倾向性

个体倾向性是指个体在和现实世界的相互作用中，形成了对事物的态度与趋向，具体包括需要、动机、兴趣等。

需要是个体对某些事物的追求和倾向，幼儿有生理和心理两方面的需要：生理需要包括饮食、睡眠和运动等；心理需要包括爱与被爱、安全感、尊重和独立等。如果幼儿的需要得到满足，那么能为其心理健康奠定良好的基础，反之，则很容易对其心理健康造成影响。例如，幼儿被关进完全黑暗的房间，基本的安全需要得不到保障的时候，会惶恐不安，从而对心理健康造成不利影响。

动机是激发个体去行动的主观动因。当幼儿的两种动机同时出现，则容易产生动机冲突，一种是两种都想做，但鱼和熊掌不可兼得，例如幼儿在角色扮演中既想演公主又想演小仙女；另一种是两件事都力求避免，以致难以抉择，例如幼儿既不愿意去幼儿园上学又不愿意被寄送到别人家里，但是迫于形势必须要选择一个，会使幼儿陷入一种心理困境。当冲突无法解决时，会对幼儿造成挫折，如果挫折过大、过多，则容易干扰幼儿心理的正常发展，幼儿会产生压抑、痛苦等负面情绪，导致出现心理异常。

兴趣是个体积极探索某种事物的认知倾向。兴趣是驱动幼儿生活、学习和游戏的重要力量，能使幼儿自我享受，对其心理健康产生积极影响。

2. 个性心理特征

个性心理特征包括个体的气质和性格等。

气质是人们通常所说的“性情”“脾气”，是个体典型的、稳定的心理特征。性格是个体对周围世界的态度以及与之相适应的行为习惯和方式，是个体在后天生活环境中形成的心理特征，具有很强的外显性。不同气质类型的学前儿童的行为反应和适应存在着很大的差异，需要注意的是，气质具有天赋性，没有高低优劣之分，而性格则有社会定义划分的好坏之分。

总之，在个性的组成部分中，气质是先天的，难以改变，需要成人去适应和欣赏，性格则可以养成，需要成人的良好引导。

三　社会因素

影响幼儿心理健康的社会因素主要有家庭、幼儿园及其他托幼机构、社会文化环境等。

（一）家庭

家庭是幼儿生活中接触到的第一个环境，其中影响幼儿心理健康发展的影响机制可以分成三大类：儿童子系统、父母子系统和家庭子系统。

1. 儿童子系统

儿童子系统包括儿童性别、儿童年龄、儿童气质、儿童心理素质等。儿童的性别、年龄往往不会单独成为影响幼儿心理健康的因素，而是作用于父母因素，进而对幼儿心理健康造成影响。例如，特别重男轻女的父母可能长期不公平地对待自己的女儿，使女孩内心受到伤害，认为是自己不够好所以不被喜爱，长此以往心理健康状况很难不受到影响。

2. 父母子系统

父母子系统包括父母受教育程度、心理健康状况、夫妻关系、教养方式等。

父母受教育程度在一定程度上影响着幼儿的心理健康。一般来讲，父母的受教育程度越高，则越重视对子女的教育，且他们能够运用正确的教育方式来引导幼儿，相应地，幼儿的心理健康状况可能会越好。

父母的心理健康状况会对幼儿的心理健康状况产生较大的影响。父母的心理健康问题是导致幼儿适应不良情绪和行为结果的重要风险因素之一，父母有心理健康问题的幼儿容易比其他幼儿表现出更多的行为问题。例如，幼儿的父母均有焦虑的特质，那么他很有可能也会产生同样的心理健康问题，经常容易感到焦虑。

良好的夫妻关系能够为幼儿创造温馨的家庭环境，给幼儿足够的安全感，对幼儿的身心发展带来有益影响。如果夫妻关系不和睦，或经常发生冲突，或时常处于“冷战”氛围，都会对幼儿的心理健康造成不利影响。例如，常年夹杂在父母冲突中的幼儿，很容易产生冲动性或破坏性、抑郁或退缩等行为问题；常年处在“冷战”氛围中的幼儿，很容易被父母因寻求补偿而过度干涉或干脆置之不理，使幼儿形成敏感或孤僻等性格。

父母的教养方式代表着父母在育儿过程中所使用的基本策略，是影响幼儿心理健康的重要因素。传统的幼学启蒙教材《三字经》中有“养不教，父之过”的说法，民间亦流传着许多论及教养影响的说法和故事，如“孟母三迁”“棍棒底下出孝子”及“慈母多败儿”等。教养方式通常被分为四类：第一类是权威/民主型，这种教养方式的父母通常会对幼儿的行为提出部分限制，但又鼓励孩子独立，为孩子打造相对理性的生活环境，这种教养方式下的孩子通常相对独立，更容易在未来取得成功；第二类是专制型，这是一种约束性、重刑罚的教养方式，采取此种教养方式的父母会强制要求其子女服从命令，但不做出任何解释，也不注重孩子的感觉和地位，希望孩子循规守矩地成长，这种教养方式下的孩子，或墨守成规、惟命是从，或产生高度叛逆，也有可能出现一定的自杀风险；第三类和第四类是放纵型和忽视型，这两种教养方式的父母要么是对孩子提出较少要求或做出较少管控的教养方式，要么对孩子的行为反应缺乏回应和反馈，这两种方式下长大的孩子容易以自我为中心、易冲动、自制力较差，但在较好的情况中，他们的情绪也能稳定。

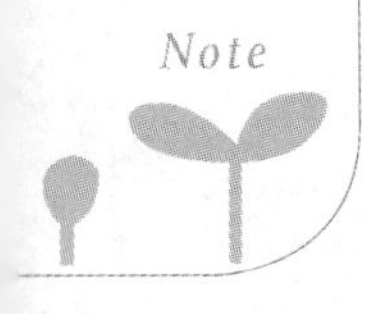

3. 家庭子系统

家庭子系统包括家庭结构、家庭氛围、家庭社会经济地位等。

家庭结构可以分为大家庭和核心家庭。大家庭通常指家族中家庭成员多，关系复杂，容易出现较多观念冲突，如祖辈的旧教养观念与新时代教养观念的冲突。核心家庭指的是父母与未婚子女共同生活的家庭，关系简单，父母与子女的接触较多且受到祖父母辈的干扰因素较少。核心家庭幼儿的独立性、自主性、聪慧性可能会更强一些。

家庭氛围对幼儿心理健康的影响是潜移默化的。良好的家庭氛围有助于幼儿良好个性的形成，消极的家庭氛围则可能导致幼儿出现不良行为或性格缺陷等心理问题。亲子关系是影响家庭氛围的重要因素，父母不用权威压迫子女，而是开放式地尊重子女，子女也能尊重父母，那么很容易建立良好的亲子关系，家庭氛围和谐融洽，在这个家庭氛围下成长的幼儿心理自然会比较健康。

家庭社会经济地位对幼儿心理健康的影响是较为复杂的。适当优越的经济地位能够为幼儿心理健康发展提供良好的环境，让幼儿不会过于担忧物质条件，形成较安全的心理环境，但也有可能让幼儿成为温室里的花朵，在后期的成长中抗挫折能力较差。过低的家庭经济地位给幼儿带来的影响是很大的，一方面，幼儿可能因为生活贫困过早地承担了生活的重担，养成了积极、独立的健康心理，另一方面，他们也可能会出现一些心理问题，如敏感、自卑等。

我们必须要明确的是，这些因素会影响到幼儿的心理健康，但并不是决定性因素，应该辩证看待，理性分析。

（二）幼儿园及其他托幼机构

幼儿园是对3～6岁儿童实施保育和教育的专门机构，是学前儿童接触的第一个社会教育机构，是促进学前儿童身心发展的良好场所。

幼儿园环境包含幼儿园物质环境和心理环境：物质环境主要是指幼儿园为幼儿提供安全、健康、舒适、卫生、充满爱意的园舍环境；心理环境指的是教师与教师之间、教师与幼儿之间、幼儿与幼儿之间的关系。良好的师幼关系可以激励幼儿产生良好的情绪和情感，甚至能够改善不良家庭因素对幼儿的不利影响。例如，有些幼儿可能在家庭中不受重视，没有得到应有的关注和教育，但是在幼儿园中由于受到教师的关注与爱护，他们的心理健康可以得到调节和改善。良好的同伴关系也有助于幼儿培养良好的交际能力，而不健康的同伴关系，如同伴侵害等则会给幼儿的心理健康带来消极影响。

需要注意的是，幼儿教师是幼儿园中与幼儿接触最多的人，幼儿教师自身的心理健康、整体素质也对学前儿童的心理健康造成很大的影响，教师的情绪、行为等都会直接或间接地影响儿童，因此，须格外注意教师的榜样示范作用。

（三）社会文化环境

社会文化环境主要包括大众媒体和文化因素。

大众媒体包括广播媒体、电影、电子游戏、音频、互联网、印刷媒体和户外媒体等多种形式，对幼儿心理的发展产生重要的影响，尤其是幼儿生活在数字媒体时代，各种各样的信息良莠不齐。有些内容能够促进幼儿的心理健康发展，如可爱的绘本视频，能带给幼儿视听美的享受，但是有些电视作品中出现的暴力行为，则会对幼儿产生巨大的不良影响，幼儿可能会对其进行模仿或者接受暗示，做一些伤害自己或他人的事。总之，大众媒体对幼儿心理健康发展的影响需要引起重视。

文化因素带有很强的民族性和地域性，每个个体都生活在不同的文化背景下，不同的文化因素也会给学前儿童的心理健康带来不同的影响。比如，中国父母普遍要求孩子听话，而西方父母则希望孩子有清晰的自我意识等，两种截然不同的文化因素下的教养方式大相径庭，对孩子的影响自然也有很大不同。

第三课　常见的学前儿童心理健康问题

学前儿童的心理健康问题可以以多种方式表现出来，包括情绪、行为和语言方面的困难。

一　与情绪有关的心理健康问题

学前儿童与情绪有关的心理健康问题主要有分离焦虑、情绪障碍、选择性缄默和创伤后应激障碍等。

（一）分离焦虑

1. 表现

分离焦虑是指儿童在与父母或其他重要看护者在分离时经历的一种不适的情感，患分离焦虑的儿童一般会表现出与分离有关的过度焦虑和一些受焦虑影响的不安行为，如哭泣、身体不适（如肚子痛、头痛）、逃避（如拒绝分离）、获得安全行为（要求回到依恋对象身边）等。

分离焦虑是儿童早期的正常发育阶段，正常的分离焦虑表明儿童认知成熟的进步。然而，当这种现象变得过度并干扰到日常活动时，它可能被归类为一种心理障碍。

情境案例

九月，又到了幼儿园小班新小朋友的入园季，也是教师们需要付出更多爱心和智慧的亲子分离焦虑季。早晨入园，小朋友们与家长难舍难分。妞妞号啕大哭，抱着妈妈的脖子不撒手；瓜瓜默默流着泪，被教师抱在手上，鼻涕泡泡蹭在教师的衣服上，嘴里不停地念叨“妈妈来接我”；小虎子一个人抱着自己的小玩偶，默默地坐在一角，偶尔发出一声：“我要回家!”教师想要去安慰小虎子，小虎子摇摇头对着教师说：“回家！我要回家!”不久之后，小朋友们适应了幼儿园的环境，情况有所缓解。

然而，倩倩同学的情况持续了好久，她每天早上来幼儿园都要紧紧抱着爸爸或者妈妈不肯下来，脸上挂满了泪水，在教师的劝哄下愿意分开，却无法像其他小朋友一样正常参与活动，总是想要跑到幼儿园门口去等爸爸妈妈。

2. 原因

儿童的分离焦虑与儿童对陌生环境和新情境的不安感、对分离引发的不确定性的恐惧感，以及与家庭环境的不稳定、父母过度保护或父母分离有关。

3. 矫正措施

（1）建立安全感。提供稳定、温暖、安全的家庭环境，并与儿童建立亲密的关系，增加他们的安全感。

（2）逐步适应分离。通过逐渐引入分离的方式，帮助儿童适应分离过程，并提供支持和安抚。

（3）情感调节。教给儿童情感应对和调节的技巧，例如深呼吸、肌肉放松和积极想象等方法，以应对焦虑情绪。

（4）寻求专业帮助。如果分离焦虑严重干扰了儿童的日常生活和功能，建议寻求儿童心理咨询师或心理医生的专业帮助。

（二）情绪障碍

1. 表现

虽然情绪障碍在儿童中很少见，但学前儿童可能会出现抑郁或双相情感障碍，表现为情绪波动剧烈、狂躁或易怒、睡眠和食欲改变，以及对游戏缺乏兴趣，可能会出现哭闹、尖叫、打滚、用头撞墙等发泄不愉快情绪的过火行为。

情境案例

琪琪一早来到幼儿园，气呼呼地站在教室门口，对着妈妈大喊大叫，无论妈妈怎么说，她都不愿意进入教室甚至一屁股坐在地上开始大哭。教师走过来，蹲下来对琪琪说：“琪琪，我猜你是不是遇到什么不高兴的事啦？我遇到不高兴的事也会发脾气！”琪琪说：“妈妈忘记给我带书了！”原来今天正好轮到琪琪的班里借阅图书，不还书就没办法借到新的图画书。教师说：“哦，今天忘了带书没办法借阅新书，这件事让你很不开心。”琪琪边哭边跺脚说：“我要回去拿，可是妈妈不让。”教师说：“嗯，我特别理解你，借不到新书太糟糕了，可是妈妈现在急着上班，快要迟到了，可以让妈妈中午帮你把书送过来，下午老师陪你去借阅新书可以吗？”琪琪想了一下点点头：“那妈妈要早点来。”

中午，琪琪又因为妈妈忘记给她准备喜欢的爱莎公主的毛毯而大喊大叫……

2．原因

儿童的情绪障碍可能与遗传、家庭环境、生活事件和心理压力等因素有关。儿童可能无法有效地表达和处理他们的情绪，进而导致情绪障碍。

3．矫正措施

（1）情绪教育。教授儿童情绪认知和情绪调节的技巧，例如通过绘画、游戏或角色扮演来表达情绪，并教给他们适当的情绪调节策略，如深呼吸、逐渐放松和积极思考等。

（2）建立积极的情绪环境。创造积极、稳定的家庭环境，提供适当的激励和奖励，鼓励儿童表达情感，并提供安全的空间来处理其负面情绪。

（3）寻求专业帮助。如果情绪障碍严重干扰了儿童的生活，建议寻求儿童心理咨询师或心理医生的专业帮助，他们可以提供更具体的干预措施和支持。

（三）选择性缄默

选择性缄默是一种社交焦虑情绪障碍，个体有正常说话的能力，但在特定情境下却说不出口。

1．表现

《精神疾病诊断与统计手册》把选择性缄默症描述为儿童的罕见心理失调，患有选择性缄默症的儿童可能在某些情况下能够正常说话，但在其他情况下（例如在学校）则变得沉默或很少交流。他们的学习能力和其他的行为都正常，但是症状程度和持续时间显然不同于害羞，例如一个儿童在幼儿园里完全静默，在家中却能自由说话，有陌生人在场可能又会开始静默。

情境案例

4岁的涵涵读幼儿园小班半年了，但她在幼儿园时，不管是对教师还是对小朋友都沉默不语，从不与教师和小朋友交流。教师怀疑涵涵的听力有问题，但是教师的任何指令她都能听懂，对教师的问题总是用摇头和点头来回应。当有陌生的教师来到班级和涵涵说话时，涵涵只睁着大眼睛怯怯地盯着对方，既不摇头也不点头。教师找妈妈了解涵涵的情况，妈妈说涵涵的听说能力都没有问题，在家和家人交流非常正常，但在外面遇见陌生人就不愿意说话。教师就不再关注涵涵是否说话的问题，而是多安排小朋友主动找涵涵一起游戏，慢慢地，涵涵开始愿意和小朋友小声说话了。

2. 原因

儿童选择性缄默可能与社交焦虑、内向性格、语言发展问题、特殊需求或过度保护的家庭环境有关。儿童可能担心被评价、嘲笑或不被接受，从而导致选择性缄默的出现。

3. 矫正措施

(1) 逐步暴露和积极引导。逐渐将儿童引入社交场合，并提供支持和鼓励，慢慢增加他们的社交参与机会和表达机会。

(2) 创造支持性环境。在家庭和学校环境中，创造支持和理解的氛围，鼓励儿童表达自己，并提供正面的反馈和社交经验，以增强他们的自信和交流意愿。

(3) 社交技巧训练。提供社交技巧培训，如启动对话、回应他人的提问、与他人合作等，以帮助儿童提高社交能力和建立自信心。

(4) 合作与支持。与家长、教师和专业人员紧密合作，共同制订个性化的干预计划，根据儿童的需求提供适当的支持和帮助。

(5) 专业治疗支持。寻求儿童心理咨询师或语言治疗师的专业帮助，他们可以提供针对选择性缄默的个别治疗方案和支持。

（四）创伤后应激障碍

创伤后应激障碍（post-traumatic stress disorder，PTSD）又称创伤后遗症，经历过虐待、自然灾害或暴力犯罪、交通事故等创伤事件的儿童可能会出现PTSD症状。

1. 表现

包括噩梦、接触相关事物时会有精神或身体上的不适和紧张感，患儿会试图避免接触、甚至是摧毁相关的事物，认知与感受突然改变，以及应激频发等。这些症状往往会在创伤事件发生后出现，且持续1个月以上。10岁以下的儿童较不容易出现创伤后应激障碍，但对创伤事件的记忆可能会在与他人互动时体现出来。

情境案例

地震时5岁的铭铭正在午睡，在地面强烈地摇晃中，铭铭被惊醒，哭喊着找妈妈，接着房子剧烈地摇晃了起来，妈妈冲进来抱着铭铭冲到安全的地方后，房子“轰”的一声倒塌。在接下来的一段时间里，铭铭一直寸步不离地跟着妈妈，每到一个不熟悉的地方，铭铭都会抱着妈妈紧张地盯着房间打量，并不停地询问妈妈：“房子会塌吗?”直到妈妈多次确认房子很安全，并且答应陪伴他后，他才敢进入，睡觉时铭铭也经常哭着惊醒。

2. 原因

创伤后应激障碍通常是由于目睹或遭遇创伤性事件（如事故、暴力、自然灾害等）引起的。事件的威胁性、持续性的应激、缺乏有效的支持和处理机制可能导致创伤后应激障碍的产生与发展。

3. 矫正措施

（1）提供安全、稳定和支持性的环境。建立儿童对环境与他人的信任，增强他们的安全感，帮助儿童恢复和稳定情绪。

（2）心理教育和认知重建。通过教育和心理支持，帮助儿童理解创伤后应激障碍的症状和原因，并帮助儿童重新构建积极的认知框架。

（3）应对技巧训练。教授儿童应对创伤后应激障碍的技巧，如深呼吸、放松技巧、情绪调节等，以应对自身的焦虑和恐惧。

（4）心理治疗。寻求专业的儿童心理咨询师或心理医生的帮助，使用心理治疗技术（如认知行为疗法、眼动脱敏和再处理等）来减轻症状。

二 与行为有关的心理健康问题

（一）注意力失调/多动障碍

1. 表现

患有注意力失调或多动障碍的儿童可能难以集中注意力、静坐和听从指示，一般过度活跃、缺乏自我控制，易冲动。于诊断而言，症状应在患者12岁之前出现、持续超过6个月、至少发生于两种情境下（如学校、家中、休闲活动场所等）。[①]

① Voeller K K S. Attention-deficit Hyperactivity Disorder（ADHD）[J]. Journal of Child Neurology，2004，19（10）：798-814.

情境案例

在集体讨论的活动时间里，小朋友们都积极举手回答问题，但童童总是站起来，咬着手指头在教室里到处游走，一会儿望望玩具柜，一会儿望望其他小朋友，一会儿又呆呆地望着地板，眼神游离不定，似乎在关注什么，又似乎在想什么问题，但他什么也没做，也不说一句话。其他小朋友听教师说话时他也没有听，教师让童童坐回椅子上，童童却在椅子上来回扭动，用腿不停碰旁边的小朋友，还把腿放到旁边小朋友的腿上，不断打扰其他小朋友。教师提醒童童时他会暂停一会儿对小朋友的打扰，但一会儿又开始在椅子上扭来扭去。

2. 原因

儿童注意力失调与遗传因素、神经生物学因素（大脑前额叶和神经递质功能异常）和环境因素有关。

3. 矫正措施

（1）行为疗法。给儿童建立规律、结构化的日常生活制度，提供清晰的指导和规则，以培养其良好的自我控制和时间管理技巧。

（2）父母教育。有效的家长教育和支持，帮助家长理解和应对儿童的行为，给儿童建立适当的奖励和反馈机制。

（3）医学干预。在必要时，医生可能会考虑使用药物治疗，如使用刺激剂类药物，以调节神经递质的功能。

（二）对立违抗

1. 表现

此类儿童可能会常常表现出对权威人物（包括父母、教师和看护人）的挑衅、不听话和敌对行为，性情暴躁、易怒和易激动。

情境案例

5岁半的一鸣是个脾气非常暴躁的小男孩，他经常对妈妈大发脾气，甚至因为妈妈不满足他的要求用小拳头愤怒地捶打妈妈，妈妈对一鸣无可奈何，希望将一鸣送去幼儿园后能听教师的话。可是到了幼儿园，一鸣也经常会在游戏时和小朋友争吵起来，一定要别的小朋友按照他的想法开展游戏，稍有不如意就会对着小朋友大喊大叫，如果教师因为他有错误批评他，他会非常生气地砸玩具来发泄自己的愤怒。

2. 原因

幼儿对立违抗与遗传、家庭环境、不良的家庭教养方式和社会因素有关。

3. 矫正措施

(1) 行为治疗。通过建立积极的亲子关系，教给儿童解决问题和冲突的技巧，帮助儿童学习合适的社交行为和情绪调节技巧。

(2) 家庭干预。在家庭方面为儿童提供教育和支持，父母应学习有效的育儿技巧，如设定明确的规则和界限、提供积极的激励和奖励措施、强调法律的一致性等。

(3) 学校协助。制订适合儿童的行为管理计划，提供额外的支持和资源。

(三) 攻击性行为

1. 表现

对他人有意地施加伤害，如打人、踢人、咬人等，并且可能难以遵守规则和社会规范，出现欺凌、打架或破坏财产等行为。

情境案例

团团是一个5岁半的小男孩。在幼儿园里，每天都有好多小朋友来告他的状，“罪状”也十分齐全，有咬人、推人、抢玩具等。教师尝试了很多方法来教育他，有严厉批评、谈心说服、转换角色体验等，但都没有什么明显效果。

2. 原因

儿童攻击性行为可能与不良的家庭环境、情绪问题、社交困难、学习问题或创伤经历有关。儿童可能缺乏适当的情绪调节和冲突解决的技巧，或者受到他人攻击性行为的影响。

3. 矫正措施

(1) 减少环境中易产生攻击性行为的刺激。为儿童提供宽敞的活动空间；避免提供有攻击性倾向的玩具；避免让儿童观看带攻击性行为的视频等。

(2) 理性处理，启发儿童对攻击性行为的理解和思考。家长或教师在面对儿童的攻击性行为时，应仔细探究原因，帮助儿童从动机上改善攻击性倾向。但是应该尽量避免说教行为，可采取讲故事、情境表演等幼儿易接受的方式。

(3) 情绪管理训练。教授儿童情绪管理技巧，如深呼吸、放松、冷静思考等，帮助他们在冲动时控制情绪和行为。

(4) 心理治疗。寻求专业的心理咨询师或心理医生的帮助，通过个别治疗或家庭治疗来探索和处理攻击性行为背后的根源问题。

（四）自闭症谱系障碍

1. 表现

患有自闭症谱系障碍的儿童表现为：社交互动困难，难以与他人建立情感联系和交流；刻板重复的行为和兴趣，对环境的变化敏感；语言和沟通困难，可能出现延迟或异常的语言发展。

情境案例

3岁的航航上幼儿园有一个多星期了，教师发现航航和其他小朋友有些不一样，他从不和别的小朋友说话，集体活动时他会一个人走到一边独自地玩耍，喜欢用手抓住一样东西不停摇晃。教师和航航说话时，航航的眼睛从来不会与教师的眼睛对视，目光总是躲闪，而且喜欢用手来回在眼睛上方摩擦，也从来不主动表达自己的需要，教师判断孩子可能有自闭症倾向。

2. 原因

自闭症谱系障碍的确切原因尚不清楚，可能与基因、神经发育（大脑神经元连接和信息处理的异常）、环境等因素有关。

3. 矫正措施

（1）专业人士早期干预和治疗。包括行为疗法、语言疗法和社交技能训练等，以最大限度地促进儿童的发展和适应能力。

（2）家庭支持和教育。争取家长的教育和支持，帮助家长理解和应对儿童的特殊需求，提供有效的家庭支持和环境。

（3）教育环境适应。在学校和社交环境中提供适当的支持和适应性措施，如个别辅导、支持小组和环境调整等，以促进儿童的学习和社交参与。

（五）强迫症

1. 表现

（1）强迫思维。不断重复出现的固定思想、念头或图像（如反复洗手或在脑海中一直数数等）。

（2）强迫行为。反复执行特定的动作或仪式（如反复过度清洁与检查等），以减少内心的不安和恐惧。

（3）强迫观念。对特定事物或情况存在过度的担忧和恐惧。

情境案例

5岁的小军半年前开始每天反复检查自己的书包，一天重复10多遍，花去很多时间。但如果不这样做，小军就不能安心地做其他的事情。近2个月来，反复检查书包的行为已影响到他的睡眠和学习。

2. 原因

强迫症的发生与遗传、神经化学物质的失衡、环境压力和心理因素等有关。

3. 矫正措施

（1）认知行为疗法。通过认知重构和暴露治疗，帮助儿童识别和改变不合理的思维模式和行为习惯，逐渐减少强迫行为和不安感。

（2）专业人士治疗。在必要时，医生可能会考虑使用抗焦虑药物来减轻症状。

（3）家庭支持。提供有效的家庭支持和教育，帮助家人理解强迫症，为儿童提供支持和积极的应对策略。

（六）说谎

说谎是一种虚假、不实的行为，从道德的角度来看，它是不被接受的。那么儿童会不会说谎呢？事实上，儿童说谎具有群体普遍性，从3岁到青春期之前，儿童说谎行为的频率是上升的，在青春期后则呈下降趋势。

1. 表现

说谎行为表现在编造故事、夸大或隐瞒事实等方面。

情境案例

午餐时间，小朋友们都在津津有味地吃着胡萝卜烧肉，航航不爱吃胡萝卜，悄悄把碗里的胡萝卜扔到地上，桌子下面已经扔了好几块胡萝卜。教师问："航航，为什么要把胡萝卜扔了呀，小朋友不能挑食。"航航睁着大眼睛看着老师："不是我丢的，是果果丢的。"果果委屈地说："不是我丢的，明明是你丢的，你撒谎。"航航说："就是你丢的，是你挑食。"教师说："可是老师刚才看见是航航丢的胡萝卜呀，吃胡萝卜有营养，吃了胡萝卜眼睛可以变得亮晶晶的，航航也希望自己的眼睛变得亮晶晶的对吧？"航航不好意思地低下头，不再悄悄地丢胡萝卜了。

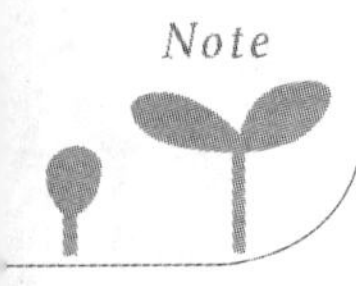

2. 原因

说谎行为可能与儿童的发展阶段、社交压力、注意力寻求、自尊心或家庭环境等因素有关。儿童可能将说谎作为一种应对方式，以应对特定情境或获得特定的回应。

3. 矫正措施

儿童的说谎可以分为无意识说谎和有意识说谎，前者是将想象与现实混淆，成人应帮助儿童进行区分，促进其心理的发展；后者则需要进一步了解具体原因，看儿童是因为合理愿望得不到满足而说谎，还是因为难以达到教育者的高要求而说谎，或者是否存在其他原因。无论何种情况，教育者都应避免非好即坏的极端思维，尽量结合儿童的道德发展水平进行引导和教育。

(1) 建立信任和沟通。与儿童建立良好的亲子关系，鼓励开放和诚实的沟通，并提供支持和理解。

(2) 规定清晰的规则和后果。确立明确的规则和行为标准，以及相应的后果和奖励机制，帮助儿童理解诚实和责任的重要性。

(3) 强调价值观和道德教育。培养儿童诚实、尊重他人和正直的价值观，帮助他们理解说谎行为会造成的负面影响。

(4) 积极反馈和表扬。通过积极的反馈和表扬，奖励儿童的诚实行为，并为其提供适当的支持和指导。

(5) 寻求专业帮助。如果说谎行为持续存在且严重影响儿童的生活和人际关系，应寻求专业的心理咨询师或心理医生的帮助，以便探索和处理潜在的问题。

三　与语言有关的心理健康问题

(一) 发展性语言障碍

1. 表现

发展性语言障碍的表现为：延迟或异常的语言发展，包括词汇、语法、语音和交流技巧的困难；理解和表达语言的困难，如理解指令、回应问题、组织语言等；社交交流的障碍，包括与他人的交流、建立友谊和表达情感等方面的困难。

2. 原因

发展性语言障碍与遗传、大脑发育异常、语言环境贫乏、认知能力差异等有关。此外，家庭环境、情绪因素和社交因素也可能影响到语言的发展。

3. 矫正措施

(1) 专业人士干预。由专业的语言治疗师进行评估和治疗，包括语音训练、语言技能培养、交

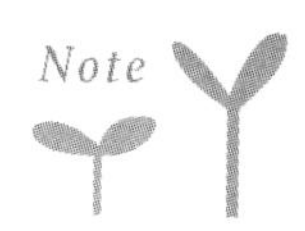

流策略和社交技能训练等。

（2）个体化支持。根据儿童的具体需求，提供个性化的治疗计划和学习支持，帮助他们克服语言障碍。

情境案例

阳阳的妈妈特别着急，总是带3岁的阳阳去看医生，因为同年龄的小朋友都能清晰地表达自己的想法，但是阳阳除了叫妈妈，其他的任何需要都是用手势表示，需要什么东西就用手指向那里，肚子饿了就用手揉着肚子。对他说话，他只会点头或者摇头，没满足需要就用大哭来抗议。阳阳在幼儿园能听懂教师的话，也愿意和同伴玩耍，可就是不愿开口说话。各家医院的诊断结果都一样：阳阳的各种发音器官和听力都没有问题，智力测试也非常正常，可阳阳就是不开口说话。

（二）口吃

1. 表现

口吃的儿童可能反复重复或阻塞在特定的音节或词语上，频繁地中断、停顿、重复或拖长音节，同时出现身体紧张、眨眼、面部肌肉紧绷或其他运动表现。

情境案例

最近华华的妈妈非常着急。4岁的华华一说话便高度紧张，言语断断续续，尤其是在人多的场合更是如此。华华的爸爸妈妈经常在他断断续续说不出来时着急地提醒他，有时甚至是吓唬和惩罚华华，反而让华华说话变得更着急，甚至出现了自卑心理。华华家人都没有口吃的毛病，他的听觉、发音器官及相关的言语系统也均无异常，华华妈妈十分苦恼，但却不知如何是好。

2. 原因

口吃的原因与遗传、神经发育、语言发展、情绪因素等有关。儿童可能面临的压力、焦虑和社交困难也会加剧口吃症状。

3. 矫正措施

（1）言语治疗。与专业的言语治疗师合作，通过呼吸控制、语音技巧、节奏和韵律练习等方法来改善口吃。

（2）心理支持。提供情绪支持和心理调适训练，帮助儿童缓解因口吃引发的焦虑和压力。

（3）环境适应。在家庭和学校环境中提供理解和支持，创造宽松和支持性的沟通氛围，减少口吃儿童面临的压力和焦虑。

（4）社交技能训练。帮助儿童发展自信和积极的社交技能，包括面对困难情境时的自信表达和有效沟通的技巧。

（三）听力损失

1. 表现

儿童的听力损伤表现为：会出现回应声音或语言上的困难，如无视他人的呼叫或指令；语言和交流能力的延迟或异常，如发音不清晰、语言表达困难；由于无法听到或理解他人的言语和环境声音，出现注意力、学习和社交困难。

情境案例

4岁半的越越是幼儿园中班的小朋友，他虽然会说话，但吐字不清，“大舌头”现象明显，语言不够丰富。未入园前，越越家长认为随着孩子年龄的增长，说话会越来越清晰、语言会越来越丰富。可是入园后，越越家长发现其他同龄小朋友的语言发展水平都比越越好，教师也反馈过越越的发音问题，家长终于意识到应该带小朋友去医院检查。医生在相关检查后建议带孩子先去检查听力，确定孩子没有听力问题再进行言语相关的评估。检查结果发现越越在高频听力方面有很大的损失，这时越越家长终于明白为什么平时越越对尖锐的刺耳声没什么反应，注意力也时常不够集中，他们起初以为只是小朋友玩心重不想理会这些声音，为此妈妈没少批评越越，现在才知道原来是错怪孩子了。于是他们带着越越开始进行相关康复干预。

2. 原因

儿童听力损失可能是由遗传、出生时的并发症、感染、药物使用、耳部损伤或慢性疾病等多种原因造成。

3. 矫正措施

（1）早期筛查和治疗。尽早进行听力筛查，以便及早发现和干预听力损失。如果确诊存在听力损失，应及时佩戴听力辅助设备和进行康复训练。

（2）言语治疗。与专业的言语治疗师合作，提供听力辅助设备和语言训练，帮助儿童发展听觉和语言能力。

（3）教育支持。与学校和教育机构合作，提供适当的教育支持和资源，如听力辅助设备、座位安排、听力训练等，以帮助儿童融入学习环境。

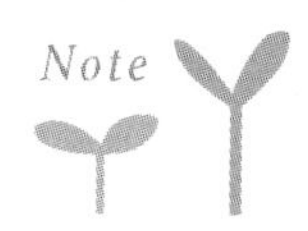

第四课 学前儿童心理健康的教育策略

学前儿童心理健康教育是指向学前儿童及其看护者、教师和社区等传授心理健康知识，帮助其树立正确的心理健康态度，培养良好的行为和习惯，以及在他们需要时给予帮助。目标是促进学前儿童心理健康的积极发展和预防心理健康问题，并帮助教育者和学前儿童获得识别及应对学前儿童心理健康问题的能力。

学前儿童心理健康教育的途径主要有两种：一种是发展性教育，是讨论如何通过一些教育活动或措施来优化儿童的心理健康；另一种是补偿性教育，即传授针对儿童出现的一些心理健康问题采取的解决办法。

由此可见，心理健康教育策略旨在支持学前儿童心理的正常发展，以及帮助其预防或解决心理健康问题，主要包括以下内容。

一 学前儿童家庭心理健康教育

对学前儿童而言，父母和看护人在促进其心理健康方面发挥着关键作用，且家庭教育具有得天独厚的优势，具有强烈的感染性、特殊的渗透性、固有的继承性、鲜明的针对性和天然的连续性。[①]以下是一些教育策略。

（一）与学前儿童建立良好的亲子关系

在中国传统的文化背景下，和睦、融洽的亲子关系可以对学前儿童心理健康产生许多正面效应，父母与儿童建立牢固的支持性关系有助于促进儿童的心理健康。父母可以通过与儿童共度美好时光，进行有效亲子互动（如亲子阅读、亲子游戏等），积极倾听儿童的想法和感受，并给予其表扬和鼓励，并通过平等交流等多种方式，潜移默化地实现良好亲子关系的建立。

（二）增强学前儿童身体素质，促进自我保健

身体健康是心理健康的一个重要方面。父母可以帮助儿童合理膳食，鼓励儿童进行体育锻炼，例如通过运动、游戏或其他形式的锻炼，纠正儿童的不良生活方式，增强其身体素质，促进其心理健康。同时，父母也可以鼓励儿童进行自我保健活动，例如充足的睡眠、健康的饮食和放松技巧，让他们关注自身健康状态，增强学前儿童的心理健康和幸福感。

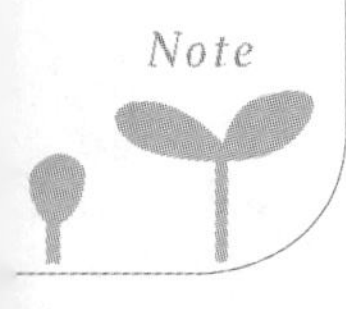

① 蔡迎旗．学前教育原理［M］．湖北：华中师范大学出版社，2017．

（三）给学前儿童提供稳定且可预测的生活环境

生活环境包括生理环境和心理环境：生理环境即家长可以尽可能地提供良好的环境满足幼儿的饮食、衣着和居住等生理需要；心理环境即家长应尽可能地关爱儿童，满足其对于安全、爱、尊重、成就感等心理需要。另外，儿童在稳定且可预测的环境中能够更好地茁壮成长，即提供结构化、常规和一致的规则可以帮助孩子感到安全和有保障，对于他们发展良好的心理健康至关重要。

（四）帮助学前儿童形成良好的心理品质

一方面，可以在日常生活中鼓励儿童积极思考并关注所处情境的积极方面，遇物则诲，相机而教，帮助儿童培养更乐观的心态，并促进他们的心理健康发展。另一方面，支持儿童的兴趣和爱好，如绘画、游泳等，有助于增强他们的自尊心、减轻心理压力，进而促进心理健康。

（五）帮助幼儿应对压力事件

儿童可能会受到压力事件的影响，例如亲人去世或生活发生重大变化等。父母和看护人可以通过提供情感支持，帮助儿童处理自己的感受，鼓励其采取合理的应对技巧来缓解内心的压力。

总之，在家庭中促进儿童心理健康教育需要采取支持和积极主动的方法。父母和看护人可以通过实施各种策略，帮助儿童养成积极的心理健康习惯，为其终生幸福奠定基础。

二　学前托幼机构心理健康教育

在学前托幼机构中进行心理健康教育的方法有很多，以下这些教育策略可供教育者参考。

（一）提供安全和支持性的教育环境

幼儿园可以通过创造安全和支持性的环境来促进儿童的心理健康发展。良好的教育环境包括物质环境、心理环境和生活制度环境。

物质环境即通过室内活动区、主题墙及户外场地与设施给学前儿童提供支持。物质环境的提供须考虑到：符合儿童的身心特点和兴趣爱好，做到安全、卫生及科学；实现儿童德智体美多方面发展的平衡与协调；创设环境材料丰富有序，更好地充盈儿童的内心世界。

心理环境即通过构建合作的教师人际关系、平等和谐的师幼互动关系、互助友爱的同伴交往环境、尊重互补的家园合作关系、合理安排活动的空间和时间等方面给儿童心理健康的发展提供支持。

生活制度环境即儿童的生活制度和一日生活常规。生活制度与一日生活常规的制定应考虑到儿

童的年龄特点及保教要求，更好地促进学前儿童的身心健康发展。在执行过程中，应强化儿童的行为训练，坚持正面引导，坚持一贯一致，让儿童的心理稳定健康地发展。

（二） 让心理健康教育走进课堂

一方面，托幼机构可以合理设置与健康领域相关的课程来促进学前儿童的身心发展，如安全类课程、运动类课程、音乐类课程、社会类课程等。在课程中，幼儿园可以尽可能地给儿童提供自我表达的机会，在潜移默化中增强儿童的心理健康意识，提高儿童的心理健康素质。

另一方面，托幼机构可以开发或实践心理健康项目，例如幼儿园可以将正念练习纳入儿童的课程，如深呼吸、想象和引导想象等，从而帮助儿童发展应对技巧和学会调节自身的情绪。这些项目还可以帮助教师识别并支持有心理健康问题的儿童。全园范围的心理健康教育课程还可以营造温暖和谐的园区氛围，让儿童感到安全和受重视。

（三） 注重幼儿教师的职能发展

教师是幼儿良好的支持者，在促进学前儿童的心理健康方面发挥着关键作用。为教师提供培训帮助他们识别和应对学前儿童心理健康问题，以及获得外界支持和充足的教育资源，是成功开展心理健康教育策略的关键。教师应该持续地接受专业课程培训，以提高与儿童心理健康相关的知识和技能，可以帮助他们识别和有效应对儿童的心理健康需求，并为儿童提供适当的支持。当发现儿童出现不良情绪或行为时，教师应给予恰当引导。例如，新入园的儿童容易产生分离焦虑和社交退缩，教师应及时关注，给予儿童身体或语言安抚，培养儿童的心理调节能力，与他们真诚沟通，将其当作独立的个体，发自内心地接纳的信任，深入了解幼儿的心理发展状况，从而发展出良好的师幼关系。

（四） 积极支持和引导家庭教育

家园共育一直是学前教育的重要内容，我们一直强调幼儿园应发挥出自身独特的教育作用，积极支持和引导家庭教育。

首先，强调家长应着重关注幼儿的心理健康状况，培养家长的教育意识，帮助家长树立正确的幼儿观、成才观和教育观，创设良好的家庭观念（包含物质观念和精神观念），采用科学的教育方式和方法去对待儿童。

其次，托幼机构可以开设相关的儿童心理健康讲座，鼓励家长积极参与，帮助家长缓解养育压力，给家长提供促进积极养育和提升亲子关系的方法指导，共同保障儿童心理健康和谐发展。

（五） 加强与社区的沟通与合作

一方面，托幼机构应利用社区资源，提升和拓展幼儿园的心理健康教育，包括物质资源、人力资源和节日资源，将各种资源引入幼儿心理健康教育活动中。如社区内有幼儿家长是心理健康方面

的专家，可请其入园为教师和其他家长开展科普宣讲或进行指导。

另一方面，托幼机构应服务于社区，履行社会职责，与社区联手，发挥自身育儿优势，支持社区开展各种幼儿心理健康服务活动，如心理健康社区讲座等，为社区内所有适龄儿童及其家长提供心理健康相关服务。

三　社会心理健康教育

每个人都生活在社会环境中，绝非孤立的个体，社会心理健康教育也格外重要。

（一）提供积极的社会环境

积极的社会环境主要包括物质环境和心理环境两个方面。

在物质环境方面，政府可以投入一定的资金推动儿童基础设施的建设，如设置更多的儿童场所（如儿童图书馆、儿童乐园等），为儿童提供良好的社会环境。同时，政府也可以通过出台相关措施，增加福利保障，如夫妻育儿假、男性陪产假等，给儿童创设更多的亲子陪伴时间，让儿童能有更多时间与父母相处，促进其心理健康发展，如出台更多降低育儿成本等相关措施，帮助家长构建更完善的育儿环境，间接地促进儿童心理健康发展。

在心理环境方面，整个社会应该营造出一种关心儿童、爱护儿童心理健康的氛围，鼓励积极的社会互动。例如，可以开发与推广针对解决家长养育压力的“线上＋线下”模式的相关课程或项目，利用信息化手段，让家长在遇到困难时能通过广泛的途径便利地获得专业人员的帮助与支持，促进家长群体之间的归属感和联系感，鼓励开诚布公地交流，为促进儿童心理健康发展夯实基础。

（二）解决同伴欺凌问题

同伴欺凌这一因素是对儿童心理健康造成影响的消极因素，受到同伴欺凌的儿童容易出现更多的内化问题行为，例如孤独、焦虑、抑郁等。可见，解决儿童之间的欺凌问题并促进善良和尊重等美德品质的发展对于促进儿童积极的心理健康发展至关重要。这一方面可以通过教育和培训计划，以及对消极行为实施适当的约束和控制来实现。

（三）提供心理健康服务

确保学前儿童能够获得心理健康服务，例如咨询或治疗等，是综合心理健康教育策略的重要组成部分。当儿童被确定有心理健康问题时，应将他们转介至适当的心理健康服务机构进行评估和治疗。

在社会环境中促进儿童的心理健康教育需要涉及各种策略和资源的综合协作，可以通过促进积

极的社会互动、鼓励开放的交流及提供各种资源支持，在促进儿童心理健康方面发挥重要作用。需要注意的是，心理健康教育策略应根据学前儿童和家庭的具体需求与资源量身定制，并且有必要对该策略进行持续评估和完善，以确保其有效性。

更为重要的是，家庭、托幼机构和社会应形成三位一体，结合各自的优势，形成促进幼儿心理健康的统一战线，共同促进幼儿心理健康的发展。

◇ 单元小结

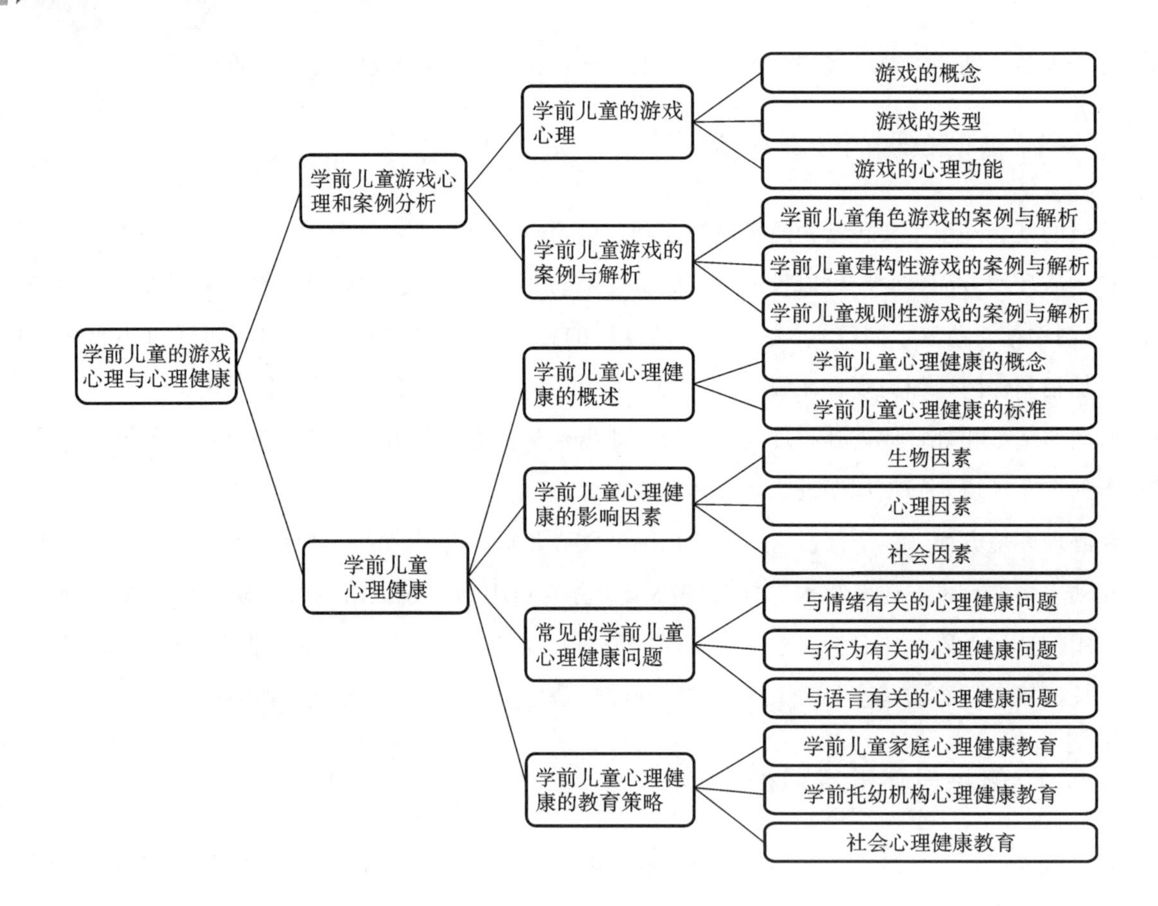

思考与练习

单项选择题

（2023 年上半年）**自闭症儿童的典型特点不包括（　　）。**

A. 言语发展迟缓　　B. 对人缺乏兴趣

C. 胆小怕生　　D. 重读性的刻板行为

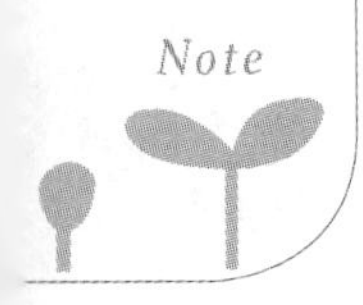

版权声明

与本书配套的二维码资源使用说明

本书部分课程及与纸质教材配套数字资源以二维码链接的形式呈现。利用手机微信扫码成功后提示微信登陆，授权后进入注册页面，填写注册信息。按照提示输入手机号码，点击获取手机验证码，稍等片刻收到4位数的验证码短信，在提示位置输入验证码成功，再设置密码，选择相应专业，点击“立即注册”，注册成功。（若手机已经注册，则在“注册”页面底部选择“已有账号立即注册”，进入“账号绑定”页面，直接输入手机号和密码登录。）接着提示输入学习码，需刮开教材封底防伪涂层，输入13位学习码（正版图书拥有的一次性使用学习码），输入正确后提示绑定成功，即可查看二维码数字资源。手机第一次登录查看资源成功以后，再次使用二维码资源时，只需在微信端扫码即可登录进入查看。

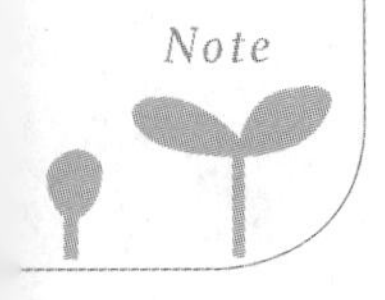